# 宇宙に質量を与えた男
# ピーター・ヒッグス

フランク・クローズ
松井信彦 訳

How Peter Higgs Solved
the Mystery of Mass

Frank Close

# Elusive

早川書房

# 宇宙に質量を与えた男

ピーター・ヒッグス

ELUSIVE
*How Peter Higgs Solved the Mystery of Mass*
by
Frank Close

Translated by
Nobuhiko Matsui
First published 2023 in Japan by
Hayakawa Publishing, Inc.
This book is published in Japan by
arrangement with
PEW Literary Agency Limited
through The English Agency (Japan) Ltd.

---

本文図版／*The Infinity Puzzle*（Basic Books, 2011）より
装幀／大倉真一郎
写真／© GARY DOAK/Alamy Stock Photo

目次

第二部 181



第三部 297

※訳注は〔　〕内に小さめの文字で示した。

# はじめに

　多くの人にとって、ジュネーブのCERN《セルン》にある大型ハドロン衝突型加速器《コライダー》（LHC）は物理学者のピーター・ヒッグスと同義である。なにしろ、LHCの主たる狙いは彼の名が冠された素粒子、ヒッグスボゾン（ヒッグス粒子）だ。ところで、ヒッグスボゾンとは何か？　メディアの見出しで〝神の粒子〟と呼ばれるほど何が特別なのか？　そもそも、ヒッグスとは何者だ？

　話の始まりは一九六四年、当時三五歳だった彼が、物質の性質と自然の基本的な力について、特筆すべき意味合いを持つ理論の種を蒔いた。その理論によると、空間は、物質やあらゆる既知のエネルギー源をすっかり取り除いてもなお、幻影のような場で満たされており、その活動をとめられない。そんな実在にはるか昔から浸っているのに、私たちはそれに気づいていなかったというのだ。謎の錬金術のようなこの概念はあまりに革命的で日常感覚とかけ離れていたことから、その証明には半世紀を要したが、ヒッグスによる二〇一三年のノーベル賞受賞につながった。

　ピーター・ヒッグスと私は科学界の同業者として、そして友人として、長年の知り合いだ。二〇世紀後半の素粒子物理学史を私なりにまとめた『無限大パズル』（二〇一一年）〔邦訳は『ヒッグス粒子を追え』〕の刊行後、ヒッグスは科学や文学の催し物で私との対談を何度か引き受け、私と一緒に宇宙について説明したり、彼の仕事に対する一般の理解を深めたりしてくれた。本書では、主にそのときの話やほかでの議論を、新型コロナウイルスの感染拡大に伴うロックダウン中に毎週のようにしていた長電話や、手紙でのやり取り、そして何十年と続いたヒッグスボゾン探しに貢献したほかの主役たちへのインタビューで補足している。遠い過去の出来事の記憶はないまぜになりやすいので、ヒッグスをはじめとするインタビュー相手の記憶は文書による記録と照合するようにし、それができなかった場合は、その出来事に関する相互の記憶をつき合わせた。訂正につながりうるアーカイブ情報をお持ちの方はご連絡いただければ幸いである。

私が当初思い描いていたのはヒッグスの詳細な伝記で、そこに彼の理論への反応やそれが実験的に証明されるまでのいきさつを巡る個人的な記憶を添えるつもりだった。だが、予定は変わるもので、今回は特にそうだった。新型コロナウイルスの感染拡大という思わぬ事態のせいで、ヒッグスの論文どころか、そもそもこの仕事に欠かせない図書館へのアクセスが制限された。普段当たり前のように使っていたあれこれが、急にまったく使えなくなったのだ。やりたかった調査の大半はインターネットのおかげで続けられたが、ヒッグス本人には会えなくなった。ピーター・ヒッグスは現代生活のせわしなさの大半と無縁の暮らしをしている。エディンバラの自宅にはテレビを置いていない。インターネットは使っていないのでメールでの連絡はできず、エディンバラ大学に届く彼宛てのメールは以前から学科の職員が管理している。携帯電話での連絡先は公にしていない。直接訪ねる場合を除き、ヒッグスをつかまえるには、こちらから固定電話の留守電にメッセージを残すか郵便で手紙を送るかして、話をする時間を合わせるしかない。

私の本職は物理学者で、心理学者でも社会科学者でもないのだが、本書ではヒッグスの理論を確認するための努力が半世紀のあいだ大勢の科学者の目にどう映っていたかを描くことに加え、科学という営みの人間臭い側面を探ること、とりわけ彼が体験した感情の激しい起伏を明らかにすることを目指した。なにしろ、この一大サーガはヒッグスが「私の人生を台無しにしました」と吐露するほど彼の後半生をむしばんだのだ[1]。そうした結果、本書は彼の伝記ではなく彼の名が冠されたボゾンの伝記になっており、このボゾンの概念から懐胎、誕生までの物語と、二〇一二年の発見をもって最高潮に達した半世紀にわたる一大サーガのなかでその創造主が抱いた感情について語っている。

トーマス・エジソンは「天才とは一パーセントのひらめきと九九パーセントの努力だ」と言ったことで有名だ。ひらめきが訪れる保証は何もないのに九九パーセントの努力をする気にさせるものは何か?　この発見が降りてきた先がヒッグスであってほかのスター科学者ではなかったのはなぜか?　ヒッグスの並外れた成功を運だと切り捨てる手厳しい向きもいる。多くの発見の場合と同様、幸運が絡んでいることに疑いの余地はないが、いいタイミングでいい場所にいることだけでは不十分であり、思わぬ機会をものにする準備が調っていることも重要だ。ヒッグスの物語は、ゴルフのゲイリー・プレイヤーのものとされる名言の科学版と言えよう。プレイヤーがあるメジャー大会を驚異的なパットを沈めて制したあと、誰かが「ゲイリー――あれはついてたね!」と声をかけたのに対し、プレイヤーは「練習するほど、運が良くなるからね!」と返したそうだ[2]。ヒッグスによる見るも明らかな大勝利も長年の練習の成果、彼の場合で言えば、真剣に学問に打ち込み、理論物理学の奥深い謎に関する理解度を完璧になるまで高め続けた結果だ。

学生時代に書いた理論物理学の論文が分子生物学者から大いに関心を持たれたことはあったが、それを除くと、ヒッグスボゾンの予想は彼にとってただ一度の大勝利だ。それ以前の素粒子物理学において、革命の中心人物として彼を際立たせることになる仕事はない。この大きな成果を上げたあと、当のヒッグスはそこから先の新たな道筋を発展させてもいない。彼の発想を活かし、彼の名に結び付けられた探究を推し進めたのは、ほかの科学者たちだ。ヒッグスは内気で謙虚なのだが、このボゾンへの関心が急に高まった一九八〇年代後半からスポットライトを浴びる定めにあった。LHCの建設を促進するための象徴という素粒子物理学者のニーズに世界中のメディアが応じた結果、彼の人生が世に知られるところとなったのである。世の中には名声や大衆からの賛辞を謳歌できるタイプの人がいるが、ヒッグスは違う。ノーベル賞発表の日の朝、ヒッグスは報道合戦を避けるべく姿をくらました。

あれだけ長いこと待った末に正しいと証明され、ピーター・ヒッグスはどんな思いを抱いたのだろうか？　何千人もの科学者や技術者が何年も、ことによると何十年も、それぞれのキャリアをあのボゾン探しに捧げてきたなか、彼は自分の理論を一瞬でも疑ったことが、あるいは自分が間違ってはいないかと心配になったことがあったのだろうか？　そして、彼の名を冠した粒子が見つかったとき、どんな感情が湧き上がったのか？　安堵？　それとも、自分の人生が元には戻らないほど変わることへの恐れ？　この発見は宇宙とその中での私たちの居場所について何を明らかにするのか？　こうした疑問について、私は彼と数年にわたって議論した。彼が生きた激動の日々のなかで、ある理論が臆測から知識に変わった。宇宙の性質に関していくつか明らかになったこの上なく深遠な意味合いは、この先いつまでも受け継がれていくだろう。彼が話してくれた答えが本書のインスピレーションの源である。

フランク・クローズ
オックスフォードにて、二〇二二年三月

# プレリュード　教授失踪事件

　二〇一三年のノーベル賞が発表されるまでの数週間、〝今年は八四歳になるあの科学者が受賞する〟という期待感からメディアの興奮が高まり続けていた。ピーター・ヒッグスへの重圧はここ数年増してきており、人目をひたすら避ける彼が暮らすエディンバラ新市街の自宅の外で、呼ばれてもいない記者が待ち伏せしていることもあった。ヒッグスにすれば、ノーベル賞を受賞できるかもしれないという幸福感が、メディアからのさまざまな求めによって吹き飛ばされかねなかった。さらにたちの悪いことに、これだけ期待されながら賞がほかへ行ったとしても、関心は膨らむ一方になること請け合いだった。どちらに転んでもいいように、ピーター・ヒッグスは一年かけて準備してきた。

　ヒッグスの自宅はジョージ王朝様式の三階建て集合住宅の最上階にあり、そこへは飾り気のない階段のすり減った石段をのぼっていく。ユネスコ世界遺産の指定地域内で建築物として保存されているタウンハウスにはそろってエレベーターがなく、ヒッグスも帰宅するたび八四段を上らなければならない。二〇一三年には、年齢と同じ数だけ段を上っていたわけだ。この運動のおかげで、彼は八〇代になっても健脚を維持しており、火山岩の見応えある景観で知られるエディンバラのきつい坂にも十分対応できていた。一〇月の当日の朝、彼はプリンセス・ストリートまで一キロ半ほど歩き、フォース湾に面した同市内のリースへ向かうバスに乗るつもりでいた。ノーベル賞発表の時刻には、連絡がつきそうにないところにいたいと考えていた。

居間の上げ下げ窓からの眺めは、歴史を感じさせ、想像力を刺激する。眼下には砂岩造りのタウンハウスに挟まれた谷底のようなダーナウェイ・ストリートの石畳がヘリオット・ロウへと続き、その右手にはきれいに刈り込まれた庭園が広がっている。五〇メートルほど先で庭園と逆側の左へ折れているのがインディア・ストリートで、その一四番地では数学者にして電磁理論の創始者でもあったジェイムズ・クラーク・マックスウェルが一八三一年に生まれている。そのマックスウェルの仕事を土台に、ヒッグスは一九六四年に物理学のある基本問題を解く鍵を見いだし、それをもってノーベル賞候補者になっていた。ヘリオット・ロウやインディア・ストリートの屋根の合間からはフォース川が、天気が良ければ遠くフォース湾対岸のカーコーディー周辺までもが見える。

こんな様子を想像できよう。ドーム形の頭に後退した白髪をいだいた、メガネをかけた赤ら顔の教授が、待ち伏せているジャーナリストからは見えないように窓辺に立っている。海岸沿いは晴れていそうだ。〝スコットランドのハイランド地方にいて不在〟という彼の偽情報作戦が功を奏しているらしく、カメラマンはみんな狙った獲物をほかの場所で探しているようだ。一階と二階の住人が、通りから吹き抜けの階段に入るロック式の出入り口から誰かが訪問者を装って入ってきたりしないよう、日頃から注意してくれているが、それでもなお、ヒッグスは玄関前の廊下の様子を確かめてから建物の出入り口へ下りる。

建物には道路よりも低い地階があって、その前に設けられた通路で道路と隔てられている。その上を、鋳鉄製の装飾的な手すりと街灯を備えた短い橋が渡っており、出入り口を通りと結んでいる。今は電気でともるその街灯の見た目は、ジョージ王朝時代に新市街を照らしていたガス灯を思わせる。彼は最後にもう一度左右を確かめてからこの橋を渡り、階段を六段下りて通りに出ると、ヘリオット・ロウを東へ向かう。

一〇月のスコットランドにしては温和な、心地よい秋の午前中、南西からの風が穏やかに吹いている。ヒッグスはフード付きの緑とグレーの上着を着て襟を立てている。実際にスコットランドのハイランド地方にいたなら、カモフラージュとして理想的だっただろう。だが、エディンバラの通りに目立たないよう紛れ込むのにも十分役に立つ。行き先のリースまでは五キロほど。かの高名な教授は逃げおおせた。その不在はあと一時間気づかれなかった。

その一年四カ月前の二〇一二年六月、私はエディンバラ近郊のメルローズで催されたブックフェスティバルで聴衆にピーター・ヒッグスを紹介していた。夏真っ盛りのメルローズの、古い修道院に隣接する館の庭に張られた大天幕に、二〇〇人が詰めかけた。ヒッグスはリラックスしていた。するのは自分の話だし、彼は自分の台詞を心得ている。私は緊張していた。物理学の話なら、専門家や一般市民を相手に四〇年にわたって世界中でしてきたが、他人の話の聞き手を務めたのはあれが初めてだった。

それがまたすごい話だった。五〇年近く前、ものの二、三カ月のあいだに、ビッグバンの混沌とした残骸から美と秩序が現れいでた経緯の鍵を、ヒッグスともう五人の理論家が独立に発見した。彼らによるブレークスルーは、この宇宙を構成しているのが構造であって、原子や分子に捕まる可能性なしに空間を光速で飛びまわる質量ゼロの粒子ではない理由に関する現代的な理解に根拠を与えた。また、太陽が辛うじて輝き続けている理由も、言い換えると、水素燃料をヘリウムに変換してエネルギーを解放している力があまりに弱いせいで、太陽が燃料をあっという間に燃やしてほぼ瞬時に力尽きたりせずに何十億年と生き永らえてきたことも説明する。

素粒子はすべてフェルミオン（フェルミ粒子）とボゾン（ボース粒子）のどちらかに分類される。その名の由来は二人の科学者エンリコ・フェルミとサティエンドラ・ボースで、ともに量子力学の黎明期に、素粒子が大集団をなしたときの振る舞いを研究していた。フェルミオンは物質の基本的な種《たね》で、電子やクォークなどがそうだ。量子力学版のカッコウであり、同じ巣に二羽のヒナが共存することは禁止されている。ボゾンはペンギンで、多数が一つのコロニーとして力を合わせる。ボゾンは集まって可能な最低エネルギー状態をとりうる――この現象を説明する論文を書いた二人の科学者にちなんでボース＝アインシュタイン凝縮の名で知られている効果だ。この極低エネルギー状態は奇妙な現象において顕在化する。たとえば、液体ヘリウムが狭い開口部を摩擦なしに流れ出ていく超流動がそうだし、超伝導もそうだ。そして六人の理論家が正しければ、ヒッグスボゾンが凝縮すると、この宇宙を満たしている妙な実体ができる――今日ヒッグス場として知られているものである。

アリストテレスが「無」という概念は擁護できないと論じて二〇〇〇年後、ヒッグス場は実質的にこの哲学の裏付けとなっている。ヒッグスの理論によると、物質が何もないすっかり空《から》の真空は不安定だ。ところが、この空隙にヒッグス場を加えると安定する。直感に反しているかもしれないが、それがこの理論の魔法のような側面である。

物理学専攻の学生が習うとおり、光波を鏡に反射させてから重ね合わせたときの振る舞いを精密に測定するという方法で、至る所に広がっているとされていた仮想物質〝エーテル〟の検出が一九世紀試みられたが、その証拠は得られなかった。さらに、このエーテルなるものが存在しないことは、時空の性質に関するアルベルト・アインシュタインの有名な特殊相対性理論の土台として掲げられた。ところが一九六四年、エーテルを退けた議論にヒッグスをはじめとする理論物理学者が穴を見つけ、ヒッグス場の名で知られるようになるものという形でそれを実質的に復活させた。少なくとも理論的にはそうだったが、自然が彼らの方程式どおりに振る舞っているかどうかは長らく不明だった。

私はメルローズで軽い挑発として「理論物理学者よりもシェイクスピアやメンデルスゾーンのほうが楽」と切り出し、スコットランドにいることに絡めてこう続けた。『マクベス』の本文の単語をいくつか、あるいはメンデルスゾーンの『フィンガルの洞窟』の音符をいくつか変えても、ともにやはり優れた芸術作品だ。だが、ピーター・ヒッグスの方程式の場合、片手に余る数の記号を変えただけでうまく機能しなくなる。ヒッグスの理論は刺激的な概念であり、美しい数学構造をもとに構築されている。これが管弦楽曲や文学作品だったなら、その価値は数十年前に認められていただろう。だが、物理学理論の最終的な価値を決めるのは、内在する優美さではなく、ましてや世論ではなく、必ずや実験的な検証だ。

さまざまな形で同じアイデアを思いついた六人の理論家——同業者からは六人衆（ギャング・オブ・シックス）と呼ばれていた——のうち、この理論を実験によって直接検証する手だてを示したのはヒッグスだけだった。彼はそれを示すため、この理論によれば存在するに違いない、今日ヒッグスボゾンの名で知られているきわめて短命な粒子に目を向けた。それを発見し、理論の予測どおりに振舞うことを確認すれば、自然を理解するうえでの大きな突破口が開かれることになる。

私はメルローズの壇上で、半世紀前にヒッグスが紙に書き留めた方程式がＣＥＲＮ――ジュネーブにある素粒子物理学研究所――を突き動かし、ビッグバンの余波のなかで起こった極端な高温条件を再現できる巨大装置の建造に向かわせたいきさつを話した。世界最高レベルの頭脳の一部――一万人を超える世界中の科学者、工学研究者、技術者――が各自の専門知識を持ち寄り、協力してこの探求にあたった。

工学の粋たるその装置は、レマン湖とジュラ山脈に挟まれたＣＥＲＮ周辺の安定な地盤に収まる最大限の大きさをしている。また、その建造には出せる最大限の予算――約一〇〇億ユーロ――がつぎ込まれた。そのうえ、ＬＨＣが成果を上げるためには、多くの国々の協力が、そしてこの大仕事だけに資源を数年間集中させるＣＥＲＮ上層部の協力が必要とされた。こうしたすべてはヒッグスボゾン発見のため、というのが一般認識だった。このあと見ていくとおり、それがすべてではないのだが、この大がかりな企てが世間に広く知られるようになって、突如ヒッグスにスポットライトが向けられた。

途方もない重圧がのしかかっていたのかもしれないが、彼はそれを表に出さなかった。そこで、メルローズでは手始めにこんな質問をした。「明日、自分の計算に間違いを見つけたら、それを誰かに言いますか？」もちろん、その答えを本気で引きだそうとしたわけではなく、会話の口火が切りやすくなればと思ってのことだ。誤りがなかったことは言うまでもない。ヒッグスの計算については、ほかの数学者が大勢、数十年にわたって確かめてきたし、その基本的なアイデアをレゴブロックのように使って別の理論が構築されては、実験的に検証されてきた。あのボゾンが存在する兆しは以前から見られており、それが手がかりを与えていた――雪の上に残された珍獣の足跡がその正体の特定に役立つかもしれないように。あのフェスティバルからさかのぼること四八年の一九六四年、七月のある日の午後にヒッグスがオフィスで紙に書き留めた式がその後どのような成り行きをもたらすことになるのかは、誰にも予見できなかったに違いない。同僚の一人が夏期休暇から戻ってきたとき、机の上にヒッグスからのメモが置かれていた。「この夏、僕は本当の意味で独創的と言えるアイデアを生まれて初めて思いついたよ(1)」

# 第一部

# 第一章　銘板で見た名前

　ピーター・ウェア・ヒッグスは、一九二九年五月二九日にニューカッスル・アポン・タインで生まれた。ヒッグスの名が一九八〇年代に初めて知れ渡ったとき、エディンバラで教授職にあったことから、一部メディアは彼をスコットランド人だと紹介しており、なかには「スコッチ」呼ばわりしたメディアもあった（「スコッチウイスキー」のような「スコッチ」＋〝物品〟であればいいが、人に対する「スコッチ」は侮辱的と取られる）。実際にはスコットランド人の血が四分の一混じっている。両親はイングランド西部のブリストル出身だ。父方はサクソン人農民の子孫で、何世代もイングランド西部で暮らしていた(1)。

　ピーターの祖父アルバート・ヒッグスは、一九一一年に四〇代後半で急逝した。有り金すべてを失ったあとだった。ギャンブルによる身の破滅が理由の自殺だったと思われるが、真相は一族の秘密にされ続けた。誰もピーターに理由を教えようとせず、ピーターも「聞くな！」という意図をはっきり察した。残された妻シャーロットは一文なしになり、極貧のなかで一人息子のトムを育てなければいけなくなった。

　シャーロットとトムは、やはり夫と死に別れた義理の姉妹ネリーと、その息子でトムのいとこにあたるジョンと力を合わせることにし、ふた家族はブリストルのレッドランド地区で共同生活を営んだ。シャーロットは店員として働いて家計を支え、ネリーは家で男の子二人の面倒を見た。当時一三歳でブリストル・グラマースクールに通っていたピーターの父トムは、古典の成績が非常に良く、奨学金で授業料を賄った。古典に興味があり、「うんざりするほど敬虔」だったネリーおばの影響を受けていたトムは、自分は聖職に就くことになるだろうと思っていた。だが、第一次世界大戦がすべてを変えた。(2)

　一九一六年一一月、トムは一八歳になって徴兵された。第一次ソンムの戦いが始まって四カ月になっていた頃だ。彼はフランス北部の塹壕での戦闘に送り込まれたが、それからの二年で実に不愉快な経験をしたうえ、「〝塹壕の胸壁を越えて突撃し、ドイツ人を殺せ〟と説く英国国教会の従軍牧師にほとほと嫌気が差した」。彼は子どもの頃、キリスト教の教義をさんざん吹き込まれたものだが、塹壕ではその代理人が偽善的に振る舞っていた。また、モーゼの十戒に従うよう教えられてもいたが、今やその解釈はいくらでも変えられそうに見えていた。こうした経験から、トムは宗教に対して懐疑的な態度を取るようになり、遠くにいる将軍たちの気まぐれで仲間の兵士が大砲のえじきになるのを見て戦争嫌いにもなって、のちにそれは息子に受け継がれた。

　トムはフランスで、やはりブリストル出身だったチャールズ・コグヒルと親しくなった。一九一九年の復員後、コグヒルはのちにピーターの母となる姉のガートルードをトムに紹介した。ガートルードは一八九五年にイングランドのシュロップシャーで生まれた。父親がウェールズと国境を接するこの地で医師として働いていたのだ。スコットランドがピーター・ヒッグスの血筋の四分の一を主張できたのは、母親の父方のおかげである。

ピーターの母親の祖父母、つまりピーターの曾祖父母であるジョンとアレクサンドリアのコグヒル夫妻は、イギリス本島最北端の町、スコットランドのサーソー出身だった。夫婦には息子が二人いた。ピーターの大叔父にあたるジョン・ジョージ・シンクレア・コグヒルは科学に秀でており、一八六九年にはエディンバラ大学でジェイムズ・シンプソンと二人で麻酔に関する先駆的な仕事をしている。弟でピーターの祖父であるジェイムズ・デイヴィッドソン・マッケイ・コグヒルは、一八三九年にエディンバラで生まれた。(3)

ジェイムズも医学を勉強したが、兄ほど専門的な仕事はしていない。熱帯病に関心がある家庭医（GP）としてセイロン（現スリランカ）で二〇年過ごしたのち、一八九一年に帰国して、妻と離婚し、バーミンガム総合病院の職に就いた。ここで出会って結婚した看護師が、ピーター・ヒッグスの母方の祖母、自由闊達なエミリー・マーガレットだ。周りからマギーと呼ばれていた彼女は、強い「バーミンガム」なまりで話すことで知られていた。マギーは典型的なヴィクトリア朝時代の家庭育ちだった。一九人の子どもの一人で、そのほとんどは幼いうちに命を落としていた。マギーの母親は一九歳で第一子を産んでから毎年一人産んでいたが、三八歳のときに出産で亡くなっている。(4)

ジェイムズとマギーは三人の子をもうけた。ジェイムズとチャールズ、そしていちばん上のガートルードだ――ピーター・ヒッグスの母親である。父親のジェイムズはヴィクトリア朝時代の田舎の名士の典型だったようで、子育てはマギーに任せっきりだった。父親のジェイムズがマギーのバーミンガムなまりをたいそうからかっていたことから、ガートルードはわが子の一人でもそのうちこのなまりが身についてしまわないか、あるいはバーミンガムなまりに限らず良からぬ発音で話すようになりはしないかと心配した。マギーの姉妹が二人、ブリストルに住んでいたので、夫のジェイムズが一九〇六年に亡くなると、マギーは姉妹の近くにいられるようにと三人の子を連れてブリストルに引っ越した。

## 孤独な子

塹壕で恐ろしい体験をした大勢の例に漏れず、復員してブリストルに帰ってきたときのトム・ヒッグスは心に深い傷を負っていた。聖職への思いは消え、無線への興味から電気工学に転向した。生まれつき好奇心と探究心の強かった彼は、当時は一〇〇人に一人だった大学進学者になった。彼に言わせると、オックスフォードとケンブリッジは「有閑階級の子息が自分の時間を、そして担当教師の時間も無駄にするため」の学校だったので、地元のブリストル大学に入学した。卒業した一九二二年には開局したてのBBCに入社し、ニューカッスル・アポン・タインで北東地域の主任技師代理になった。

トムとガートルードは一九二四年にブリストルのクリフトン地区にあるクライスト教会で結婚し、ニューカッスルに居を定めた。西部戦線での戦闘による心の傷ですっかり気がめいり、人類には未来がないと信じ込んでいたトムは、子どもをつくって人類の惨状に輪を掛けることは避けたいと思っていた。だが、結婚して五年後、ガートルードが「伝統的な避妊方法に細工をすること」になんとか成功し[5]、幸いなことに、一人息子となるピーターが生まれるのである。

ピーターが生まれて数カ月後、一家はバーミンガムに引っ越し、それから一〇年当地で暮らした。「三つ子の魂百まで」が本当なら、わが道を行き、他人の考えはまったく気にしない、というピーター・ヒッグスの一匹おおかみ的な性向はこの幼少期の産物だ。彼は病気がちの子どもだった。生まれつき重度の湿疹持ちで、あまりにひどかったことから、夜になると、寝ているあいだに発疹をかかないよう、前腕にボール紙の管をかぶせられていたほどだ。しばらくすると発疹は消えたが、今度は慢性のぜんそくになった。このぜんそくが活発な運動のせいに見えたことから、両親は彼がほかの子と遊ぶのを禁じた。この隔離は五歳の誕生日を過ぎても続けられ、彼は一九三四年九月になっても小学校に通わせてもらえなかった。

父親は子どもが苦手で、子育てを母親に任せていた。ガートルードは自身の母マギーによる子育ての記憶に、そして母の明らかななまりの記憶にさいなまれた。ピーターの一家は彼が赤ん坊のうちにニューカッスルを離れたので、彼がジョーディー――ニューカッスル出身者――のような話し方を身に付けることはなかったが、皮肉なことに、それは一家が最終的にマギーの出身地であるバーミンガムに引っ越したからだった。息子は今や「バーミンガムなまりでしゃべる危険にさらされている！」のだ。ガートルードはピーターを家で教育して「容認発音」を身に付けさせると言い張った[6]。病弱だったピーターはもう一年家から出してもらえず、正規の教育を受け始めるのが遅れていた。

学校監察官が家を訪ねてきて、なぜこの子を学校へやらないのかと聞いた。ヒッグスの記憶によると、母親は監察官に対し、自分はピーターに「3Rと主の祈り」〔日本で言う「読み書きそろばん」と、キリスト教の祈禱文の代表格〕という、「五歳の子が習うにふさわしいことをすっかり教えてあると言って説得しました」。一九三五年に六歳で学校に上がってみると、すでにふさわしいどころではなく流ちょうに読み書きができ、同い年の子のはるか先を行っていたことから、二歳上のクラスに入れられた。彼はこのことについて「健康問題のおかげで有利なスタートを切れました」としながら、「この頃の私はかなり孤立した環境で育ちました」とも言っている[7]。

このことが彼の人格形成に一枚かんでいた。ある意味、一人っ子のデメリットがいくつか増幅されており、彼は概して社交的ではなく、知らない人と一緒にいることや集団のなかにいることがえてして苦手だ。また、いちずでもあり、理想的ではないと見立てた状況になかなか妥協できない。一方で前向きなところでは、早いうちに独学を経験したこともあって、学問と独自研究を生涯好んだ。優れた記憶力を活かして知識を豊富に身に付けているうえ、政治、歴史、美術、食べ物に興味を持っており、そのおかげで長じてからは、彼が安心して一緒にいられる相手からすると、彼は一緒にいて楽しい仲間だった。

一年もしないうちに、遅れて始まったヒッグスの学業が中断された。一九三六年に急性気管支炎に、続いて両側肺炎にかかり、六週間寝たきりになったのだ。これに隔年で三回、最初は七歳で、次いで九歳で、最後に一九四〇年に一一歳で見舞われた。抗生物質がない時代のことである。父親は、当時はよくいたヘビースモーカーだった。それが問題の一端だ、と三回目でかかりつけ医がとうとう気づき、「息子に生きていてほしいなら、吸うときには息子に近づくな」と警告した。当然ながら、ピーター・ヒッグスがたばこを吸ったことは一度もない。

厳格な英国国教会の家庭で育ったヒッグスの母親は「キリスト教にすっかり染まっており、私の宗教教育について何かすべきだと考えました」。そこで、「主の祈り」を教えたほかにも、彼が「地獄へ行かないように！」と聖書の物語を読み聞かせた。だが九歳になったとき、彼は急に「自分がなぜこんなことをしているのかわからなく」なって、耳を傾けるのをやめた。そして、「稲妻に打たれることなく一年を過ごせたので、自分は無神論者ないし不可知論者だと言うようになりました」

トム・ヒッグスは、救貧院がまだ身近にあった子どもの頃に経験した苦労から、年下のいとこであるジョンのお手本としてつつましく責任を持って生き、厳格な善悪の感覚を育んでいた。そんなトムの経験が息子の体に染み込み、幼少期にほかの子から遠ざけられていたことと相まって、ピーターの一匹おおかみとしての性格や人生が形作られていった(8)。

たいていの一人っ子は、社会的なかけひきを遊び友だちや学友との交流から学ぶものだが、バーミンガムでのヒッグスの初等教育は学校でと家でが半々で、はしゃぎ回る友人たちから遠ざけられていたときの彼は、一人で楽しめることを見つけるしかなかった。父親の本棚には、ブリストル大学の学生時代に使っていた工学系の教科書が何冊かあった。この家庭図書館のおかげで、ピーターは三角法、代数、微積分の基礎を、「通った学校で誰かが教えてくれる前に」独習した。彼は自分が数学に打ち込んだのは環境の直接的な産物だと思っている。「健康問題のおかげで私は特に数学で同世代に先んじていました」

## コタム校の卒業生

ヒッグスは一九四〇年、一家が暮らしていたバーミンガムの西の市境を越えてすぐのあたりにある、ヘイルズオーウェン・グラマースクールに進学した。良い「共学の」公立校での学校生活は楽しく、彼はさまざまな社会階層の子と交流した。彼の記憶によると、「なかにはバーミンガムなまりのようなアクセントで話す生徒もいましたが、私はもうあまり影響を受けそうにありませんでした」。バトル・オブ・ブリテン（イギリス空中戦）のあいだは、防空壕への避難指示が出て授業がよく中断された。(9)

入学からわずか二学期後、ＢＢＣが彼の父親をブリストルへ転勤させるという知らせが舞い込んだ。ＢＢＣはこの戦争の次の段階ではロンドンが空襲で破壊されると予想して、本部をもっと安全な場所に移転させることにし、二〇〇キロ近く西のブリストルならドイツ軍の航空機を遠ざけるに足ると踏んだ。だが、この判断は誤りだった。一九四一年の聖金曜日〔この年は四月一一日〕、上級技師に昇進していたトムとガートルードが、自分たちが子ども時代を過ごした地への帰り支度を始めるわずか数時間前、中心部の中世の街並みがドイツ空軍の空襲で破壊された。

夫婦が見つけた家は、普段手を出せる額の物件よりもかなり広かった。空襲におびえて田舎に逃げていた家主が、とてもつつましい家賃で貸し出していたからだった。家はブリストルからエイヴォンマスへ向かう道筋の途中の、ストーク・ビショップという郊外の裕福な地域にあった。そこで暮らしていたあいだには、家を数日空ける必要が生じて友人の世話になったこともあった。エイヴォンマスの石油備蓄施設への空襲から帰還途上のドイツ空軍機が、道を挟んで家の反対側にあった森林に爆弾を一発投棄していったからだ。爆発物処理班の兵士は「時計のようなチクタク音がする」と言っていたが、処理してみると欠陥品だった。爆弾はチェコスロバキア製で、同国の労働者がナチに加担するものかと手抜きをしたのでは、とその兵士は想像していた。

　エイヴォンマスとブリストルへの空襲を受け、ＢＢＣはブリストルへの移転は誤りだったと判断した。一九四一年一〇月、ヒッグスの父親は大勢のスタッフとともに、ＢＢＣが新たな本部を立ち上げたイングランド東部の田舎町、ベドフォードに転勤となった。位置的にはドイツ寄りで、ロンドンから八〇キロほどしか離れていなかったが、軍事目標ではなかった。

　ヒッグスと母親はもう五年ブリストルに住み続けた。父親と別居したのは、ベドフォードで借りることのできた物件が一家そろって暮らすには狭すぎたからだ。二人はトムが育ったブリストルのレッドランド地区のコールドハーバー・ロード一〇二番地にあるフラットに引っ越した。戦時中は父親がベドフォードにいて不在だったおかげで——できる限り週末ごとに帰ってきていたが——ピーターはたばこの煙から遠ざけられ、一四歳になった頃には気管支系の問題が解消されていた。戦争が終わると、父親はたばこをやめた。戦後の労働党政権の財務大臣スタッフォード・クリップスがたばこに重税をかけたのだ。ピーターに言わせると忠実な保守党員《トーリー》だったトム・ヒッグスは、「社会主義のやつらに貢献する気はない！」と言って、きっぱりやめたそうだ。「最初の半年ほどはかなり不機嫌でしたが、その後落ち着きました[10]」

ブリストルでは当初、ピーターは父親が通っていたブリストル・グラマースクールに行くことになっていた。だが、父親が校長を嫌ったので、地元の公立校のなかで最も学業に力を入れていた、当時はコタム・セカンダリースクールと呼ばれていた学校で手を打った。バーミンガムで暮らした一〇年のあいだ、母親はピーターを中流階級の学校へ行かせ、「容認発音」で話すよう仕向けることに成功していた。だがコタム校に入ると、彼はブリストル風のイントネーションを身に付けた。以降、彼の発話には、off を王侯のごとく orf と発音するような、ブリストル人らしい軽い巻き舌の r 音が含まれている。

コタム校はヒッグスの人生で重要な役割を果たした。毎朝、生徒と職員は〝体育館〟と呼ばれるホールに集まり、前方に置かれた壇上に立つ職員の指揮で「聞くに堪えない賛美歌」を歌った。登校初日、ホールの最後部に立っていたヒッグスは、卒業生が獲得した栄誉を掲げた成績優秀者銘板を眺めた。そこに複数回出現する名があり、彼の目を引いた。ポール・エイドリアン・モーリス・ディラックだった。彼は興味を覚えた。「こいつはいったい何をやってのけたのか？」[11]

ヒッグスがほどなく知ったことだが、ディラックはスイス国籍で、スイスのバレー出身の父親シャールが同校でフランス語の主任教師をしていた。ポールの母親がブリストル人だった。[12] ディラックと父親は、ポールが一七歳のときの一九一九年に国籍を取得してイギリス人になっている。ヒッグスがディラックの業績を知ったのはもっとあとだ。ヒッグスはもらった賞品の一つだった図書券で『科学の驚異と不思議』という一般向けの科学書を買い、この本で初めて「最新の量子力学」を知ったのだが、その草分けがディラックだった。また、ヒッグスが初めて物理学を教わったウィリス先生は、三〇年前にポール・ディラックを受け持っていた。

ディラックは人見知りが激しく、会話というものがほとんどできないほどだったが、数学という言葉では雄弁だった。今日の彼は、一九二八年に反物質――私たちが慣れ親しんでいる物質世界の鏡像――の存在を予想したことで最も有名かもしれない。このお告げは、原子とその基本粒子の振る舞いを記述する量子力学と、アインシュタインの特殊相対性理論という、二〇世紀物理学の二大理論を彼なりに融合させて一つにまとめ上げたとき、手品師の衣装から出てくるウサギのごとく彼の方程式から現れいでた。ディラックはさらに、量子電磁力学（ＱＥＤ）と呼ばれる電磁気の量子論をつくり上げている。

この六〇年以上前に当たる一八六五年、エディンバラの科学者ジェイムズ・クラーク・マックスウェルが、帯電した物体に力を及ぼす電磁場の理論を唱えた。マックスウェルの方程式は、静電荷が電場に取り囲まれている様子を記述する。電荷を揺り動かすと電場が乱れ、電磁放射のほとばしりが光速で広がっていく。磁石を振り動かして磁場を乱したときにも似たようなことが起こる。ディラックが発展させた量子論によると、その結果として生じる電磁波は、質量ゼロの光の粒子、すなわち光子の断続的なほとばしりだ。そのうえ、光子は出現も消失もしうる。マッチを擦ったり、電灯のスイッチを入れたりすると、膨大な数の光子が瞬時に現れる。だが、光子は永遠の存在ではない。たとえば、太陽光の光子が植物に吸収されると、そのエネルギーが光合成の名で知られるプロセスを経て生命に変わる。あなたがこのページを読んでいるときには、照明の光子があなたの網膜に入って消滅し、そのエネルギーから電気信号が生じて視神経を伝わっていく。

光子がどこからともなく現れて忘却のかなたへ消え去る、という箇所はマックスウェルによる古典理論のどこにもない。ディラックによる電磁場の量子化は、マックスウェルの法則を一般化し、光子の生成と破壊を取り込んでいる。ディラックが量子力学、特殊相対論、電磁理論を組み合わせて構築した量子電磁気学は、力の場に関する量子論の枠組みとなってもう一世紀近くになる。一九三三年、ディラックはコタム校の卒業生として初めてノーベル賞を受賞し、一九四〇年代にはピーター・ヒッグスのお手本になっていた。

コタム校時代のヒッグスは、数学、語学、化学、総合成績で賞を取っていた。その一方、彼にとって物理の授業内容は「実に退屈」で、皮肉なことに、「学校で物理の賞をもらったことがない」と彼は言う。一九四四年のヒッグスは、物理への興味を主に読書で満たしており、たとえば、マックス・ボルンが書いた優れた教科書『原子物理学』〔邦訳は『現代物理学』鈴木良治・金関義則訳、みすず書房、一九六四年〕には、ディラックの業績が紹介されていた。また、自分が（父親のような）技師になるつもりがないこともはっきりしてきた。実践的なスキルに欠けていたからだ。その代わり、物理学者になろうと考えた。とはいえ、実践的なスキルの欠如という同じ理由から実験室では役立たずで、実験物理学者にはなれそうになかった。こうして理論物理学が彼の領分となっていく。[13]

## 核への目覚め

一九四五年、一六歳のピーター・ヒッグスは科学の大学準備課程《シックスス・フォーム》に在籍していた。政治的には相変わらず両親の例にすっかり倣っており、一九四五年に総選挙の実施が決まって、学校が模擬選挙を行なったときなど、ヒッグスは一族の伝統に従って保守党を支持した。だが、労働党が勝ってアトリー政権が発足し、国が変わっていく様子を目の当たりにして、ヒッグスはすぐさまくら替えした。「NHS［国民保健サービス］が一因でしたが、計画全般にとても感動しました。この国は目に見えて私の共感できるやり方で変わっていきそうでした」と彼は説明する。それから生涯、彼は社会主義的な理想を支持し続けていく。

一〇代後半だったヒッグスの自分探しが、ポール・ディラックをきっかけとする物理学好きを軸に落ち着きかけていたとき、原子爆弾が広島と長崎に投下されたというニュースが唐突に飛び込んできた。彼の心は乱れた。第一次世界大戦での父親の体験から、戦争への嫌悪がとうに刷り込まれていたところへ、自分を惹きつけていた物理学の成果として何万という日本の文民が亡き者にされたのだ。彼はしばらく「キャリアの転向を本気で考え(14)」ていた。

そのニュースから数日中に、ブリストル市立博物館が小規模だがタイムリーな展覧会を開き、金属ウラン——広島に落とされた爆弾のエネルギー源——の棒や、その原料である天然鉱石、たとえばスロバキアやカナダのオンタリオ州で採れた瀝青《れきせい》ウラン鉱や、コーンウォールで採れたリン銅ウラン石などを展示した。原子爆弾の原理を概説したパネルも用意した(15)。

ブリストル大学の物理学教授ネヴィル・モットが、八月二〇日にブリストル・ロータリー・クラブでの昼食会で、「戦争——あるいは文明——を終わらせるかもしれない爆弾」と題してこの爆弾について講演した。聴衆に向けて、「原子爆弾の爆発中心は太陽のコアと非常に似た――むしろもっと熱い――状態になります」と語った彼は、こんな警告もしていた。「広島に投下された爆弾は初期モデルにすぎません。一〇年後にはもっと大きく高性能になっているでしょう。私たちは、この世界に軍隊が一つだけになるよう国連憲章を改正する必要があります[16]」

この少人数の聴衆に向けたモットのコメントはメディアで報じられ、市民の関心を呼んだ。モットと、同僚の物理学教授セシル・パウエルは、公開講座を開いて原子爆弾の背景をブリストル市民に伝えることが、それができるうちは自分たちの務めだと考えた。アメリカの陸軍省は、長崎への爆弾投下からわずか三日後の八月一二日、原爆開発に関する情報を二五〇ページにわたってつづったスマイス報告書を公開していたが、あの計画の技術的詳細の多くが極秘のままだった。ブリストル大学はコタム校から近かったが家からは遠かったので、ヒッグスは午後に授業が終わっても学校に残り、大学まで歩いてその講座を聴講した[17]。

公開講座は一〇月初旬に行なわれた。まず、パウエルが関連する核物理学の基本を説明し、続いて、モットが政治への影響や実際問題に関する見立てを述べた。ヒッグスの覚えている限り、大学の講堂は満員で、「聴衆は長椅子にぎゅうぎゅう詰めで座っていました[18]」

講演内容の記録は残っていないが、当時の知見をふまえると、パウエルは次のように説明したと想像される。原子爆弾の基本物理の出発点は、万物が原子でできているという事実だ。原子は、中心にある稠密《ちゅうみつ》な核と、その周りを回る電子でできている。原子核は正電荷を、電子は負電荷を帯びており、原子は正負の電荷の電気的な引力でひとつにまとまっている。

化学元素は原子の複雑さをもとに区別される。最も単純な水素では普通、電子一個が正電荷を帯びた陽子一個の周りを回っている。ヘリウムには核に陽子が二個、炭素には六個、天然で存在する最も重い元素のウランには九二個ある。一九三二年、中性子が発見された。中性子は陽子の双子だが電気的に中性だ。中性子も陽子と同様、あらゆる原子核を構成している二つの基本要素の一つであり、原子核の安定性に重要な役割を果たしている。

電気力の法則——電荷は反発する、など——により、重い核に多数含まれる正電荷の陽子は互いに反発する。そのせいで、とても大きな核は本質的に不安定だ。そもそも原子核が存在していられるのは、こうした粒子の集まりの奥深くで強い引力が働いているからで、ここでは電気的に中性の中性子が重要な役割を果たしている。とはいえ、正電荷の陽子を九二個持つウランで電気的に崩壊寸前に達しており、それよりも多くなると、陽子と中性子の稠密な塊は存在していられなくなる。

原子核の中性子と陽子は、おのずと最も安定な配置を取る。最も安定な構造が最も長続きする、とは自然の黄金律の一例だ。山と積まれた石が崩れてばらけると安定するのとまさに同じで、原子核が安定状態に達するためには、陽子の塊を崩そうとする電気力の影響が最小限に抑えられていなければならない。高エネルギーの配置の原子核はおのずと低エネルギーの配置へと変わり、安定になるまで、放射能と呼ばれる現象の形で余分なエネルギーを放出する。一般に、放射能現象で放たれるエネルギーの量は化学反応の場合よりも原子一個当たりにして一〇〇万倍大きい。原始時代から二〇世紀初期までに知られていたプロセスはどれも化学反応だった。

パウエルが次いで聴衆に語ったのは、開戦前後から核の科学に情報管制が敷かれるまでのあいだに物理学者が知ったことだ。原子爆弾につながったブレークスルーは一九三八年の核分裂の発見である。核分裂では、それまで想像だにされていなかった規模で核のエネルギーが放出される。その鍵はU235と呼ばれるまれな形態のウランで、ウランの九二個の陽子が一四三個の中性子のおかげでかろうじて安定しており、核には合わせて二三五個の構成要素が存在している。

この変わり種のウランの原子は非常にもろく、低速の中性子が触れただけでばらける。ウラン原子の核がこのような形で分裂した場合、放出される総エネルギーは放射能現象によるそれのさらに一〇〇倍を超える。化学反応との違いは歴然で、核分裂ではその一〇億倍に近いエネルギーが放たれるのだ。これが新たに到来した核の時代への第一歩だったことを聴衆は知る。原子爆弾への道筋を開いたのは、一九三九年の初めになされた発見だ。ウランの核が分裂すると中性子も放たれることに科学者が気づいたのである。この二次的な中性子がウランの塊の中でほかの原子とぶつかり、ぶつかられた原子が分裂してエネルギーとさらなる中性子を放つと、自続する核連鎖反応が可能となる。こうなると膨大な量のエネルギーが放たれ、その極端な形態が核爆発だ。

これが広島に投下された爆弾の背後にある基本的な考え方だとパウエルは語ったが、恐ろしい話はまだ終わっていなかった。新たに公開された情報によると、核爆発を起こす方法がほかにもあり、長崎ではそちらが使われた。中性子がウランにぶつかるとまったく新しい元素ができることがあるのを科学者が発見していた。地球上で天然では見つからず、周期表でウランの先に位置する元素、プルトニウムである。

モットの思い描いた今後の展望は重苦しいものだった。情報の大半が極秘で、確かなところは誰にもわかっていなかったが、国家はこの新しい核兵器の軍備を整えていくだろうと彼は見ていた——実際そのとおりになっている。また、大都市の多いイギリスのような国は原子爆弾による攻撃に弱いと予想し、数多くの小さな町に人口が分散していたヘンリー五世の時代〔一五世紀初頭〕によく見られた存立形態に回帰するようなディストピア社会を思い描いた。モットはさらに、原子爆弾が上空ではなく地上で爆発すると、落下地点が「週単位、ことによると年単位で放射能を示し続けるかもしれません」と警告した。現場を訪れた人は、体内に遅発性のやけどを負うだろう。「原爆被災地での救助活動はリスクを承知で行なうことになります」と彼は聴衆に警告した。原子力は発電などの平和利用に途方もない可能性を秘めているという前向きな話もしたが、莫大な費用がかかることを指摘してこの展望に水を差した。「現段階では、石炭や石油のような既存の燃料に対する経済的な代案ではありません」

若きヒッグスはこの講座を聴講して、核兵器を生涯忌み嫌うようになった。

このときの経験から一般向けの科学講座には需要があると確信したパウエルは、翌一九四六年、自身の研究を取り上げた連続講義を行なった。パウエルが写真乳剤について説明し、それを使うと亜原子粒子の軌跡が見えるようになることを示したこの講義で、ヒッグスは素粒子物理学という新たな科学分野の実験的な側面に初めて触れた。

彼がブリストルで初めて受講した公開講座では、核物理学の地獄絵図を見せつけられたが、この連続講義では、自然の仕組みを理解するうえで核物理学にどのような貢献ができるかというもっと楽観的な未来像を知った。また、そもそも原子核の存在という深遠な謎が暗に指摘されていた。聴衆も知っていたとおり、重力は惑星の運動をつかさどっており、電磁気力は放電や磁石による効果として現れている。ところが、重力と電磁気力がすべてなら原子核は存在しえない。電荷を帯びた陽子のあいだに働く電気的な破壊力は、それらのあいだに働く重力による引力とは比較にならないほど大きい。原子核はとにかくその姿をとどめていることから、陽子と中性子のあいだには、少なくとも距離が極端に近いと働く、強い引力が存在していそうだ。パウエルをはじめとする科学者を悩ませていた疑問の一つが、この「強い力」の性質だった。それを明らかにする方法としては、激しい衝突によって核がどれほど簡単に壊れうるか、そして壊れたときにどうなるかを調べるという手が考えられる。

新たに選ばれた労働党政権は、国防に直接は関わらない原子力研究――言い換えると、知識への道としての核物理学――を促進するための科学委員会を設立していた。進むべき道筋は二つあった。一つは粒子の加速器を開発すること、もう一つは高エネルギーの亜原子粒子の飛跡を写真乳剤で記録する方法を探ることだ。パウエルは聴衆に、自分は後者の道筋をたどって原子核の理解を目指すつもりだと語った。

原子は非常に小さく、概して一〇万個を並べてもヒトの髪の毛一本分の幅にしかならないが、原子核に比べると途方もなく大きい。相対的な大きさで言えば、原子が大聖堂なら核はその中を飛ぶハエだ。そう聞くと原子核には手が出なさそうに思えるかもしれないが、ここでパウエルはわくわくするような話を切り出した。自然は原子核を打ちくだく手段を用意しているというのだ。宇宙線である。

地上から数百キロ上空の外圏大気は、宇宙線と呼ばれる微粒子の集中砲火を絶えず浴びている。宇宙線粒子は主に原子核で、深宇宙の磁場で加速されて超高エネルギー状態になっている。地球の磁場は地球から何十万キロと離れたところまで広がっており、こうした地球外物質の一部を引き寄せる。すると宇宙線が上層大気の原子とぶつかってそれらを壊し、そのエネルギーによってまた新たな粒子の雨が降る。

　地上では地表を覆う大気が宇宙線の総攻撃から私たちを守っているので、パウエルはその総力を調べるべく、写真乳剤をバルーンに乗せて高高度へ送り出すことを計画していた。乳剤に含まれる原子の核に宇宙線がぶつかれば、核が壊れて乳剤が励起され、地表に戻ってきた乾板を現像するとその飛跡を明らかにできる。パウエルはこの新たな企てに大きな期待を寄せていた。なにしろ宇宙線には、地球上で知られていなかった尋常ならざる変種の手がかりをもたらした実績がすでにあった。たとえば、ブリストルの生んだ優れた科学者ポール・ディラックが反物質の存在を予想していたのだが、その存在は一九三二年、負電荷の電子に対応する正電荷の反物質、すなわち陽電子が宇宙線から発見されるという劇的な形で確かめられていた。また、一九三七年には宇宙線によって電子の重いバージョン――今で言うミューオン――の存在が明らかになっていた。陽電子は予想されていた存在であり、新しい世界観にぴったりはまったのに対し、電子の重いバージョンは思いも寄らない発見だった。ある科学者による「そんなもの、誰が注文したんだ？」という問いには、今なお部分的にしか答えが出ていない[19]。

　パウエルは、宇宙線が驚きの事実を数多く明らかにすると考えていた。実際、彼がその予想を口にしていたときにはもう、「ストレンジ《奇妙な》」粒子の宇宙線の発見という形で的中しようとしていた。それから数年もしないうちに、宇宙線の衝突に当たることが粒子加速器での実験という形で地上で再現できるようになった。ヒッグスが大学進学に備えていた一九四七年、高エネルギー素粒子物理学という新たな研究分野が花開こうとしていた。

## シティー・オブ・ロンドン

戦争が終わると、ＢＢＣはトム・ヒッグスをロンドンのブッシュ・ハウスにあった同局のワールドサービス（国際放送）本部に転勤させた。家族の同居が可能となったことから、一家は一九四六年、ノースロンドンでも難民が多く多彩な言語が飛び交っていたスイス・コテージ地区の、ゴールドハースト・テラス二九番地にある、赤れんが造りのフラットに引っ越した。ピーターはシティー・オブ・ロンドン・スクールに一年通った。[20]

同校はロンドンの中心部——というか、戦時中の爆撃による爪跡が残されていた地域——に建つセントポール大聖堂からわずか数百メートルのところにあった。一七〜一八世紀に活躍した建築家クリストファー・レンが設計した教会の大半が、破壊されたかひどい損傷を受けていた。オフィスビル街に残っていたのは高さ一メートルほどの残骸で、景観のあちこちがぽっかり空いていた。古代ロンドン《ロンディニウム》時代にローマ人が築いた壁というそれまで隠れていた遺跡が見えるようになり、ロンドン塔からウォーターゲイトまで大ざっぱな半円を描いて連なっていた。壁が南へ曲がる北西の角には最大の遺跡がある。バービカンと呼ばれるその辺りには、今では一九七〇年代のブルータリズム建築が立ち並んでいる。

ヒッグスは、昼休みにそうした遺跡を訪ねているうちに考古学に興味が湧いたが、在籍していたのは数学の大学準備課程で、「斬新」な「楽しい数学！」の課外授業を受けていた。

同校がこうした選ばれし生徒たちを教育していたのは、彼らがケンブリッジ大学の数学トライポス――純粋および応用数学の学部課程――への入学が認められるのを期待してのことだった。そのため、ヒッグスがオックスフォード大学にもケンブリッジ大学にも行きたくないと言うと、担任教師たちは面食らった。彼は父親に、そして「オックスブリッジは有閑階級の子息が自分と教師の時間を無駄にするところ」という父親の偏見に感化されていたのだ。さらにはあてつけがましく、数学の学年末試験で最高点をたたき出して数学賞を獲得した[21]。

数学には明示的な規則を持つ論理的な枠組みがあり、ひとたび証明された数学定理は永遠に有効だ。新たな公理は、定理を拡張するかもしれないし、適切に考慮すれば新たな含意が導かれるような前提を明らかにするかもしれない。ヒッグスは数学の仕掛け――代数的符号、形状や写像の微分幾何学、微積分の妙な記号――を大いに気に入った。世の中には、方程式の操作に喜びを見いだす者がいる。ピアノの鍵盤に向かったウラディーミル・ホロヴィッツの演奏技巧に魅了される者がいるように。だが、ヒッグスを魅了していたのは楽曲のほう、数学の持つ、自然に隠されている美を明らかにできる力のほうだ。これが理論物理学者になるという彼の決意を固めていった。

次の問題は、この目標をどこで追いかけるかだ。彼はロンドン大学のインペリアルカレッジ・オブ・サイエンス・アンド・テクノロジーの「『インペリアル』という単語の響きが好きではなかった」

ので、同大のユニバーシティーカレッジとキングスカレッジというほかの二校に願書を出した。キングスカレッジについてはたまたま以前から知っていた。ブリストルのコールドハーバー・ロード時代、別のフラットにキングスカレッジで工学を学んでいた若者がいたのだ。ユニバーシティーカレッジからは「いずれ連絡いたします」という気のない返事が返ってきた。ヒッグスに言わせると、ユニバーシティーカレッジの入学手続きが「実に官僚的」だったのに対し、シティー・オブ・ロンドン・スクールのすぐ近くにあったキングスカレッジは積極的な関心を示した。そこで、キングスカレッジを訪ねてみたところ、喜んで雑談の相手をしてくれたうえ、入学許可をオファーしてくれた一方、ユニバーシティーカレッジはまだ態度を決めかねていた。当時は大学入学者の大半が退役軍人で、ヒッグスのような普通の卒業生が入るのは難しかった。彼はうるさいことは言っていられないと思っていた。

こうして一九四七年の秋、ヒッグスは物理学専攻の学部生としてロンドン大学のキングスカレッジに入学した。無神論者の学生にとって、キングスカレッジという選択は動機の面で皮肉だった。というのも、同校が一八二九年に開校されたのは、「ガワー・ストリートの神を信じない［ユニバーシティー］カレッジ」とは違う、キリスト教精神を持つ大学をロンドンに創立するためだったからだ[22]。ロンドン中心部のテムズ川の土手とストランドにはさまれたジョージ王朝風の建物で、ヒッグスは量子論の数学を初めて知り、コタム校の卒業生ポール・ディラックが考案した理論の応用方法を理解し始めたのだった。

キングスカレッジ時代の学友の一人がマイケル・フィッシャーだ。二人はヒッグスが二年のときに出会い、生涯の友となった。フィッシャーがキングスカレッジに入学したいきさつはヒッグスとそっくりだ。フィッシャーも「神を信じない」ユニバーシティーカレッジのほうを好んでいたが、待ちくたびれて、キングスカレッジからオファーのあった入学許可を受け入れたのである。彼はノースロンドンのフィンチリー地区の自宅から通っており、ヒッグスはフィッシャーの家族と懇意になった。ヒッグスから見て、フィッシャー家は活気があって、いろいろなことを考えていて、日頃から議論を歓迎しており、彼の目に「文化的な地平が限られていた」と映っていた自身の両親とは対照的だった。

「ある意味、フィッシャー家のほうが実の両親よりも私の成長に影響を及ぼしました[23]」

フィッシャーはヒッグスの二歳年下、キングスカレッジでは一学年下だった。大学でヒッグスは成功を重視し、「自分は一番でなければ」と口にしていた。フィッシャーは、ヒッグスがのちに「自分よりも彼のほうが賢い」と初めて評した同世代の人物だった。フィッシャーは一九五八年に卒業すると、そのままキングスカレッジで博士課程に進み、やがて同大で講師を務め、一九六五年には教授にまでなった。二人は定期的に連絡を取り合い、自らの分野の動向を教えあった――ヒッグスは素粒子物理学、フィッシャーは物性論、今で言う「凝縮系」物理学だ。一九六六年、フィッシャーは頭脳流出の波に乗ってアメリカに渡り、コーネル大学に籍を置いた。二人のやり取りは散発的にはなったが、生涯続いた。二人の優劣がどうであれ、二人とも唯一無二の存在であり、のちにはともに物理学のウルフ賞を受賞したほか、ともにノーベル賞候補にもなっている。そんなフィッシャーの知見がヒッグスの知見に影響を与えていく。

# 第二章　一重らせん

ヒッグスが大学三年で最終試験を控えていた一九四九年一二月、学科長が研究の道へ進みそうな学生と面談をした。理論物理学をやりたいというヒッグスの希望を聞くと、学科長はチャールズ・クールソン教授を紹介した。クールソンは理論化学が専門の応用数学者だったが、ヒッグスにとってはあいにく、彼の希望分野の最新事情に疎かった。ヒッグスがクールソンに「素粒子物理学の理論研究をやりたいんですが」と言うと、クールソンはこう応じた。「今の段階ではリスクの高い分野だ。なにしろ困ったことになっている。量子電磁力学では答えとして無限大が出てくる。それを解決すればノーベル賞ものだろうが、徒労に終わる可能性のほうが高い(1)」

自然を建築物にたとえて素粒子をレンガとするなら、力はその形を定めるセメントだ。場の量子論によると、自然の力は粒子のやり取りを通じて作用する。たとえば、量子電磁力学（ＱＥＤ）において、電子は光子を放つことがある。このとき、放たれた光子はエネルギーと運動量を持っていく。この光子が別の荷電粒子とぶつかると、ぶつかられたほうが運動を始める。ニュートンの運動の法則によれば、運動の変化は力が加わった結果だ。この変化が電気的な引力か斥力の結果だった場合、その力は昔から電磁力と呼ばれている。このように、二個の荷電粒子間に働く電磁力は、一個以上の光子が一瞬にしてやり取りされて生じる。専門用語では、光子は電磁力の「フォースキャリア」だ、などと表現される。

一九二七年に登場して二〇年、ディラックによるＱＥＤの定式化は浮き沈みを経験していた。問題は、ＱＥＤを最も単純な近似以外で応用すると、一部過程の起こる確率が無限大に、言ってみれば〝必ず〟よりも頻繁になりうるというナンセンスな答えを予想することだった。無限大は測定できるものではなく、科学者らが提起していた疑問に対するその意味は、実際に出てきた答えではなく理解不足だった。この理論には根本的な欠陥があるのか、と大いに心配されていた。

そのうえ、これは原子の科学の難解な話に限った欠陥ではなかった。光の基本粒子である光子を電子が吸収ないし放出するというシンプルな作用は、現代テクノロジーの大半や多くの生命形態を支えている。なのに、ＱＥＤはこのきわめてありふれた過程に関する答えを出せないようだった。光子が電子に吸収される確率ほど基本的なことを計算できないなら、それは理論ではない――それほど根本的な問題を抱えていた。

ＱＥＤの力不足を何より端的に示していた例が、ＱＥＤでの電子の磁力計算だ。実験では、ある基準スケールに対する比として測定できる。計算の場合は、光子一個を吸収する電子一個の振る舞いを記述した代数方程式を解けばいい。電子が真空中に単独で存在している場合、その計算に複雑なところはなく、結果は実験値の一〇〇〇分の一を超える精度で得られる。

大成功にも見えるが、この値を実験では一兆分の一を超える精度で測定できると知れば、そうは見えなくなるだろう。複雑なところのない計算による値に測定値との微妙な差が出るのは、真空の空間に存在するのが注目する電子だけではないからだ。場の量子論によると、真空は空っぽどころか、電子と陽電子のような物質と反物質のごく短命な粒子でごった返しており、それらは沸き立つ泡のように現れては消えている。この幻のような粒子は私たちの普通の感覚では見えないが、光子と電子が合体する瞬間にそれらをかき乱し、そのことが実験の測定値に反映される。

ＱＥＤには、そうした擾乱《じょうらん》それぞれの影響を一つずつ計算していく手だてがある。擾乱は数限りなく起こるが、いくつかを除けばそれらの影響はごくわずかで無視できる――計算結果の精度にある程度妥協するつもりがあるならば。「摂動論《せつどうろん》」の名で知られるこの技法では、まず最重要の擾乱を計算し、次いで二番目のものを加味し、とより小さな寄与分を含めていく。すると、総和が「真の」答えにその分だけ近づいて精度が上がる。

無限和の答えは有限になることがある（たとえば、$1+\frac{1}{2}+\frac{1}{4}+\frac{1}{8}+\cdots\cdots=2$）。この最初の五項を足すだけで、誤差は一〇％未満になる。第何項まで使うか、あるいはどの程度の作業を要するかは、答えに求められる精度に応じた実務上の問題だ。

ＱＥＤ研究初期の物理学者もそう思っていた。ところが実際にやってみると、２という結果に、荷電粒子と電磁場とのエネルギーの共有形態を記述する代数式が乗じられていた。この式を計算したところ、大きさが無限大になった。こうしたわけで、クールソンはヒッグスにＱＥＤ理論は困ったことになっていると告げたのだ。

だが、クールソンは最新事情に疎かった。実は一九四七年にこの「無限大パズル」の解決方法が見つかり、ＱＥＤにルネサンスが訪れていた。[2] あの基本的な数学構造の再解釈によって、厄介な無限大を避けて有限の結果を出せるようになっていたのだ。この再構築は「繰り込み」と呼ばれている。

問題の根源は、この理論の主な構成要素の一つであるディラックの方程式が、電子を単に真空空間内の一点に存在する電荷と想定していることだった。QEDで考えていると、この捕らえどころのない点の解決を試みるうちに、舞台からは見えない幽霊のような群集——先ほど触れた電子と陽電子の仮想的な大群——の存在が、そしてそれらが持つ電荷を取り巻く電磁場の存在が、しだいに感じられてくる。物理的な電子は、ディラックの方程式の理想的な実体とは違う。実験家が電子の質量だと解釈しているのは、ディラックの考えた理論上の電子が、それ自身の電磁場や真空を満たしている真空偏極と相互作用した結果だ。「リアルな」電子は、ディラックの方程式で記述されているよりもはるかに複雑である。

電子の質量として測定している対象にこうした実在が及ぼす影響は、基本に立ち返って、電子が磁石の近くにあるときの振る舞いを慎重に考えるとはっきりしてくる。一見すると、難しいところはなさそうだ。磁場は電子を動かし、力と加速度との比が慣性ないし質量を定める。ここで、くだんの電子は周りの空間に広がる電場の源でもある。その電子が動きだせば、自身による電場を一緒に引きずっていく。したがって、加速に対する抵抗には、物質としての質量だけではなく、自身の電場における慣性も関わってくる。繰り込みの背後にあるのは、実利との兼ね合いを考えて妥協するという発想だ。物質としての電子とそれによる電場の両方について振る舞いを計算しようとするのではなく、実験的に測定された電子の質量を方程式で使い、関連する電気的な影響に目をつぶるのである。実験的に測定された慣性に、自身の電場と相互作用する電子の影響——自己エネルギー——が含まれていることがポイントだ。

無限大を避けるこのやり方は、物理学的にはそれらしい気がするものの、有益な予想をするという実践的な能力をかえって損ないかねないように見える。なにしろ、量子真空の複雑さとの関連では、本質的に異なる潜在的な無限大がいくつも存在する。ここで突破口を開いたのが、何を計算するにしろ、その計算式での無限大の現れ方が過程によらずえてして同じであることの証明だ。たとえば、物理学者がある量を計算したところ、値が無限大になる厄介な代数式に1が掛かったものになり、何か別の値を計算してみたら同じ代数式が出てきたが今度はたとえば2が掛かっていたとしよう。すると、この二番目の量の大きさは最初の量の二倍だと予想される。最初の量について真の（有限の！）値が実験で測定済みならば、QEDでは二番目の量の大きさは二倍だと確信を持って予想でき、そのことは実験で確かめられる。つまり、無限大代数式の特定部分をたくし込み、まるで存在しないかのように隠して、問題のない理論というわべを装えるのである。

驚くべきことに、電子の電荷と質量についてそれらの測定値を採用すると、QEDはこの理論を使って計算したくなりそうなその他すべてのものさしとして十分通用する。電子の電荷や、電子の質量に対するそれ自体の電気的な寄与分は、QEDで計算しても無限大になる――だが、それらについて実験的に定められた量を用いると、この理論でその他すべてを計算できる。さらに、答えが無限大ではなく有限になるばかりか、正しいのだ。繰り込み後の（たとえば電子の磁気モーメントの）計算値と測定値の違いは一兆分の一を下回る。これは大西洋の差し渡しを髪の毛一本分の幅の精度で測れているようなものだ。

こうして、ＱＥＤは有限の答えを特筆すべき精度で出す理論となった。それから七〇年以上になる今なおそうである。だが、一九四九年のクールソンは、ＱＥＤがルネサンス期を迎えていたことも中心的な問題が解決済みだったことも知らず、悪気なしにヒッグスをＱＥＤから遠ざけたのだった。これを機に、ヒッグスは理論物理学の化学への応用に転向した。

学部生最後の年、ヒッグスは学生が運営するマックスウェル協会の会長だった。協会での会長講演は生まれて初めての公開プレゼンで、彼はそのときの自分を一言、「びびっていました」と形容する。友人のマイケル・フィッシャーが絵の腕前を発揮して、講演の宣伝ポスターを何枚か書いた。ヒッグスが選んだテーマはフーリエ解析の驚異だった。フーリエ解析は、複雑な代数関数をより単純な関数の和として表す数学技法だ。これはヒッグスが光学と顕微鏡法に関するモーリス・ウィルキンズ教授の講義を聴講して大きな関心を抱いたテーマだった。

生物物理学の先駆者の一人だったウィルキンズはその頃、のちにデオキシリボ核酸（ＤＮＡ）の二重らせんを明らかにした技法であるＸ線回折の研究を始めようとしていた。ヒッグスの講演を聴いたウィルキンズの同僚は、「おや、われわれのデータの解析を手伝ってくれそうな人材がここにいる」と思った。その彼らはヒッグスの目に、得られた結果を誰も数学的に理解できずに尻込みしていたように映っていた。一九五〇年に学科を首席で卒業すると、彼はＱＥＤから遠ざかり、キングスカレッジにとどまった(3)。

## 分子物理学とＤＮＡ

一九四六年、英国の医学研究会議（ＭＲＣ）が、科学教育を受けた経験のある復員兵が生物学の将来に興味を持っていたら、いわば生物物理学部隊に入れる、というプロジェクトを立ち上げた。その目標は、物理学の原理や実験技法を生命系における分子の構造や挙動の理解に応用することだった。その動機の一つに、放射線が人体に与える影響を理解する、という原子力時代黎明期のニーズがある。だが、このプロジェクトの主な原動力としてのちに大きな衝撃をもたらしたのは装置の進歩だ——生物学にとって大きな可能性を秘めた、電子顕微鏡法とＸ線顕微鏡法の登場である。ＭＲＣは目標達成を目指して、ケンブリッジ大学のローレンス・ブラッグのもと、そしてキングスカレッジのジョン・ランドールのもとに部隊をつくった。このプロジェクトは功を奏した。それから数十年で収めた数々の成功のなかで最もインパクトの大きかったのが、ＤＮＡの二重らせん構造の発見だ。

顕微鏡法の講義でヒッグスの興味をかき立てたモーリス・ウィルキンズはマンハッタン計画に従事した物理学者で、キングスカレッジではランドールのチームの一員だった。ウィルキンズもヒッグスと同様、核物理学の使われ方にショックを受けていた。ウィルキンズは望んで生物物理学に転向し、一九五一年、Ｘ線結晶学で優れた実績を上げていた三一歳のポスドク助手、ロザリンド・フランクリンを雇った。

この頃のウィルキンズチームは、たとえるならＤＮＡの分子構造という頂上を目指す登山のベースキャンプにいた。ヒッグスが分子生物学者のチームに加わらずに理論物理学の探求を選んだとき、彼らはがっかりした。ヒッグスの記憶によると、生物物理学や分子生物学のチームにいた研究者と理論物理学グループとのあいだには「大きな隔たり」があった。だがヒッグスは、ウィルキンズの研究領域の動向を把握していた。学部の実験の実習助手を務めており、そのとき一緒だった生物物理学者から最新動向を教わっていたからだ。ヒッグスの居室はフランクリンの実験室と同じ廊下に面しており、ドア四つほどしか離れていなかった。フランクリンはヒッグスの九歳上で、彼によると「とても内気で引っ込み思案でした。フランスへの留学経験のあった初期のフェミニストで、キングスカレッジの男っぽい環境に満足していませんでした。性差別的なジョークを聞かされることもありましたし、男性専用だった職員クラブには入れてもらえませんでした[4]」

ヒッグスは当時漂っていた内輪の緊張の一端も覚えていた。その原因は、フランクリンの身分に対する認識のずれだ。ウィルキンズに言わせると、フランクリンはウィルキンズ率いる分光学チームの一員として雇われていた。だが、ヒッグスに言わせればランドールはいい加減な上司で、他人に言うことが「控え目に言っても」どこかあいまいだった。フランクリンはランドールに言われたことから判断して、自分の研究の全権は自分が握っており、他人の支配下にはない、という印象を持っていた。そのせいで、彼女の撮ったDNAの写真をウィルキンズがジム・ワトソンに見せたことが大きな問題となり、ワトソンが自伝的著作『二重螺旋』に記している有名な確執へとつながるのだ[5]。

一九五〇年、新米研究生となったヒッグスの最初の課題は、結晶性有機分子の電子構造と、そのX線回折パターンに熱振動が与える変形をテーマに、一年で修士論文を書くことだった。この経験が、分子振動と分光学に対する彼の興味をかき立てた。この頃、ウィルキンズと、フランクリンの学生だったレイ・ゴスリングがDNA線維から、結晶性であることが明らかなX線回折パターンを初めて得ていた。彼らの同僚アレックス・ストークスは、のちの有名な二重らせんの解読に先駆けて、そのパターンはDNAがらせん構造であることを示していると解釈した。

ヒッグスの指導教官だったクールソンは、一九五二年にキングスカレッジを離れてオックスフォード大学へ行った。ヒッグスはクールソンに付いていかず、キングスカレッジに残った。そこには科学的な理由と個人的な理由があった。まず、理論物理学科の主任だったクールソンは、所属メンバーが論文を量産することが政治的に有利に働くと見ていた。ヒッグスはクールソンの考え方に従い、同じテーマのさまざまな側面についてショートペーパーを何篇も書いた。ヒッグスいわく、「あれはやりすぎで、もっとまとまったものとして書くべきでした」。ヒッグスは「大量の薄っぺらい論文」の生産ラインと化すことを奨励するこの気風を嫌った。キングスカレッジ理論物理学科からの一〇〇篇目の論文が発表されると、クールソンはパーティーを開いた。ヒッグスに言わせれば、クールソンは「恥を知るべきでした」。もしかするとこの反動で、ヒッグスはその後生涯この真逆を行き、論文をやたらと出すことはしなかったほか、必ず単著にした[6]。

とはいえ、クールソンの後任が別分野の研究者だったなら、ヒッグスは博士課程を続けるためにオックスフォードへ移らざるをえなかっただろう。彼は当時もまだ父親の「オックスブリッジ」嫌いを受け継いでいたので、進路を決める期限前にクールソンの後任候補者の短いリストから自分はキングスカレッジに居続けられると確認できたのは幸いだった。

クールソンはメソジスト派の信徒伝道者で、神を信じない者に寛容だったが、それでもなおヒッグスから見ると「厳格」な中年教授だった。後任のクリストファー・ロンゲット＝ヒギンスはまるで違った。彼はヒッグスと六歳しか違わず、二人はすぐ親密になった。[7] 二人はさっそくランチをともにし、面白そうな問題の当たりを付けて、どちらがどれに取り組むかを決めた。[8]

話をするうち、らせん分子の研究が面白そうだということになった。アメリカの化学者ライナス・ポーリングが、らせん構造にもとづくタンパク質の理論を考案していたからだ。DNAの構造もらせんだとするストークスの見立てと考え合わせると、ヒッグスが研究の第一歩を踏み出そうとしていた時期、キングスカレッジではらせん構造が「流行」だったようだ。ロンゲット＝ヒギンスはらせん対称の分子の電子構造を研究し、ヒッグスはその振動スペクトルに関する論文を書いた。一九六四年の輝かしい成果を別にすると、彼の論文のなかではこれがもしかすると最重要で、彼の記憶によれば「ランドールが飛びついてきた」。この論文のおかげでヒッグスは栄誉ある上級大学奨学金――過去にはポール・ディラックももらった「一八五一年博覧会奨学金」――を獲得し、「ロンドン大学キングスカレッジで最も裕福な博士課程の院生」になった。本来、この奨学金の対象はポスドクだったのだが、ヒッグスはまだ博士課程に在籍中で厳密にはポスドクではなく、当時は免税となった。「一年のあいだ空前の富を手にしていました！」[9]

## エディンバラとゲージ不変性

三年ほど前にヒッグスがクールソンにQEDの話をしたとき、ヒッグスはイギリスにいるこの分野の研究者はポール・ディラックしか知らなかった。ディラックが自分と同じ学校の出身だという話はしたが、それ以上のことは何も知らないに近かった。クールソンは、ＱＥＤに関する助言こそ時代遅れだったが、ディラックについては有益な情報源だった。ケンブリッジ大学にいたディラックについて、クールソンはこう言っていた。「誰もディラックと共同研究するに至っていないし、彼は学生を受け入れようとしない。彼のもとでの研究を希望する学生はみんなニコラス・ケンマーの指導下になっているから、君もケンマーのもとで研究すべきだ(10)」

一九五四年、キングスカレッジで分子分光学に取り組むこと三年でヒッグスは博士号を取ったが、奨学金が一年分残っていた。ケンマーがケンブリッジ大学からエディンバラ大学に移り、数理物理学講座テイト教授〔スコットランドの物理学者、ピーター・テイト〔一八三一〜一九〇一〕にちなんだエディンバラ大学の職名〕に就任していたことを知ると、理論素粒子物理学を研究するという望みをまだ諦めていなかったヒッグスは、大学奨学金委員会に手紙を書いて、以前もらったお金でエディンバラ大学へ行き、研究分野をケンマーの学科の素粒子物理学に変えたい、とおそるおそる願い出た。ヒッグスはエディンバラ行きの列車に乗り、旅費の支払いを正当化するためのセミナーを行なったあと、ケンマーと話をし、一年分の費用は自分が出すのでポスドクとして雇ってくれるようケンマーに頼み込んだ。ヒッグスは一九五五年の年明けにエディンバラ大学に移った。

この節目の年、彼には二年の兵役が見込まれていた。平和主義者としての信条をあくまで追求したいと思うかどうか、自分の良心を確かめているうち、やはり小児ぜんそくの既往歴があったキングスカレッジの仲間の院生から、とにかく軍は君を採らないだろうと言われた。そのとおりだった。ヒッグスは招集に向けた面談を受けたが、ぜんそくのせいで不採用となり、喜びいさんでエディンバラへ向かった。オックスフォード大学にいたクールソンは、ヒッグスが分子物理学の研究をやめて場の量子論を選んだと聞き、「それは残念。彼はキャリアを棒に振った！」と同僚に言っていた。[11]

当時四九歳だったニコラス・ケンマーは、ロシアに生まれ、ドイツで育ち、スイスで研究生活に入った。イギリスに移民として一九三八年に渡ると、やがてケンブリッジ大学のトリニティーカレッジに落ち着き、原子爆弾の核物理学に取り組んだ。一九四〇年には、新元素の名称として海王星と冥王星にちなんでネプツニウムとプルトニウムを提案している（それまでの元素周期表は天王星にちなんだウランまでだった）。ロシア語、英語、ドイツ語の三言語を操る才人で、暗号クロスワードに目がなかった。ケンマーがチューリッヒで学んでいたときの指導教官は、辛辣で激しやすい理論物理学者ヴォルフガング・パウリで、そのパウリから非常に難しい課題を与えられたとき、自信満々だったケンマーは、自分は研究者になるには才能が足りないのではとあらぬ不安を抱いた。この経験は彼の心に傷を残し、教授になっても、学生に地獄の責め苦を味わわせてしまうのを恐れて、学生に課題を与えたがらなかった。それでも、ケンブリッジ大学の優秀な学生数名にテーマの候補を授けてからエディンバラ大学に移っており、終戦直後の理論物理学に大きな影響力を持っていた。

ヒッグスがやって来ると、ケンマーは話をしようとヒッグスを呼び出した。そして「このテーマは私にはもう理解できないが、これらが重要論文だ」と言って、ヒッグスに「膨大な量の文献のリスト」を渡した。このリストに載っていた論文から、ヒッグスはここ数年でＱＥＤが成し遂げていた途方もない前進を知った。現状は、クールソンから与えられた偽りの印象とは真逆だった。大きな進展を遂げつつあったキングスカレッジの分子物理学グループで活気あふれる研究生活を始めたヒッグスだったが、素粒子物理学に転向したエディンバラ大学では足踏み状態となった。彼は基本的に一人で取り組んだ。「ときおり［ケンマーのもとに］戻って助言を仰ぐことはありましたが、一年目の大半は論文を書くのではなく読み込んでいました。このテーマの知識が足りなかったからです(12)」

QEDが繰り込み可能であることの証明は奥が深く、技術的に難しい。この理論にヒッグスが初めて遭遇した一九五〇年代よりも全体像が格段によく理解されている今なおそうだ。QEDの有効性が一九四七年に初めて示されてから一〇年以上たっても、その証明が信頼に足るかどうかを巡って意見が分かれていた。代数操作の一部が非の打ち所なく有効なのかどうか、おびただしい数の方程式の解析で論理の誤りが起こっていないかどうか、などがはっきりしていなかったのだ。ほかにも、繰り込みという手続きの物理的な意味合いについて根深い疑問があり、こちらについては今なお活発に議論されている。

元の証明の重要な特徴は、QEDが「ゲージ不変性」と呼ばれる性質を持っていることだった。何やら難しそうな用語に見えるかもしれないが、意味は単純だ。たとえば、ニューヨークの正午はロンドンの午後五時だ。ここで腕時計をグリニッジ標準時（GMT）と東部標準時（EST）のどちらに合わせるかがゲージの選択である。大西洋横断飛行にかかる時間は、GMTとESTのどちらで測ろうと同じ、すなわちゲージ不変だ。基本的な力の理論において、ゲージ不変性とはおおざっぱに言って、場の強さがポテンシャルの定義と独立でなければいけない、という意味である。重力の場合なら、物体がテーブルから落ちて床に当たるときの速さは、テーブルが高層ビルの一階にあろうと最上階にあろうと同じだ。効いてくるのは重力ポテンシャルの変化――テーブル表面から床までの高さ――であり、それぞれの絶対高度ではない。同じように、電流の場合、必要なのは電圧の変化だ。それが二四〇とゼロの違いでも、一二四〇と一〇〇〇の違いでも、二四〇ボルト対応の電源は問題なく機能するだろう。

大西洋横断飛行の例の場合、どの時刻ゲージを使うかはまず問題にならないが、旅の始まりでゼロにセットすれば、計算から余計なひと手間が省かれる。QEDでは、あらゆる粒子――電子と陽電子や光子など――に関連付けられる量子波が代数構造をいっそう複雑にしており、方程式を解く難易度が最終的にどうなるかはゲージによって大きく違ってくる。最も計算しやすくなるのはこれ、という魔法のゲージは存在しない。そうではなく、ある過程の計算ではゲージAを使うのが最もたやすいかもしれないし、別の事例ではゲージBのほうがわかりやすいかもしれない、といった具合になる。QEDでは、どのゲージを使うことにしても、計算間違いがなければ結果は同じになるが、細かい手順が大きく異なりうる。

たとえば、本書の議論や筋は、英語で読んでも中国語訳を読んでも、あるいはほかの言語訳を読んでも同じで、言ってみれば言語不変だ。だが、単純で逐語的な置き換えは存在しない。中国語に存在する概念が英語のそれとは違っていたり、中国語と英語でニュアンスが違っていたりするし、わかりやすいアナロジーが言語によって違っているかもしれない。場の量子論とゲージ不変性の事例では、英語と中国語ではなく、「クーロンゲージ」と「放射ゲージ」という、電磁理論の説明によく使われる二つの枠組みについて考える。科学者のなかには、放射ゲージでの方程式のパターンになじんでいる者もいれば、ヒッグスのようにクーロンゲージのほうが好みという者もいる。計算にどちらの枠組みを使っても結果はまったく同じになるはずだが、その過程では、この側面を追うならこちらのゲージのほうが楽、あの側面を追うならあちらのゲージのほうが楽、ということがある。芸術的な美を求めているなら漢字は大いに役立ちそうだが、タイプライターのキーボードで文章を書いているならアルファベットのほうが楽だろう。

ゲージ不変性は奥が深く、何が可能かに厳しい制約を課すことがある。この宇宙にある電子はどれも符号と大きさが同じ電荷を持っている、という事実から当然そうなるという一例を見ていこう。磁場などによる刺激への電子の反応は電磁気力の法則に従い、実験場所がヨーロッパか、アメリカか、月面上かには左右されない。量子方程式がそれぞれの場所で異なるゲージを用いて独立に立てられても、私が注目している電子の力学と、別の大陸や月での力学とで、説明には一貫性があり、計算結果はそれぞれの場所でのゲージ選択とは独立のはずである。一九四七年、QEDの繰り込みに関する先駆的な仕事のなかで、アメリカの理論家ジュリアン・シュウィンガーは、このようなゲージ不変性が生じるためには、さまざまな電子を結び付けて違う場所での同じ状況を比較できるようにする、何らかのつながりが存在しているはずだと証明した。場の量子論において、このつながりをなすのは粒子である。数式によると、このつながりの向きは重要だ——つまりベクトルである。そして、荷電粒子を結び付けるベクトル場を形成するという形で協力して振る舞う、というボゾンの能力を発揮するという意味で、関連する粒子はボゾンのように振る舞う。こうして「ゲージボゾン」という概念が誕生した。電磁気力のゲージボゾンはおなじみの光子だ。

　このつながりは距離の隔たりが非常に長くても作用を及ぼせるはずで、場の量子論においてそれはゲージボゾンに質量がないことに当たる。要するにシュウィンガーは、帯電した物体のあいだにはゲージ不変性によって必然的に電磁力が生じること、そしてその力は質量ゼロの光子によって運ばれることを証明したのだ。光子に質量がないこと、そして光子が虚空を自然の制限速度で飛んでいくことは、アインシュタインの特殊相対性理論の土台である。ところがＱＥＤによると、真空は空っぽではない。光子は仮想的な電子や陽電子の海に浸っており、それが光子をワナに陥れて飛行を邪魔する。ＱＥＤの言うとおり、静止している電子がこの相互作用によって無限大のエネルギー――ないし質量――を得るのであれば、光子は似たような運命をたどらずに済ますためにどうしているのか？

　シュウィンガーはＱＥＤ理論の数式を入念に検証することで、この質量ゼロの光子という現象を支えているのがＱＥＤのゲージ不変性だと結論付けた。ゲージ不変性、力の存在、光子の質量消失、そして繰り込みによるＱＥＤの成立。これらのあいだにつながりがあるというのは奥の深い帰結であり、やがて大きな影響を広範に及ぼすことになる。

## ロンドンと一般相対性

　一九五五年一月にエディンバラに落ち着いたヒッグスは、ケンマーから渡されたＱＥＤ文献のリストにひるんだが、場の量子論がどういうものかを時間をかけて学び、異なる事象間の相関の正しい数学的記述――「グリーン関数」の名で知られている――がこの基本理論からいかにして立ち現れるかを解き明かした。この成果はのちに「経歴総和としての真空期待値」という近寄りがたいタイトルの論文になったが、ほぼ無視された(13)。一九五六年になると奨学金が尽きたが、大学が二年目の資金を援助してくれた。ヒッグスは空席になった講師の職に応募したが、別の候補者が採用された。バーミンガム大学の講師の口に応募したところ、自分に経験のない内容の院生向け講座を教える義務を伴っていた。最終的にロンドンのインペリアルカレッジの奨学金を手に入れ、一九五七年に南へ向かった。

ヒッグスはインペリアルカレッジ在籍中に次なる論文を書いたが、ときどき古巣のキングスカレッジに行って、世界有数の宇宙論者に数えられていたヘルマン・ボンディから古典的な相対性理論について学んだ。宇宙のモデルを扱ったボンディの公開講座はとても面白かった。ヒッグスも宇宙のモデルについては前から知っていた。エディンバラ大学時代、学部の四年生向けの相対論講座を受け持つという仕事をケンマーから与えられており、それが非常にいい勉強になっていたからだ。

この宇宙は一四〇億年近く前にビッグバンと呼ばれる現象で無から突然現れた、という証拠が今ではあるが、一九五六年当時は考えられる説明が二つあり、どちらも奇妙で理解しがたいものだった。一方によると、この宇宙は何らかの「定常状態」で永遠に存在しており、物質は常に作られては壊されている。それに対し、定常状態理論とは違って実験による検証に何十年と耐えているもう一方は、過去への無限後退という難題を避けるためにビッグバンを提唱していた。もちろん、こちらにはこちらで、ビッグバンの前日には何が――どこで――起こっていたのか（とか、ある一般向け講座の終了後に聞かれたことだが、「なぜビッグバンはもっと前に起こらなかったのですか？」）といった謎がある。

第一日という発想は数多くの創世神話に共通して見られており、なにがしかの神がその引き金を引いたと唱える宗教に好まれている。宗教に無関心だったボンディは定常状態理論を好み、これを講座のテーマに選んだ。キングスカレッジにはキリスト教精神を持つ大学として創立された歴史があることを覚えておられるだろうか。聖書の「創世記」には神が宇宙を七日でつくったという主張がある。「最古の宇宙モデルはある敬虔な信者が唱えたビッグバン理論ですので、私は定常状態理論について話すことにしましょう」とボンディは告げた[14]。

ロンドンにいたこの時期、ヒッグスはよくキングスカレッジの相対論セミナーに出席しており、重力の量子論をどう構築するかという問題に興味を持つようになった。数ある技術的な課題の一つが、数学的に一貫性のある理論にゲージ不変性の制約をいかにして取り込むか、という大問題だった。この問題にはディラックなどが取り組んでいた。ヒッグスはこの件を取り上げたショートペーパーを書き、それは《フィジカル・レビュー・レターズ》誌に掲載された[15]。インペリアルカレッジで書いた二篇の論文は物理学の大勢《たいせい》にはほとんど影響を及ぼさなかったが、掲載されたおかげで量子重力に関心がある数理物理学者の狭い世界で彼の存在が認識されだした。

一九五八年、二九歳になっていたヒッグスは、インペリアルカレッジからユニバーシティーカレッジ・ロンドン（ＵＣＬ）に移って臨時講師となった。彼はそこで、数学的なトリックばかりで物理学とは何の関係もない、当人いわく「妙な論文」を書いている。その裏にはこんな事情があった。彼がインペリアルカレッジで出席していたセミナーの講師が、ある種の重力理論にアインシュタインの一般相対論とは違う際立った特徴を見いだしていたのだが、なぜそうなのかを説明できずにいた。セミナーが終わったあと、ヒッグスはその特異性の理解を徹夜で試み、とうとう成功した。そして午前四時にそのパズルを解く数学的操作を発見し、論文を書く準備が整ったのだった。[16]

## CNDのコンサルタント

ヒッグスは、一九四七年頃に労働党が掲げた福祉国家の建設に刺激されて政治に目覚め、その政治意識は一九五〇年代のエディンバラとロンドンでの体験によってさらに変わっていった。エディンバラでは、ヒッグスの言う「かつて大英帝国に虐げられていた側だった」旧イギリス植民地からの学生たちと出会った。ロンドンに戻ると、彼をいっそう急進的にする二つの出来事が起こった。一九五六年一〇月に英仏イスラエルがスエズ運河の奪取にかかったこと、そして同じ時期にソ連がハンガリーに侵攻したことだ。ヒッグスは、アメリカ資本の放送局が、西側はハンガリー人による蜂起の支援に向かうという印象を与えつつ、「蜂起した市民を何かしら支援するというリスクを西側諸国が負えないことを伝えなかった」ことに幻滅した。[17]

ヒッグスは一九五六年一一月四日、トラファルガー広場で行なわれた「戦争ではなく法律を」と訴える集会に生まれて初めて参加し、支持を集めていた労働党の政治家アナイリン・ベヴァンによる熱のこもった演説を聴いた。ヒッグスが科学に目覚めた少年時代、日本の上空で原子爆弾が爆発するという恐ろしい出来事が起こった。それが今や、世界は核兵器であふれており、東西両陣営の諸国が冷戦という危うい膠着状態に関わっていた。一つ計算を誤ればきのこ雲の悪夢が現実となり、何百万人という死者が生じかねなかった。イギリスでよく知られていた活動グループの一つに、ロンドンに拠点を置く核軍縮運動（ＣＮＤ）があり、ＣＮＤにとりわけ嫌われていた組織の一つに、ロンドンから西へ八〇キロほどのオルダーマストンにある核兵器研究機関があった。ロンドンからオルダーマストンまでの抗議の行進に関わっていたニコラス・ケンマーは、ヒッグスがシンパだと知っていたので、ＣＮＤの科学委員会の事務局長に連絡を取り、ヒッグスに参加を促すことを提案した。一九五八年、オックスフォード大学の生化学者・眼科医でＣＮＤの科学委員会の主要メンバーだったアントワネット・ピリーが、翌年に研究休暇《サバティカル》でアメリカに行くための準備をしており、委員会は代役を必要としていた。ヒッグスの記憶によれば、イーストアングリア大学のとある生物学者がヒッグスのほうを見て「君がやったらどうだ？」と言った。「私はひと呼吸置いてから、ＯＫと言いました[18]」

一九五八年は、ＣＮＤの活動において特別な時期だった。原爆実験の凍結が始まっていたからだ。それまでの約一〇年で明らかになったこととして、爆弾の実験が大気圏内で行なわれると、崩壊する放射性元素が大気圏内に放たれる。それに伴う死の灰は有害であるうえ、兵器の特徴や設計の手がかりを敵方に与える。凍結を守らず実験を秘密裏に続ける手段の一つが地下核実験だ。そこでＣＮＤの科学者は、地下での爆発で発生する地震波を、地震などの自然現象による地震波と区別できるかどうかの評価に取りかかった。

ヒッグスは一九五九年のうちに科学委員会の事務局長代理になった。また、ＵＣＬのエリック・バーホップと協力して、地下核実験検出の可能性に関する報告書を作成した。実験家のバーホップ——ＭＩ５が情報を集めて管理していたほどの筋金入りの共産主義者——が地震波検出器の精度について調べ、理論家のヒッグスはさまざまな種類の波が地層をどう伝わるかを記述する数式を検討した。ヒッグスはすぐさま、地震による剪断波（横波）と爆発からの疎密波（縦波）との違いに関する情報は地球内部を通過しているあいだも保持される、という結論に達した。ただし、余計な情報が大量に混ざり込み、一箇所での測定では判断できそうになかった。信号の解読にはネットワークと支援コンピューターからなる世界規模のシステムが必要になると予想され、ヒッグスとバーホップはCNDへの報告書にその旨を盛り込んだ。これに先立ち、アメリカのドワイト・アイゼンハワー大統領政権が地下核実験の検出は不可能だと主張していた。だが、ヒッグスとバーホップがCNDに提出した報告書のおかげもあって真実が白日の下に晒され、アイゼンハワー政権も検出可能であることを認めた。CNDの報告書は、地下核実験の検出に必要なネットワークの構築に莫大な投資が必要となることを認識していたほか、のちに核実験の監視に用いられる数多くの着想を先取りしていた[19]。

ヒッグスはロンドン暮らしの最後の二年、CNDの顧問を務めた。その後、一九六〇年にエディンバラ大学の数理物理学科で講師の職を得ると、アントワネット・ピリーが作った核軍縮を支持する科学者の住所録を携えてエディンバラに戻った。そのおかげで、着任したときにはすでに大学じゅうに、なかでも科学系の学科に人脈ができていた。また、ケンマーはさっそく、自分がCNDから依頼されていた仕事をすべて彼に回している。

# 第三章　粒子の爆発

ヒッグスがまだ学生だった頃、物質は電子、陽子、中性子というたった三種類の粒子でできていると思われていた。だが、一九六〇年までに妙な粒子が新たに次々と見つかっていた。その顔ぶれは、宇宙線のなかから発見された、地球をかすめ飛んでいく奇妙な地球外粒子から、一九五〇年代に建造された念願の粒子加速器による実験で生成されて見つかった、光が原子核の幅だけ進む時間ほどしか存在しない粒子まで、実に多彩だった。

　理論家は、電磁力は粒子――光子――のやり取りを通じて作用する、という場の量子論をもとに、陽子と中性子を互いに結びつけてコンパクトな原子核を形作っている強い核力の場合も同じなのではと考えた。実際、一九三五年には日本の理論家の湯川秀樹がそう唱え、その力を伝える粒子――パイ（π）中間子（パイオン）――の存在を予想していた。陽子を揺り動かすと放射線が放たれるが、それをなすのは電磁放射による光子だけではなく、パイ中間子が主だ。パイ中間子は、核力の場が乱されると放たれる。中性子や陽子よりもはるかに軽く、核の構成要素のあいだにつかの間のネットワークを形成してそれらをひとつにまとめる。パイ中間子が放たれる現場は、核子〔原子核を構成している陽子と中性子を指す総称〕が高エネルギーで衝突した場合に限って目にできる。宇宙線が原子核にぶつかると、正か負に帯電したパイ中間子や電気的に中性のパイ中間子が大量に生成される。一九四七年、その前年にブリストル大学での公開講座でヒッグスを大いに刺激していたセシル・パウエルが、フレンチピレネーのピク・デュ・ミディの山頂で行なった実験で、用意した写真乳剤に含まれる原子に宇宙線がぶつかって生成された荷電パイ中間子の飛跡を発見していた。

だが、物質の種《たね》と自然の力が特定された、という楽観的な見方は短命に終わった。それどころか、パウエルの発見は革命ののろしだった。パイ中間子は、以降爆発的に発見されていく粒子の一種にすぎなかった。一九五〇年代になると、素粒子物理学という新分野の誕生を告げるかのようにいっそう奇妙な粒子が発見され、新たな切り口の研究が活発になった。

こうした新しい粒子は、どれも自然を構成する基本要素だと言うには種類が多すぎた。当時一般的だった戦略は、粒子の一群に共通する特徴——対称性——を見いだし、それが数学的な理論に、ひいてはそれらの存在に関する説明につながるよう期待することだった。のちにエディンバラ大学でヒッグスの学科を率いる、行進する核物理学者ことニコラス・ケンマーの洞察のおかげで、このおびただしい種類の粒子のなかからちょっとした秩序が浮かび上がった。パイ中間子の予想からほどなく、ケンマーはパイ中間子には電荷の異なる変種が三つ存在すると予想した。パウエルが正電荷および負電荷のパイ中間子を発見して二年後の一九四九年、ケンマーの言うとおりだったことが証明された。第三の変種——中性のパイ中間子——がカリフォルニア大学バークレー校の粒子加速器での実験で確認されたのだ。だがその後、新種の素粒子群の理解は一〇年ほどほとんど進まなかった。強い相互作用に関する知識——無知と言うべきか——がこうした状況だった一九六〇年、ヒッグスはエディンバラ大学の講師となり、ケンマーの門下に入った。

## 一九六〇年：見逃された機会

ロンドンにいた頃、ヒッグスは一般相対性理論を勉強し、重力の量子論の確立を試みていた。いつでも謙虚な彼はのちに、この時期の自分は「素粒子物理学に関して価値のあることを何も成し遂げていません」と語っている(1)。

エディンバラ大学で講師の仕事を始める直前、同大は「スコットランド諸大学サマースクール」として今なお続いている催しの初回の準備をしており、ヒッグスはそれに参加するよう言われた。予算の大半は北大西洋条約機構（ＮＡＴＯ）から、ヒッグスに言わせれば「ＮＡＴＯのイチジクの葉」である教育プログラムの一環として出ていた（西洋絵画などで陰部を隠すのによく用いられている葉がイチジクの葉(2)）。予算には講演者の旅費も含まれていた。だが、アメリカからの講演者の一人が、大西洋を渡るための旅費を自国の国立科学財団から別途得ていたことから、予算に数百ポンドの余りが出た。主催者はそれを期間中の夕食で出すワインの購入に充てようとしたが、ＮＡＴＯの資金援助規則ではそのような使い方が許されていなかった。そこで、予算勘定の仕訳をうまいことやり直して、ＮＡＴＯからの資金は許容される項目に割り振り、そうした制約のないスコットランドの各大学から集めた予算が飲食物の用意に充てられた。ヒッグスは委員会から給仕長役を命じられ、期間中はワインの責任者として調達や夕食での給仕をしていた。また、朝食と講堂の準備がすっかり整っていることを確かめる役も兼ねており、早起きしなければならなかった。

サマースクールの会場は、エディンバラ郊外のダルケイスにあるニューバトル・アビー大学だった。同大の修道院《アビー》には一三世紀に造られた地下聖堂があり、現在の建屋は数百年前にその上に建てられたものだ。この地下聖堂に非公式の談話室が設けられ、参加者はそこで夜遅くまで議論した。学生のなかには、体格と威勢のいいオランダ人、マルティヌス（ティニ）・ヴェルトマンや、自信に満ちあふれた若きアメリカ人ポスドク、シェルドン・グラショウがいた。ヴェルトマンとグラショウはともに、一九六〇年には流行《はや》らなくなっていた場の量子論の基礎知識があるという珍しい存在だった。だがそれから一〇年もしないうちに、二人の仕事はこの分野のルネサンスにおいて注目を集めていく。ニューバトル・アビー大学でのサマースクールの頃、グラショウは電磁力を弱い核力と統一する論文を書いている最中だった。弱い核力はベータ崩壊を引き起こす力で、中性子と陽子の核変換では電子または陽電子が放たれる〔厳密には電子と反電子ニュートリノまたは陽電子と電子ニュートリノ〕。

電磁力は長い距離を越えて作用でき、私たちの身の回りの世界に光子という形で放射線を放つ。対照的に、弱い力はせいぜい原子核の大きさというきわめて短い距離でしか作用しない。弱い力の実際の働きを検証するには、核の奥深くへ途方もない精度で分け入る必要があったが、一九六〇年の技術力ではとうてい無理で、せいぜい検出できたのは、放射線による生成物、すなわちこのマクロ世界に現れた粒子——電子または陽電子——の飛跡だった。飛跡のパターンを調べることでそれらの生成の動的な過程を導きだせるのでは、と期待されていた。

一九五七年のグラショウはジュリアン・シュウィンガーの学生で、弱い力に関する指導教官の着想からひらめきを得ていた。放射能と虹の色に類似性などほぼなさそうに思えるかもしれないが、シュウィンガーはこれらが実は同じ基本機構の異なる現れではないかと考えた。まず、どちらにも放射線が関わる。電磁放射はマックスウェルが一八六五年に方程式を考えついて以来認識されており、そもそも放射と名のつくことが何かを放つという性質を言い表している。放射線に関するデータを細かく検証するうち、シュウィンガーはこの二つにさらなる類似点を見いだした。彼の考え方は、獲物の足跡が幾筋か洞窟の中へと続いているのに、一筋も出てきていないことに気づいて、その洞窟にクマがいると察した狡猾なキツネを思わせる。シュウィンガーは、ベータ崩壊として知られる形態の放射能現象――たとえば原子核の中性子が陽子に変わる――で生じる、粒子の足跡に相当するものを、電磁気現象でのそれと比較して、弱い力が働いているときに洞窟内部――原子核の奥深く――で何が起こっているのかを推定した。電磁気力を伝えているのが光子だとはわかっていたので、放射能に関連して見られた飛跡から、弱い力を伝えているのもまだ見ぬ類いであるにしろ粒子――隠れているクマ――だと彼は考えた。そして、光子に当たるこの粒子の名前として、weak force《弱い力》の一文字目であるWを選んだ。

飛跡の性質からすると、Wは正負どちらかに帯電しており、その大きさは陽子や電子の電荷と同じはずだった。素粒子物理学の標準的な表記で電荷は上付き文字で表されることから、それらは$W^+$や$W^-$と、電荷の符号が重要ではない一般論では単に「Wボゾン」と表記された。

シュウィンガーは、小柄でがっしりした、身なりの小ぎれいな神童だった。一九一八年にマンハッタンで生まれ、まだ一四歳だったときにディラックの講演を聴講したのをきっかけに場の量子論に興味を持ち、一五歳でニューヨークのコロンビア大学の教授らとこのテーマで研究論文を書いており、一九三七年には一九歳にして研究論文をすでに七篇も発表していた。二〇代後半だった一九四七年には画期的な論文を書き、そのなかでQEDにおける繰り込みの確立という絶頂を極めた——実質的に、QEDが電磁場の量子論として有効であることを実証したのである。[3]

QEDに取り組み始めた当初から、シュウィンガーはゲージ不変性の特筆すべき帰結に、具体的には、帯電している物体間には電磁力が必然的に生じること、そしてこの力が質量ゼロの粒子である光子によって伝えられることに、深い感銘を受けていた。さらに、光子の質量がゼロだというゲージ不変性の含意を、QEDの繰り込みを実践するうえでの鍵と見ていた。

一九五六年一一月、シュウィンガーはこの着想をもとにハーバード大学で連続講義を行なった。QEDにおいて、電子はその運動量を変えうるが、光子を放っても吸収しても電子のままだ。この基本過程を記述する方程式にはある数が含まれているのだが、実質的にそれは電子によって運ばれる電荷のクーロン数を表している。シュウィンガーは、ベータ崩壊で中性子から陽子へ（あるいは電子から電気的に中性のニュートリノへ）、のように電荷が粒子間を移動する場合について、場の量子論の収支を管理する元帳として、行列——数を方形に並べたもの——が自然な手段となることに気がついた。そして、QEDで大いに有効だと証明されたものと同様の議論で、ベータ崩壊を引き起こす弱い力の存在とその性質を導きだせるかもしれないと予想した。そのうえさらに踏み込み、弱い力と電磁力は同じ基本理論の二つの現れであり、弱い力の場合には、未知の粒子——帯電したWボゾン——がQEDにおける電気的に中性の光子に当たる役割を演じている可能性を唱えた。光子が電磁力を伝えるように、Wボゾンが放射線の弱い力を運ぶというのである。

数式が弱い力と電磁力とのあいだに美しい対称的な類似性を導いたことに彼は喜んだが、自然がそうは振る舞っていないことにもすぐに気づいてがっかりした。まず、電磁相互作用と弱い相互作用とのあいだに厳密な対称性があるなら、Wボゾンは光子と同じく質量ゼロのはずである。ところが、自然はそうはなっていない。帯電したWボゾンが質量ゼロなら、光子と同じようにたやすく作ったり検出したりできるはずだが、まだ発見されてもいない。一九四七年のシュウィンガーが気づいていたとおり、質量ゼロの帯電した粒子はいかなる類いもない。

この二つの力のあいだに対称性がないことは、実験的にも明らかだった。何しろ強さが違う。そもそも「弱い」という呼び名は、電磁力の強さとの比較で認識されているこの力の弱さを示したものだ。だが、この対称性の欠如は錯覚かもしれないとシュウィンガーは考えた――この洞察がのちにヒッグスによる画期的な成果を受けて生気を宿す。その錯覚の原因は、質量だ。

質量がゼロである光子は星間空間じゅうを移動し、途方もない距離を越えて電磁力を伝えている。私たちはそれを見て星の光だと認識しているわけだ。だが、Wのような質量のある粒子にそんな芸当はできない。場の量子論によると、Wは力をごく短い距離でしか伝えられない。Wが非常に重く、たとえば水素原子の四〇倍以上だったなら、力の及ぶ範囲は原子核の差し渡しほどがやっとだ。したがって、弱い力の効果を観測しているときの私たちは、洞窟の様子を外からうかがうだけで、中に入ってクマが動いているのを見たことが一度もないようなものである。シュウィンガーは、洞窟の奥深くの源――原子核の中心――において、電磁力と弱い力は同じ強さの可能性があると主張した。

だが、そうであれば、Wボゾンには質量があるはず、さらにはその質量が当時知られていたどの粒子よりもはるかに重いはずだった。このWの質量が、質量ゼロの光子の場合とは対照的に、完璧な統一という対称性のみならず、彼の構想のもとであるゲージ対称性をも台無しにすることを、シュウィンガーは百も承知していた。そのため、彼は統一という言葉を慎重に避け、弱い力を電磁力の「パートナー」と表現した。

こうした発想の概略をシュウィンガーが初めて述べてからひと月もしないうちに、弱い相互作用について実験的な発見があり、それが彼の興味をなえさせたようだ。電磁力と強い力によって支配される物理過程は左右を区別せず、鏡に映った一連の事象は実世界でも等しく起こりうる。量子論の数学において、このことは「パリティーの保存」や「鏡映対称性」として知られている。これは基本的な対称性であり一般に真だ、と考えられていたのだが、一九五六年一二月、ベータ放射能の場合は粒子の相互作用の確率が鏡像のそれとは異なることが発見された。言い換えると、弱い相互作用は鏡映対称性を破るのだ。素粒子物理学用語で言うと、弱い相互作用は私たちの物質世界では「左手系」、反物質からなる世界では「右手系」である。

弱い相互作用と電磁相互作用のあいだに見られる、この現象論的に大きな差異は、パートナー関係へのいかなる望みも台無しにしたように見えた。シュウィンガーは、自然が違うようにつくったものを一つにまとめるようとするのをやめた。ただし、虎の子プロジェクトをすっかり諦めるのではなく、新米研究生のシェルドン・グラショウに預けた。後年、この研究の成果でノーベル賞を受賞したあと、グラショウはこう回想している。「シュウィンガー先生から「弱い力と電磁気力の統一」について考えるよう言われました。だから取り組んだのです。二年ほど――これについて考えました」[4]グラショウは、ゲージ不変性の予想ではWボソンの質量はゼロ、という障害を無視することにした。そして方程式を修正し、Wに質量があるという事実を考慮に入れた。それにより当然ながら、この理論の着想のもとであるゲージ不変性という基本原理を排除したことになるのだが、若さゆえの自信から、彼はこれを「目をつぶるべき障害」としてあっさり退けた。グラショウの仕事において本当の意味で画期的だったのは、パリティーの破れという新たに発見された現象の扱いだった。

　グラショウはデータと一致させようと、$W^+$と$W^-$が関わるベータ放射能の式にパリティーの破れを課したが、そのせいですぐさま問題に直面した。中性のパートナーが関わる現象でもパリティーが破れることになるのだ。中性の光子が媒介する電磁相互作用の場合はもちろんそんなことにはならず、パリティーは保たれる。だからこそシュウィンガーはこの二つの力を結びつける試みをあきらめたのだが、シュウィンガーが脅威と認識したことをグラショウは好機と見て取り、帯電しているWボソンの電気的に中性のパートナーは光子ではないと――果敢に、早まって、だが最終的には正しく――結論付けた。そして、比喩的な洞窟の中には別のクマが、すなわち電荷を持つWの電気的に中性で質量ゼロではないきょうだいがいると唱えた。この粒子が運ぶ電荷はゼロなので、彼はそれをZと名付けたうえで、出身地のNew York, New York〔「ニューヨーク州ニューヨーク市」の意〕――とても良いからと同じ名が二度付けられた――よろしく、従来の上付き文字として0も付けて、$Z^0$とした。「重くて軽い」粒子という妙な呼ばれ方をするようになる$Z^0$を導入することで、グラショウは不朽の名声への切符を偶然見つけたのだった。

彼の式によれば$Z^0$は存在するはずだったが、それと関連がありそうな足跡は誰も見たことがなかった。証拠のないことが大勢の熱狂に水を差し、ともすると間違っていると確信させたことだろう。だが、グラショウはずぶとく、失うものがなく、若かった。そして大胆にも、放射能の新たな形態が存在するはずだと予想し、丹念に探せば隠れているZグマの存在の手がかりも見つかるだろうと説いた。

今日、この「電弱統合」——電磁相互作用と弱い相互作用のつながり——は、「標準モデル」という想像力に欠ける名の、粒子と力に関するコア理論の起源と認識されている(5)。だが、一九六〇年当時、彼の構想は時代をはるかに先んじていたうえ、克服できそうにない問題を抱えていたので最初から脈なしに見えた。まず、力が比較的弱いと考えられることを説明するには、彼の考案したZとWが質量を持っており、水素原子の三〇倍、ともすると一〇〇倍も重くなければいけなかった。一九六〇年には比較的重いストレンジ《奇妙な》粒子が知られてはいたが、どれも陽子の質量の二倍もなかった。一〇〇倍はおろか三〇倍でも既知の基本粒子のスケールから外れており、カルシウムや鉄やクリプトンといった複雑な原子の重さに近かった。ないに等しいほど小さい中にこうも大きな質量が集中している可能性を要請するグラショウの主張は、実験家にとっての理にかなった目標というより、熱に浮かされた理論家の数学的空想に見えた。

当時のテクノロジーではこうも大きな粒子は生成できなかったし、実験家がこの仮想的な実体の生成を目指した長期計画を立てようにも理論家からの後押しがなかった。加えて、グラショウのモデルのことは理論家の大半が知らなかったし、彼の論文に目を通した数少ない科学者もその構想には基本的な欠陥があるとしてあっさり退けていた。グラショウのモデルでの計算が最も単純な近似以外では意味のない答えを与えることに彼らは気づいたのだ。ＱＥＤを壊しかけた無限大の大発生がまた起こっているのを、理論家は既視感を覚えながら見ていた。ディラックによる電磁気力の場の量子論、すなわちＱＥＤの場合、無意味な無限大は繰り込みによってうまいこと取り除かれた。ならばなぜ、グラショウがお膳立てした弱い力とのお見合いは失敗する？　結婚カウンセラーはＱＥＤの独身時代にうまくいったのと同じ策を授けられないのか？

あけすけに言えば、答えはノーだ。ＱＥＤが有効な理論であることの数学的証明は、この理論がゲージ不変であるという事実と、その帰結、すなわち電磁気力の伝達粒子である光子が質量ゼロであることに依存している。対応する弱い力の伝達粒子であるＷ粒子とＺ粒子も質量ゼロだったなら、グラショウによるお見合いは成立した可能性もある。だがあいにく、彼の構想はそれらが大きな質量を持つことを必然的に要請しており、そうなると証明は破綻し、克服不可能な無限大パズルが残される。自分のモデルでゲージ不変性が失われることをグラショウは軽く扱っていたが、それは「目をつぶるべき障害」というよりは、越えるべき山並みになっていた。

今ではヒッグスやヴェルトマンらのおかげで、その山並みの尾根を越える道筋がわかっている。グラショウの料理は基本的には良かったのだが、レシピが不完全だったのだ。適切に調理するとヒッグスボゾンとして知られるひと品になる、そんな材料を加えると、粒子と力に関するコア理論をことほぐごちそうが目の前に現れるのである。

## 職員クラブでの出会い

だが、一九六〇年のニューバトル・アビー大学では、この成り行きを誰一人として予見しておらず、ヒッグスが画期的な成果を上げるのはまだ四年先のことだった。実に皮肉なことに、ヴェルトマンとグラショウが物理学について深夜まで議論し、毎朝最初の講義の時間はまだベッドの中だったのに対し、ヒッグスは委員会の新入りだったので日々朝一番から待機していなければならず、早めに床についていた。ヒッグスはそのせいで、その後の発展につながる彼らの議論の内容を知らなかったし、ヒッグスがのちに知ったことだが、彼らは議論の潤滑剤を求めて、ヒッグスが管理していたワイン庫をあさっていた。

サマースクールには子どもも含めて家族同伴だった講師もいた。心得ていた学生たちは、夕食時にどのテーブルに子どもや絶対禁酒家がいるか、ひいては未開封のワインが残されるかを把握しており、工作員よろしく、未開封のボトルをこっそり持ちだしては地下聖堂の大きな振り子時計の中に隠して、夜な夜な飲んでいた。ヒッグスはこのときの地下聖堂での集まりを、「参加者が一九六〇年における電磁相互作用と弱い相互作用の問題について学んだ非公式のサマースクールセッション」と形容する。ゆくゆくは電弱相互作用として成熟していくこの議論に、のちにほかの科学者がヒッグスの数学的洞察を応用していくのだが、ヒッグスはこの深夜の非公式ブレインストーミングの輪に加わりそこねており、その後も機会をいくつか逃していく。

サマースクールが終わると、ヒッグスはエディンバラ大学での新たな仕事の準備に取り掛かった。ロンドン時代に大学では、「しっかり勉強したことが一度もない事柄を教える」ことになっていた。

は一般相対論に関する論文を二篇書いていた彼だが、このテーマからは離れることにした。なにしろ、エディンバラ大学では長年目指していた理論素粒子物理学の講師なのだ。また、核兵器開発と戦うという強い倫理的決意を抱いてもいた。彼がこの件を意識したのは、一九五七年にロンドンへ移ったとき、ケンマーからCNDに紹介されたことも一因だ。エディンバラ大学に戻ってきたヒッグスは、アントワネット・ピリーの連絡先リストを携えていた。このリストが、ヒッグスの私生活の未来を決定付ける最初の偶然をもたらすことになる。彼はこのリストのおかげもあって、チェンバース・ストリートの大学職員クラブという、仕事上がりに友人たちとくつろぎに行く場で、未来の妻ジョディー・ウイリアムソンと出会ったのだ。(6)

ジョディーは二四歳のアメリカ人で、卒業したイリノイ大学では言語療法を専攻していた。この大学時代に、エディンバラ大学から研究休暇で来ていた誰かから、「エディンバラ大学に願書を出してみたらどうだ？　優れた音声学科があるし、あの街は住むにはいいところだ」と言われた。ジョディーは勧めに従って一九五八年にエディンバラ大学に入学し、音声学のディプロマコースを取った。

一九六〇年のあの晩、彼女が友人たちとクラブにいたとき、ヒッグスがやってきた。彼は最初、その「とびきり魅力的なブロンドのアメリカ娘」には気づかず、科学者グループの臨時事務局長だったときに手に入れたCNDの名簿に載っている科学者と交流していた。だがいつのまにか、小柄で髪の長い「当時の典型的な女子大生」と話をしていた。それは一目惚れの恋愛ではなく、友情が「ウォーミングアップに一、二年をかけて」徐々に深まったものだった。

二人が結婚することにしたとき、ヒッグスはそれを「婚約」とは呼ばなかった――「私には婚約に何の意味があるのかよくわかりませんでした。私に言える限り、あれは相手に婚約指輪を渡してほかの男に『オレの女に手を出すな』と言うための古い慣習でした」。この知らせに対するイリノイ州での反応は昔ながらのものだった。ヒッグスは一九六〇年のスコットランド諸大学サマースクールで知り合っていたアーバナ大学の物理学者デイヴ・ジャクソンから祝福の手紙を受け取った。偶然だが、ジャクソンの家はジョディーの実家と背中合わせだった。ジャクソンからの手紙には、アーバナの新聞の切り抜きが同封されており、ヒッグスが驚いたことに、そこには「ジョアン・ウィリアムソンがエディンバラ大学の物理学者ピーター・ヒッグスと婚約した」とあった(7)。

中西部に暮らす長老派のキリスト教徒だったジョディーの両親は、それを婚約と見なしていた。結婚は一九六三年九月という段取りだったが、二人は同年の夏には「新婚旅行」と称してクロアチアのドゥブロヴニクを訪れていた。ジョディーの両親は当初、結婚式が戸籍役場で行なわれることを理由に、式には行かないと言っていた。だがジョディーが「怒り心頭の手紙」を書いたところ、両親は折れた。ヒッグスが後日知ったことだが、「暴君そのもの」だった彼女の老いた祖母が、二人が式を挙げるつもりの場所を聞いて、「戸籍役場は貧乏白人の御用達」と切り捨てていたのだ。ジョディーの母親がこの見方に逆らい、両親は最終的に来ることに同意したのである。二人の結婚は大学職員クラブで祝われた(8)。

ジョディー・ウィリアムソンと付き合っていた二年のあいだに、ヒッグスは物理学科の新入りとしての生活になじんでいった。新たな研究生ジャック・スミスの面倒を見ていたほか、ロクスバラ・ストリートに面したテイト・インスティテュートの、飾り気のない石造りのテラスハウスに同居していた、大学の理論物理学研究図書館を任されていた[9]。そこでの仕事の一つが、専門誌やプレプリント――正式発表前の研究論文について前もって配布される報告――を受け取り、来館者の目に触れるように仕分けて展示することだった。「私がまっ先に目を通していました」と彼は振り返る。そうやって一九六一年、ヒッグスは日系アメリカ人理論家の南部陽一郎の論文を目にし、それが彼自身の成功へとつながる一連の出来事の発端となるのである。

# 第四章　超伝導体

ヒッグスによる画期的な成果に至る話が実質的に始まったのは、一九五六年のある日、シカゴ大学のセミナー室でのことだ。その日は二五歳の院生ロバート・シュリーファーが超伝導について講演していた。

さかのぼって一九一一年、オランダの物理学者ヘイケ・カーマリン・オネシュが、摂氏マイナス二六九度にまで冷やされた個体の水銀が電流への抵抗を突然すっかり失うことを発見した。超伝導と呼ばれるこの現象は、極低温のほかの物質でもスズや合金などで見られた。超伝導素材でできた配線材を輪にすると、電流はいつまでも流れ、電圧をかける必要がなかった。この特筆すべき現象についてば何十年と誰も説明できずにいた。超伝導の理解における突破口は、一九五〇年にソ連で開かれた。ソ連を代表する二人の理論家ヴィタリー・ギンツブルクとレフ・ランダウがこの現象を説明することに成功したのだ。だが、冷戦のさなかだった当時、ロシア語で書かれて鉄のカーテンの向こう側で発表された彼らの論文に、西側の誰も気づかなかったようである。

導電体とは、電流が容易に通れる材料のことだ。電流は電子の流れであり、銅や鋼鉄や水銀のような導電体の内部で原子から解き放たれた電子によって生じる。負電荷を持つ電子を解き放っても、金属格子をなす親原子は正電荷を持ってその場に残る。電荷を帯びたこうした原子はイオンと呼ばれる。

格子の中を移動する電子は、電気的にこの正イオンに引かれる。電子にかかる電気力は、帯電しているイオンにかかる力と大きさは同じで向きは逆だ。ただし、その引力によってちっぽけな電子に起こる加速は、金属格子をなす巨大な原子のごくわずかな変位に比べてはるかに大きく、電子はスムーズな流れからはじき出される。この邪魔立てが導電体の電気抵抗のもとだ。電荷のぶつかり合いによって低周波の電磁放射が起こり、それが格子をごくわずかに揺り動かして、それを私たちが熱として感じる。おなじみの電気現象を引き起こしているのがこうした微視的なダイナミクスだ。それに対し、一部の導電体が極低温になったときに何が起こるかはあまり知られていない。ある臨界温度を下回ると電気抵抗が急にすっかりなくなり、その材料は超伝導体となる。

ギンツブルクとランダウはこの現象を説明する試みにおいて、超伝導を示す物質が金属内部に存在している確率はゼロか未知の正の値だと単純に想定していた。また、方程式においてその値の大きさは温度に依存すると想定していた。超伝導はある臨界温度$T_c$を下回った場合に限って起こるからだ。だが、物質が超伝導を示すというこの尋常ならざる状態が実際にはどういうことなのか、二人には見当もついていなかった。ここでシカゴ大学のシュリーファーが登場する。

シュリーファーと年上の二人の同僚レオン・クーパーとジョン・バーディーンは、この現象の説明を見いだし、超伝導を引き起こす媒体の性質を特定した。この日のシカゴ大学では、のちに「超伝導のBCS理論」と呼ばれるようになるものを大勢が初めて聞いていた。三人の理論家――バーディーン（Bardeen）、クーパー（Cooper）、シュリーファー（Schrieffer）――には、三文字の頭字語をもって不朽の名声が与えられている。

超伝導が起こる仕組みはクーパーが最初に解き明かした。電子とイオンの相互作用は総じて電子を乱すのだが、イオンもわずかながら反応する。イオンの格子に起こるこのごくわずかな歪みは、電子が通り過ぎたあとも少しばかり続きうる。クーパーは、別の電子がやって来たときにそのタイミングと速さ、そして磁気の向きがすべて適切だったなら、元の電子と別の電子が格子との相互作用を介して磁気的に引き合うことを見抜いた。二個の電子は空間的には大きく離れているかもしれないが、一個の粒子であるかのように協調して振る舞う。クーパーはこの一連の事象を数学的に解析した結果として、この引力はペアをなす電子それぞれの磁力が相殺されたときに生じると結論付けた。このペアは「クーパー対《つい》」と呼ばれている。

磁気的な相関を持った二個の電子は、格子の中を邪魔立てされずに流れていく。一方を電気的に引っ張る力が他方を押す力と一致しており、その逆もしかりだ。その結果、クーパー対は超伝導体の中を何の抵抗も受けずに流れていく。

その日、シュリーファーの話を聞いていたなかに、理論家の南部陽一郎がいた。南部は先見の明の持ち主で、考えていることが「ほかの誰よりも一〇年先を行っている」と言われていた。一九二一年に東京で生まれた南部の才能はすぐさま認められ、二九歳の若さで大阪市立大学の理論物理学教授に指名されると、それから二年も経たないうちにアメリカから声が掛かった。その後アメリカにとどまり、職業人生をシカゴ大学の教授としてまっとうした。南部はアメリカで何十年も暮らしたが、祖国で培われた礼儀を決して失わず、たとえば、否定的な態度を直接的には表現しないようにしていた。

南部が誰かの提案に賛同するときはすぐさま「イエス！」と言ったのに対し、たっぷり間《ま》を空けてからまだ考えているかのようなイントネーションで「イエス」と小声で言った場合は、「ノー」の意味だと解釈された。きゃしゃで中背、面長で短い黒髪をきっちりとかしていた南部は、見た目の存在感はそれほど強くなかったが、頭が実によく切れ、仲間内でいるときには決まって南部が知的注目の的だった。彼の特別な才能は、物理をたいていの者よりもはるかに深く理解していたうえ、主張のなかにどれほど弱いつながりでもあればそれを明らかにし、新たな展望が開けるまでこだわり続けられることだった。超伝導のＢＣＳ理論はその好例だった。

南部はＢＣＳ理論の大胆さに感銘を受けてはいたが、ゲージ不変性というＱＥＤの基本的な要請に反していそうに見えることに頭を悩ませていた。そう見えていたのは南部だけではなかった。超伝導の理論を打ち立てようとして失敗したり、独自の理論を考案したりしていた大勢が、あの要請に反しているからとＢＣＳ理論を退けていた。一方、このテーマに初めて向き合い、ＢＣＳ理論が超伝導現象を記述しおおせたのを目にした者たちは、ほとんどが好意的だった。素粒子物理学の知識があり、ゲージの問題に引き込まれていた南部は、後者の一人だった。彼は二年をかけて、対称性が自然現象を支配する仕方の理解に穴を見つけて、この謎を解いた。南部は一九五七年から一九五九年の二年にわたって考え抜いた末、超伝導とは対称性が自発的に破れて隠れた状態の一例であることを見いだした。これはそれまで注目を逃れていた重要な現象だ。この洞察をもとに、彼は革命の火蓋を切った。この革命から導かれる広範な帰結については、今なお研究が続けられている。

## 隠れた対称性

何かが対称かどうかは誰でも見ればわかり、数学者である必要はない。審美眼の持ち主にとって、対称性は美に等しい。数学者にとっての対称性には無粋な定義があるが、その定義からは強力な帰結が導かれる。数学における対称性の味気ない定義とは、変化が何の変化も起こさないことである。たとえば、円は回転について対称だ。視点が円の中心を軸に回転移動する、という変化の場合、円は円のままであり、何も変わらない。対称性が数学的に重要なのは、起こりうることに制約を課すからだ。鏡映対称だと分かっている何かの一部分でも見えているとその全体像がわかり、たとえば紙に描かれている図が回転対称だと知っていれば、その図はただちに一つまたは複数の同心円か一点——途方もなく小さい円——に限定される。

先ほど触れたとおり、南部の研究のきっかけとなった超伝導の側面は、ゲージ不変性の名で知られているＱＥＤの性質だ。量子論において、粒子は波のような性質を持っている。山から谷を経て山へと戻る波の周期的な繰り返しから、位相——波の循環内での距離——の測り方を説明する枠組みが生まれた。ゲージとは位相がゼロである位置の決め方であり、たとえば山の頂点に、または谷底に、あるいはそのあいだのどこかに定められる（図４・１）。

ＱＥＤ理論にゲージ対称性があるということは、時空のさまざまな位置で電子の量子波の位相を変えても、電子の挙動を表す方程式から導かれる帰結が変わらないことを意味する。ＱＥＤのゲージボゾンである質量ゼロの光子が存在するおかげで、ゲージ不変性は位置によらず保たれる。超伝導に関

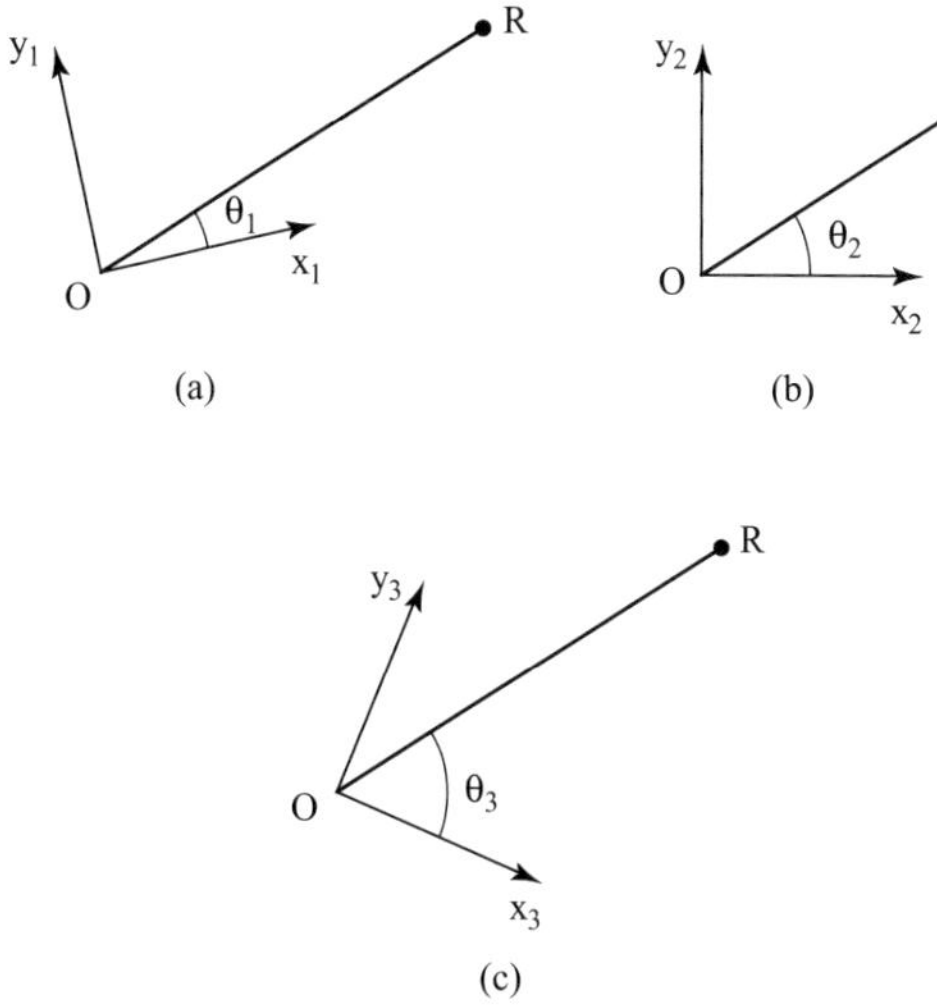


図 4.1　**位相**。線分 $OR$ はどの例のものも同じだ。ここでの「ゲージ」は、各例で $x$ と $y$ で示されている垂直軸と水平軸の方向のことである。ゲージの選び方は任意で、要件は $x$ と $y$ が直交している――なす角が 90°である――ことだけだ。角 $\theta_1$、$\theta_2$、$\theta_3$ は各ゲージでの基準軸に対する位相角である。

するクーパーの理論において、電子のペアは長い距離と時間にわたり、個々の電子が独立に動く場合よりも安定な配置をなして協調する。その複雑な方程式を南部は丹念に追った。そして、式の言わんとするところの理解が深まるにつれ、クーパー対をなす二個の電子の量子波が常に同調していることがわかってきた。同調というこの要件はゲージ不変ではない。だが、電気力学の基本方程式は紛れもなくゲージ不変だ。普通の導電体での無相関の電子から超伝導体での相関のあるペアへと遷移する際に、ゲージ不変という根本的な性質が失われるかのように見えた。

南部はこのことに二年悩まされた末に、超伝導のＢＣＳ理論を支える基盤がＱＥＤに根ざしておりゲージ不変であるにもかかわらず、相関のある電子のペアがゲージ不変ではなくなる仕組みを理解した。「隠れた対称性」と呼ばれる現象を明らかにしたのだ。のちにヒッグスの理論の要となるのがこれだ。

隠れた対称性の背後には、当初の状態が対称であっても不安定なら、対称性のない安定な状態に取って代わられる、という黄金律がある。「不安定な対称性に安定な『非』対称性が勝る」のだ。その一例として、恒星からなる渦巻き銀河を考えてみよう。

さかのぼって一七世紀、アイザック・ニュートンは重力の法則を発見した。彼の万有引力の法則によると、天体どうしは、それらの質量に比例し、それらのあいだの距離の2乗に反比例する力で引き合う。重要な性質の一つが、重力は全方向に一様に広がること、すなわち「球対称」であることだ。したがって、太陽のような個々の恒星も、その形状については重力の影響が支配的なので、遠くから見ると球対称だ。重力は恒星からなる銀河を一つにまとめてもいて、それゆえ多くの銀河が球状だが、全部が球状というわけではない。われらが銀河系は球とはほど遠く、平板に近い。恒星が何十億年と互いに引き合っているうち、見かけは完璧である球よりも平板のほうが安定になった。重力の基本的な球対称性が、安定への自発的な遷移によって破れたのだ。複雑な構造を二次元には持つがもう一次元にはほとんど持たない渦巻き銀河によって隠されているのである。

ポイントは、さらなる安定性を求めてより低いポテンシャルエネルギー状態へ達するという形で、自然が対称性を犠牲にすることだ。南部はこれがクーパー対の事例で起こっていることだと気がついた。電子のペアが持っているエネルギーは、相関のない二個のゲージ不変電子でいるときよりも低く、より安定なこの状態に達する際にゲージ不変性が犠牲にされている。クーパー対を壊すためには、このエネルギー差を埋めるためのエネルギーを注入する必要がある。この理解が、陽子と中性子に関する素晴らしいアイデアを南部に授けた。

## どこからともなく生じる質量

超伝導における隠れた対称性の役割に関する南部の洞察は、思わぬ帰結を導いた。クーパー対をなしている電子のダイナミクスを記述する方程式と、解き放たれている電子を支配している方程式は、興味深い構造を持っており、今では「エネルギーギャップ」として知られているものを示していた。南部がこの「ギャップ方程式」を解析したところ、超伝導体内の電子が質量を獲得しているように見えることが明らかになった。ここから彼は、宇宙の構造は超伝導体と似ており、対応関係からすると陽子や中性の質量を生成しうるのではないかと考え始めた。

場の量子論の専門家の例に漏れず、南部は真空が本当の意味での空っぽではありえないことを理解していた。真空の空間内は、生まれては消える物質や反物質の短命な仮想粒子で沸き立っている。南部は、現実の超伝導体が電子に作用を及ぼすように、この量子真空が中性子や陽子に作用を及ぼすならば、超伝導体内で電子が質量を獲得しうる仕組みからの類推として、こうした基本的な核子の質量が自発的に生じうる、というアイデアを検討した。そして数学的に突き詰めてみたところ、数式がそれを立証したうえ、おまけまでついてきた。強い核力の伝達粒子であるパイ中間子に非常によく似た質量ゼロの粒子の存在が示唆されたのだ。中性子と陽子の質量の起源に関する南部の理論からは、その伝達粒子である軽量のパイ中間子を介した強い引力の説明がおのずと導かれた。

こうして彼の理論は原子核の存在を説明した。南部がこのブレークスルーに一五年前に達していたなら、彼は核物理学の問題をすべて解決したと称えられていたことだろう。だが、実際にはその一五年前から、強い核力に感応する粒子がほかにも大量に発見されていた。一九五〇年代、強い力とこれらの奇妙な粒子を理解しようとする試みは、うまくいかなかったばかりか創作的だった。理論家は、のちに誰かが画期的な発見を成し遂げたときに権利を主張できることを期待して、臆測に満ちた生煮えの論文を書いていた。そうした臆測が間違っていたところで、すぐに忘れ去られ、評判にはほとんど傷がつかないだろう。それでも、天然のカキから見事な真珠が採れることがあるものだ。超伝導に根ざしたアイデアから生まれた南部の理論は、とりわけ光り輝く運命にあった。

だが、誰もが注目したわけではなく、彼の成果の重要性をすぐさま理解した者はほとんどいなかった。すべてが理解されたあとで言うのは簡単だが、一九六〇年には混乱が支配的だった。南部は物理の一端を解き明かしており、それは本当に深遠な大発見だったのだが、彼の理論は強い相互作用を示していたほかの数多くの粒子について何も言っていなかったし、放射能の原因たる弱い核力の性質については何の洞察も与えていなかった。翌年にCERNの所長となるオーストリア系アメリカ人の理論家ヴィクター・ワイスコップは、コーネル大学で行なわれた講演で素粒子論の当時の状況を嘆いている。彼はおそらく南部のことを指して、一部の理論家は死に物狂いになったあまり、固体物理学――ある有名な理論家が傲慢にも「卑しい」物理学と呼んだ分野――のようなほかの理論物理学分野からアイデアを拝借しようとさえしている、と述べた。その日に行なわれたワイスコップによる講演の聴衆に、その「卑しい」物理学に携わっていたアメリカの理論家ロバート・ブラウトがいた。彼はすぐさま聞き耳を立て、こう思った。「それは私の専門だ。ならば素粒子物理学者が直面している問題をこの私が解決できないものか?」[1]

ヒッグスはワイスコップの講演に出席しておらず、また、一九六〇年に《フィジカル・レビュー》誌に発表され、ゲージ不変性が目立たない形で超伝導に適用されることを概説していた、南部の最初の論文を見逃していた。だが、南部がイタリア人の同僚ジョヴァンニ・ヨナ゠ラシニオとの共著でパイ中間子について説明した、その次の論文の見本刷りが一九六一年にテイトの図書館に届いたときには、しっかり目を留めた。「私はこれにには反応しました」[2]

その頃、ヒッグスの学生ジャック・スミスは大学院の一年目で、まずは修士論文を書く必要があった。そこでヒッグスはスミスに、ゲージ不変性に関する文献を片っ端から読んで要約することを提案していた。かつてケンマーから渡されたリストのＱＥＤ文献に取り組んでいた当時、彼はＱＥＤ理論におけるゲージ不変性の論じ方にたいそう戸惑っており――「かなりうさんくさいと思っていました」――、新たな研究生に自分と並行して読ませることが先へ進むのに有益だと考えていたのだ。こうして備えができていたところへ、南部の論文がヒッグスの目に留まったのである。その主眼は、超伝導では隠れる、というゲージ不変性の奇妙な性質だった。

南部はこの知見をもとに原子核の粒子のモデルを構築しており、ヒッグスはますます興味をそそられた。南部のモデルでは、巧妙な数学的な操作によってパイ中間子が自発的に現れていた。パイ中間子についての実験結果をうまく説明しおおせていることにヒッグスは感心したが、その計算は彼に言わせると「少々あやふや」だった。南部は、当初は質量ゼロの陽子や中性子が一点において相互作用する、と想定していた。そのような状況は一般論として真ではありえない。ＱＥＤにおける論理的に一貫性のある事例とは違い、その想定が招く無限大を闇に葬れないからだ。答えを有限にするため、南部はカットオフを含めていた。言ってみれば、ここと決めたところで計算をやめていたのだ。これは雑だった。にもかかわらず、計算結果は核子――陽子と中性子――に質量をもたらし、パイ中間子に似た粒子をうまいこと作りだしていた。ただし、その計算ではこのパイ中間子が質量ゼロと予想される。パイ中間子が核子よりもはるかに軽いことは実験的に確かめられてはいたが、実在するパイ中間子の質量はまるっきりゼロではなかった。南部はここで行き詰まった。ヒッグスにこのモデルは怪しく思え、結局どういうことなのかを把握できなかった。

## ゴールドストーンのボゾン

ヒッグスの戸惑いは、一九六一年にケンブリッジ大学の理論家ジェフリー・ゴールドストーンが南部による大きな発見の根底にある理屈を明らかにしたことで解消された。マンチェスター出身で鋭い洞察力の持ち主のゴールドストーンが論文を書き、場の量子論では、不安定な対称性から安定な非対称性への自発的な遷移が起こって元の対称性が隠れると、南部の理論におけるパイ中間子のような質量ゼロの粒子の存在が必ず引き起こされることを説明したのだ。[3] ゴールドストーンの洞察のおかげで、南部の理論に確固たる土台が築かれた。理論物理学者は適用の対象がほかにも見つかることを期待して、対称性の自発的破れという概念を勉強しだした――そしてほぼすぐさま失望した。

ゴールドストーンの考察は結局、一九六〇年代初頭の理論物理学の成果と課題を差し引きゼロにしていた。一方で、それはパイ中間子が南部の理論から魔法のように現れる理由を一般論として説明した。だが、この話に限らず質量ゼロの荷電粒子は実験で見つかっておらず、場の量子論に対称性の自発的破れをより幅広く適用する望みを断ったようにも見えた。その理由を理解し、ヒッグスによる画期的成果の舞台背景を設定するためには、ゴールドストーンが彼の洞察にたどり着いた経緯を簡単に説明しておくのがよさそうだ。

ゴールドストーンは当初、自説を形式的に証明したわけではなく、例を持ち出して説明していた。彼の洞察の背後にある発想を最もよく表しているのが、メキシカンハットの盛り上がりの頂上に置かれた小さなボールの例だ（図４・２）。この図――中央に膨らみがあって、その周りを円形の谷底が

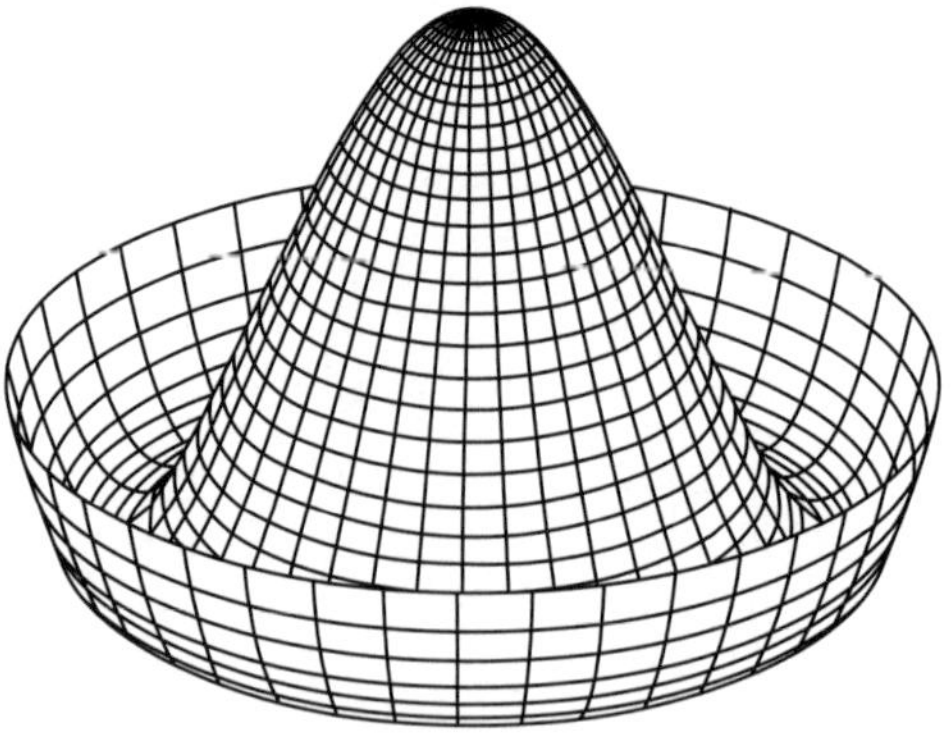

図 4.2　**不安定な対称性と安定な非対称性に関するメキシカンハットないしワインボトルのモデル。**山の頂点に止まっている不安定なボールは、谷へ転がり落ちて安定な場所に落ち着くことで、持っているポテンシャルエネルギーを最小にする。これは谷底のどの方向へ向かっても起こりうる。この谷底に沿った向きの振動が「ゴールドストーンボゾン」を与える。振動は谷の側壁を半径方向に上下することでも起こりうる——こちらが「ヒッグスボゾン」だ。図 5.2 も参照。

巡り、折り返されたブリムが谷の向こう側の壁をなしている——は、対称性の自発的破れの数学的記述の枠組みとなっており、また、一九六四年に発表されたヒッグスの第二論文（三五八ページを参照）の出発点でもある。真上から見ると完全に対称で、どの方向から見ても同じだ。自然はポテンシャルエネルギーを最小にしようと努める——水は低いほうへ流れ、その運動エネルギーが増える一方で重力によるポテンシャルエネルギーが減る。先ほどのボールと帽子の場合、バランスがごくわずかでも崩れるとボールは頂上にとどまれなくなり、坂を転げ落ちて重力によるポテンシャルエネルギーを最小にしようとする。そして谷底に落ち着くと、そのポテンシャルエネルギーは最小となる。専門用語では「基底状態」に達したと言う。ここで、可能な基底状態は、ボールが最終的に止まりうる円周上のさまざまな点に対応して無数にある。

先ほどは回転対称だったが、これで非対称になった――ボールが南端にあるなどして。だが、今は隠れているものの、元の対称性は残っている。この実験を何千回と行ない、ボールの動きを記録してみよう。数回試したあとでは、スポークが特定の数方向に延びた車輪のようになる。だがさらに繰り返すと、円全体が徐々に塗りつぶされていく。それこそ何千回と試したあとでは、ボールの落ち着く先は円形の谷全体に散らばり、初期状態の回転対称性が確かめられる。個々の試行はどれも対称性を自発的に破り、元の対称性が隠れる。カジノにとってはこれがルーレットで儲ける秘訣だ。個々の試行でボールの入る先は実質的に予測不可能だが、胴元の総取りとなるゼロも含めて、長い目で見るとすべての可能性が起こる。

ゴールドストーンの考察によると、ボールが最終的にこの円のどこに止まろうと、ポテンシャルエネルギーは必ず同じだ。この円に沿ったどの点の高さも、元いた頂上よりも同じだけ低いからである。これらの安定状態のどこからどこへ行くにもエネルギーは要らない。なにしろ、ボールが谷の東端でもほかのどこでもなく南端にある、という話は中心を軸とした視点の回転にほかならない。場の量子論において、エネルギーは粒子によって運ばれる。そして、異なる方向どうしを結び付けるのにエネルギーは要らないので、関わる粒子に質量はない。これがのちに質量ゼロの「ゴールドストーンボゾン」〔「南部＝ゴールドストーンボゾン」とも〕として知られるようになるもので、元の対称性が自発的に破れた結果だ。中性子と陽子に関する南部の具体的な理論では、これがパイ中間子である。

アメリカの理論家スティーヴン・ワインバーグは、一九六二年にゴールドストーンの洞察を形式的な定理に昇華させることに貢献したのち、南部の理論におけるパイ中間子が確かにゴールドストーンボゾンの例だという仮説をもとに、パイ中間子や核力を現象論的にうまく説明する理論を作りあげた。すべてがうまくいっているように見えた。南部による成功は、隠れた対称性があらゆる粒子や力を説明するための鍵を握っているかもしれないという期待を抱かせた。

だが、このアイデアをさらに広く一般的に適用できるかもしれないという望みは早々に絶たれた。この理論は、超伝導と関連のある、あるいは放射能を生む弱い相互作用と関連のある、質量ゼロの荷電粒子があるはずだと言っているように見えた。だが、一九四七年にシュウィンガーが別件で明らかにしたとおり、質量ゼロの荷電粒子という予想は理論にとって命取りだった。そんな粒子があるなら、電球から放たれて簡単に目撃できてよさそうなものだが、その兆しはまったく見られていなかった。よって、隠れた対称性という一九六〇年代初頭の南部によるすばらしい着想は、核子やパイ中間子の場合にはうまくいったが、理論物理学の幅広い期待には応えられなさそうに見えた。

南部の洞察はゆくゆくその影響を広範に及ぼしていくのだが、その真価はすぐには認識されなかった。当の南部も少なくとも当初は自分のアイデアを諦めたようで、理論をそれ以上発展させていない。それに、難題もあった。南部とゴールドストーンにひらめきを与えて、このまだ見ぬ奇妙な実体を特定させた現象である超伝導の実験で、ゴールドストーンボゾンは見られていないのだ。何かが大きく間違っていた。ここに、ピーター・ヒッグスが重要な役割を演じる舞台が整ったのだ。

# 第五章　ひらめきの訪れ

場の量子論の隠れた対称性は質量ゼロの粒子を誘発する、というゴールドストーンの論文を一九六一年に読んで、ヒッグスには南部のモデルの成功とそのモデルが抱える問題の根源がどちらもわかりだした。ゴールドストーンがCERNに在籍していたその前年、南部は自分の取り組んでいることを、つまり今から思えば事の始まりに居合わせていることを発表していた。ゴールドストーンは、超伝導のBCS理論は絵画の傑作よろしく、その完成形が基本構造を覆い隠していると直感した。[1]

南部は、計算結果が無限大という無意味な値にならないよう、数学的な曲芸を採り入れていた。にもかかわらず、それを支える足場——隠れた対称性に関する南部の洞察——が盤石であることをゴールドストーンの論文は示していた。ゴールドストーンは、場の量子論では対称性が自発的に破れるたびに質量ゼロの粒子が現れること、そして南部のパイ中間子がその具体例であることをきちんと論証していた。質量ゼロの粒子が必ず現れることを説明する定理が盛り込まれたゴールドストーンの論文のおかげで、ヒッグスは何が起こっているのかを感覚的に掴めた。

ゴールドストーンの定理〔「南部＝ゴールドストーンの定理」とも〕は南部によるパイ中間子の説明の成功に根拠を与えたが、それと同時に、この大きな成果のひらめきの元、すなわち超伝導のBCS理論の問題をあらわにしてもいた。ゴールドストーンは二段構えのパラドックスに導かれていた。一段目はＢＣＳ理論に質量ゼロの粒子が存在しないこと、二段目はＢＣＳ理論が対称性の自発的破れに依存していることだ。この二つの組み合わせが難題を突き付けた。ゴールドストーンの定理によると、二段目である対称性の自発的破れは質量がゼロである粒子の存在を意味するのだが、それは一段目に反している。

この齟齬は五年近く数学的な謎だった。また、理論家はこの齟齬を根拠に、一般論として質量ゼロの粒子は実験で見つかっておらず、したがって場の量子論で対称性の自発的破れをほかに応用することは必ずしも妨げられていないかもしれない、という期待を抱いた。だが、まずこのパラドックスが解消されるまで、進展はありえなかった。ヒッグスは、この一大サーガに彼がここで貢献することになったいきさつを私に語ってくれた。「私が何を察知するのに――何が起こっているかを幸運にもほかの科学者が突き止める前に理解するのに――時間がかかったかというと、南部のモデルとゴールドストーンの定理が何かを見過ごしていたことでした(2)」

ヒッグスがこの洞察に至る道のりの発端は、ＱＥＤにおけるゲージ不変性の物理学上の重要性と数学上の盤石さに彼が不安を抱いたことだ。だからこそ、彼は初めて面倒を見た院生ジャック・スミスにこのテーマの概説を書くことを提案したのだ。スミスは一九六三年に卒業しており、一九六四年七月にヒッグスが大発見をなしたときに彼が面倒を見ていたのは、新しい研究生ルイス・ライダーだった。のちにカンタベリーにあるケント大学の理論物理学教授となるライダーは、カンタベリー大聖堂

〔ユネスコ世界遺産にも登録されている英国国教会の総本山〕でオルガンを弾くほど腕の立つ演奏家でもあった。一九六四年八月、ライダーが休暇を終えて大学に戻ってみると、自分の机の上にヒッグスからのメモが置かれており、そこにはこうあった。「この夏、僕は本当の意味で独創的と言えるアイデアを生まれて初めて思いついたよ(3)」

そのひらめきが訪れるまでの三年間、ヒッグスは行き止まりの道をたどっていたのだが、一九六四年七月に、まだ誰も見たことのなかった景色、あるいは見た者がいたとしてもその重要性に気づき損ねていた景色に出会った。ゴールドストーンの式は電磁場について一言も触れていなかった。ゴールドストーンが電磁場を無視したのは、それが南部の解析に含まれていなかったから、そして南部の解析に含まれていなかったのは、強い核力に関する南部の理論において電磁場が何の役割も果たしていなかったからだった。ヒッグスは、彼の洞察がマイケル・フィッシャーとの友情から生まれたいきさつを私に聞かせてくれた。第一章でご紹介したとおり、二人はキングスカレッジで同時期に学生だったが、そのあと進んだ道は物理的な意味でも――フィッシャーは一九六六年にアメリカのコーネル大学に移っている――物理学分野の面でも分かれていた。

フィッシャーの専門は固体物性――今で言う凝縮系――に関する理論物理学で、互いの分野について情報交換していたおかげでヒッグスはいわばバイリンガルになっていた。素粒子物理学という主戦場に加えて、フィッシャーの専門分野や超伝導に関する研究についても明るかったのだ。おかげで、ヒッグスは超伝導の尋常ならざる性質を知っていた。超伝導を示している金属がその内部から磁場をすっかり追い払うことだ。一九三三年にヴァルダー・マイスナーによって発見された性質で、以来

「マイスナー効果」と呼ばれている。マイスナー効果は、輸送システムなどで用いられている磁気浮揚という現代テクノロジーの要だ。普通の金属に、あるいは温度が臨界温度よりも高い超伝導体に磁石を近づけると、磁石の磁場は金属内を自由に貫く。ところが、臨界温度の超伝導体の上に磁石を置くと、超伝導体が磁場を押し出し、磁石は超伝導体の少し上に浮く。これがリニアモーターカーなどでの磁気浮揚の基本だ。

マイスナー効果のせいで、磁場は超伝導体内にわずかな距離しか入り込めない。私たちが超伝導体の内部に暮らしていたなら、磁場は、ひいては電磁気力は、短い範囲にしか届かないと認識するだろう。場の量子論において、短距離の力を運ぶ粒子は質量を持つ。よって、超伝導体内に限ると、電磁場の量子である光子は実質的に質量を持つ粒子になる。このことから、ヒッグスは超伝導の挙動、とりわけマイスナー効果には、超伝導体内における電磁場の状態と密接なつながりがあることを知っていた。隠れた対称性の解析から電磁場を除外することは、とりわけ重要な要素を無視することになるのだ。「それがこの話の核心です」と彼は私に語っている。(4)

一九六四年のヒッグスは知らなかったことだが、さかのぼって一九五〇年にはギンツブルクとランダウが磁場の欠如をすでに考慮しており、ヒッグスが成し遂げようとしていたことを先取りしかかっていた。二人は超伝導の「現象論的モデル」と呼ばれるものをすでに構築していた。二人の式はこの現象を、そしてこの現象がある臨界温度を下回ったときに限って起こることを正しく記述していたのだが、超伝導を示す物質の原理やダイナミクスについては何の理論も与えていなかった。二人が自分たちの式をマックスウェルの電磁気の方程式と融合させてみたところ、そのモデルはマイスナー効果も説明していた。つまり、ギンツブルクとランダウの成果によれば、電磁場と超伝導を示す物質のエネルギー密度との相互作用が、超伝導体内で実質的に光子に質量を与えるのだ。

このように、ギンツブルクとランダウはデータに合うような超伝導の現象論的モデルを一九五〇年にはもう構築していた。二人は、超伝導を示す物質は温度に依存するエネルギー密度を持って存在していると考えていた。超伝導が起こる臨界温度Tcを下回る領域で、この密度は数学的にはメキシカンハットのようなグラフを描く式で記述される。ということは、南部が自然における対称性の自発的破れの重要性を際立たせるよりも一〇年早く、二人のモデルにはこの現象の特徴が含まれていたのだ。だが二人のロシア人も含めて誰も、その重要性をすっかり理解することは後年までなかった。そして、これが光子に質量を与える機構でもあることは、誰からも注目されなかったようだ。理論発展の元となる南部、ゴールドストーン、そしてほどなく発表されるヒッグスらの論文で、ギンツブルクとランダウの先見の明は触れられていない（二人のモデルの数学的基盤については付録４・１を参照）。

## アンダーソンが道筋を示す

今になってみれば、ヒッグスが好機の数々を逃していなかったなら、彼によるこの話への関与はずいぶん少なかっただろうし、ともするとなかったかもしれない。ゴールドストーンは、自分のモデルに電磁場を加味するとどうなるかを探り、モデルが光子に質量を与えることを発見していた。当時ハーバード大学の若きポスドク研究員だった彼は、グループの毎週のランチ会でこの発見をシュウィンガーに説明してみた。後年にゴールドストーンから聞いた話によると、シュウィンガーのコメントは「『もちろん光子も質量を持つことはある』のようなもの」だった(5)。

ゴールドストーンはかの偉大な物理学者の反応を、自分の発見はいかにも自明なことという意味に解釈したようだ。とにかく、この件は発表に値しないと考え、実際に発表しなかった。発表するに値するかどうかに関する彼の基準は高く、そのせいで長いキャリアで発表した論文はごくわずかだが、その一つひとつに深みがある。隠れた対称性と質量ゼロのゴールドストーンボゾンに関する論文を発表したのは、グラショウから促されてようやくのことだった。一九六〇年のゴールドストーンは、自分の定理は真だと強く確信していたものの、その証明がないことに引っかかっていたのだが、グラショウから「とにかく発表してしまえ」と言われた。ゴールドストーンはそうしたが、電磁場を加味した場合については触れなかった(6)。

ゴールドストーンにとって間の悪かったことに、彼がこの件を持ち出したとき、かの大物理学者は心変わりの最中だった。シュウィンガーは、QEDのゲージ不変性は光子が質量を持たないことを必然的に含意する、と一九四九年に数学的に証明していたのだが、その証明に穴があるという結論に至っていた。彼の証明は摂動論に依拠していたのだが、この数学技法は電子と光子との電磁相互作用が微弱な場合には有効だった。そして実際にも正しいのであの結論はドグマと化し、誰も真剣に疑問視していなかった。その一方、シュウィンガーはこの前提がない一般論としての証明をしばらく試みていたのだが、うまくいかなかった。そして一九六一年には、そのような証明は存在せず、結局のところゲージ不変性は力の伝達粒子が質量を持つことと両立する可能性があるという結論に達していた。

彼はその旨の論文を一九六一年夏に書き、それは一九六二年一月に発表された[7]。

だからと言って、ゲージ不変性は必ずしも質量ゼロを示唆しない、というシュウィンガーによる論文での主張と、シュウィンガーが「もちろん」光子は質量を持ちうるときっぱり言った、というゴールドストーンの記憶とのあいだにはかなり隔たりがある。ゲージ不変性に興味を持っていたことのあるシュウィンガーが、超伝導に関するBCS理論とギンツブルク‐ランダウ理論で光子が質量を獲得することに大いに注目していた可能性はある。いずれにせよ、シュウィンガーによる発言の力強さが、光子――そして現代の認識では任意のゲージボゾン――に関するこの質量機構は自明であり言及に値しない、とゴールドストーンに思わせたようである。彼は論文の内容を、対称性が隠れると質量ゼロのボゾンが必然的に生まれる、という彼の名が冠された有名な定理に発展する事柄に絞った[8]。

一九六二年の暮れ、アメリカの理論物理学者フィリップ・アンダーソンが、超伝導のBCS理論にゴールドストーンボゾンが存在しない謎に関する論文を発表した。アンダーソンが注目し、ほかの誰もが――シュウィンガーは別かもしれないが――気づいていなかったか忘れていたかのように見えるのが、超伝導の媒体がゲージ対称性を隠す過程でほかにも何かが起こっていることだ。超伝導体が磁場を追い出し、電磁場の光子が実質的に質量を獲得することである。アンダーソンは、質量を持たない二つの実体、すなわちQEDの質量ゼロの光子と隠れた対称性の質量ゼロのゴールドストーンボゾンが、「『互いに打ち消し合って』有限の質量を持つボゾンのみを残せると思われる」と推測した[9]。だが、それを支持する証明を彼は与えなかった。したがって皮肉なことだが、ゴールドストーンのほうが先に相対論的場の量子論での証明を見つけていながらその発表を控えていたことになる。

アンダーソンは、プラズマが存在する場合における相対論的場の量子論の挙動に関する解説論文のなかで、自分の推測を支持するような例を一つ挙げている。この直接的な例は基本的な物事をいくつか示しており、たとえばプラズマ内で質量ゼロのゴールドストーンボゾンが消えて光子が質量を獲得しうる仕組みを説明していた。ただ、アンダーソンの例はアインシュタインの相対論を満たしていなかった。にもかかわらず、ヒッグスらがのちに相対論的場の量子論で示す内容の基本的な要素を備えていた。それどころか、基本的な着想のいくつかは非常に似ており、アンダーソンは後年、この現象は「実際のところ、ヒッグスよりも一年早い一九六三年に、私によって［ＢＣＳ］理論に見いだされて素粒子物理学に応用されたもの」だと自分の功績を主張している。アンダーソンに言わせれば、ヒッグスは「むしろ脇役」だった。[10]

　プラズマは、固体、液体、気体に次ぐ第四の状態と呼ばれることがある。プラズマは負電荷の電子とイオン化《電離》して正電荷を帯びた原子や分子からなっており、独立した荷電流体のように振る舞う。その一例が私たちの頭上一〇〇キロ以上のところに存在している――電離層だ。電離層は、太陽からの放射線が地球の上層大気とぶつかり、電気的に中性である空気の原子を割って陽イオンと陰イオンを作ることにより形成される。電離層の何より有名な性質の一つが、電磁放射線、特に電波の伝わり方に及ぼす影響だ。

　空間を進む電磁波は、通り道にあるものすべてと相互作用する。プラズマと出会った場合にどうなるかは、波の周波数に敏感に左右される。たとえば、周波数の低い電波が電離層の下端にぶつかると、鏡に当たった光のように反射する。地表へ向かわされた電波は地表面で上へはね返されるが、再び電離層に反射する。この行ったり来たりのおかげで、電波は何千キロという距離を飛び越えられる。北米から大西洋を越えて飛んできた信号をキャッチした、とかつてヨーロッパのアマチュア無線愛好家を喜ばせていた現象だ(11)。周波数の低い電磁放射線がプラズマを通り抜けられないという現象の一例である。これに対し、星々の輝きは電離層を通して見られている。電離層のプラズマは、可視光という、電波よりも周波数の高い電磁放射線にとって透明なのに対し、周波数の低い電磁波にとっては不透明なのである。

電磁波は電場と磁場が絡み合ってできており、プラズマに含まれる電子やイオンなどの荷電粒子を揺さぶる。こうした電気力が到達すると、軽い電子が大量にはじき出されるのに対し、イオン化している重い原子はほとんど影響を受けない。負電荷の電子がプラズマ内でごっそり、重い正イオンに対して少しばかりずらされると、電子は反対電荷の引力によって元いた位置のほうへ引き戻される。だが、元いた位置を惰性で行き過ぎ、再び引き戻される。その結果、プラズマ内の電子は平衡点の辺りをヨーヨーのように行き来する。こうしてプラズマそのものが波を作り、「プラズマ周波数」と呼ばれる速さで振動する。

入射する電磁波の周波数がプラズマ周波数よりも高いと、電磁波はプラズマに入り込み、密度などが変わりはするが通り抜ける。それに対し、プラズマ周波数よりも低いと、電磁波はプラズマ内部の電気力によって破壊されて通り抜けられない。

周波数の高い波だけが通り抜けられ、プラズマ周波数よりも低い波は遮断される、というこの性質をヒントに、アンダーソンは光子が質量を持つ粒子のように振る舞いうる仕組みを見抜いた。それを理解するために、プラズマの中で暮らしている状況を想像してみよう。私たちはプラズマ周波数よりも高い周波数の電磁放射線にしか気づかないだろう。量子力学によると、電磁波の各光子が持つエネルギーは波の振動数に比例する。よって、最小周波数がゼロではないことは、光子の最小エネルギーがゼロではないことに対応する。

質量ゼロの光子は任意のエネルギーを持ちうる。理論上の最小値はゼロだ。それに対し、質量を持つ物体は任意の量の運動エネルギーを持ちうる。その量は、物体の速度が遅いほど小さい。静止すると粒子の持つエネルギーは最小となり、その量$E$は、アインシュタインの有名な式$E=mc^2$で与えられる質量$m$に対応する大きさになる。最小エネルギーがゼロではないことは、質量を持つ粒子の特徴だ。よって、プラズマの存在は実質的に光子に質量を与える、という結論になる。

だが、これは話の半分でしかない。アンダーソンは次いで、質量を持つ光子が存在してもゲージ不変性が保たれる奥の深い仕組みを示している。空っぽの空間を移動する光の場合、電場と磁場は波の進行方向と直交する二次元のみで変動しており、三つすべての次元で変動しているわけではない。このことから、自由空間〔電荷や電流の存在しない空間領域〕におけるそうした波は「横波」と呼ばれている。使える三次元を残らず使ってはいないことは、この理論のゲージ不変性や、光子に質量がないという事実と、密接に結び付いている。光子に質量があったなら、波は三次元すべてで、すなわち進行方向に対して垂直な向きにも平行な向きにも変動することだろう（図5・1）。進路に沿って振動する波は「縦波」ないし「圧縮波（疎密波）」と呼ばれている。圧縮波の一例が、地震のあとに岩盤を伝わっていく地震波だ――ヒッグスがCNDのコンサルタントだった時期に研究していた現象であ

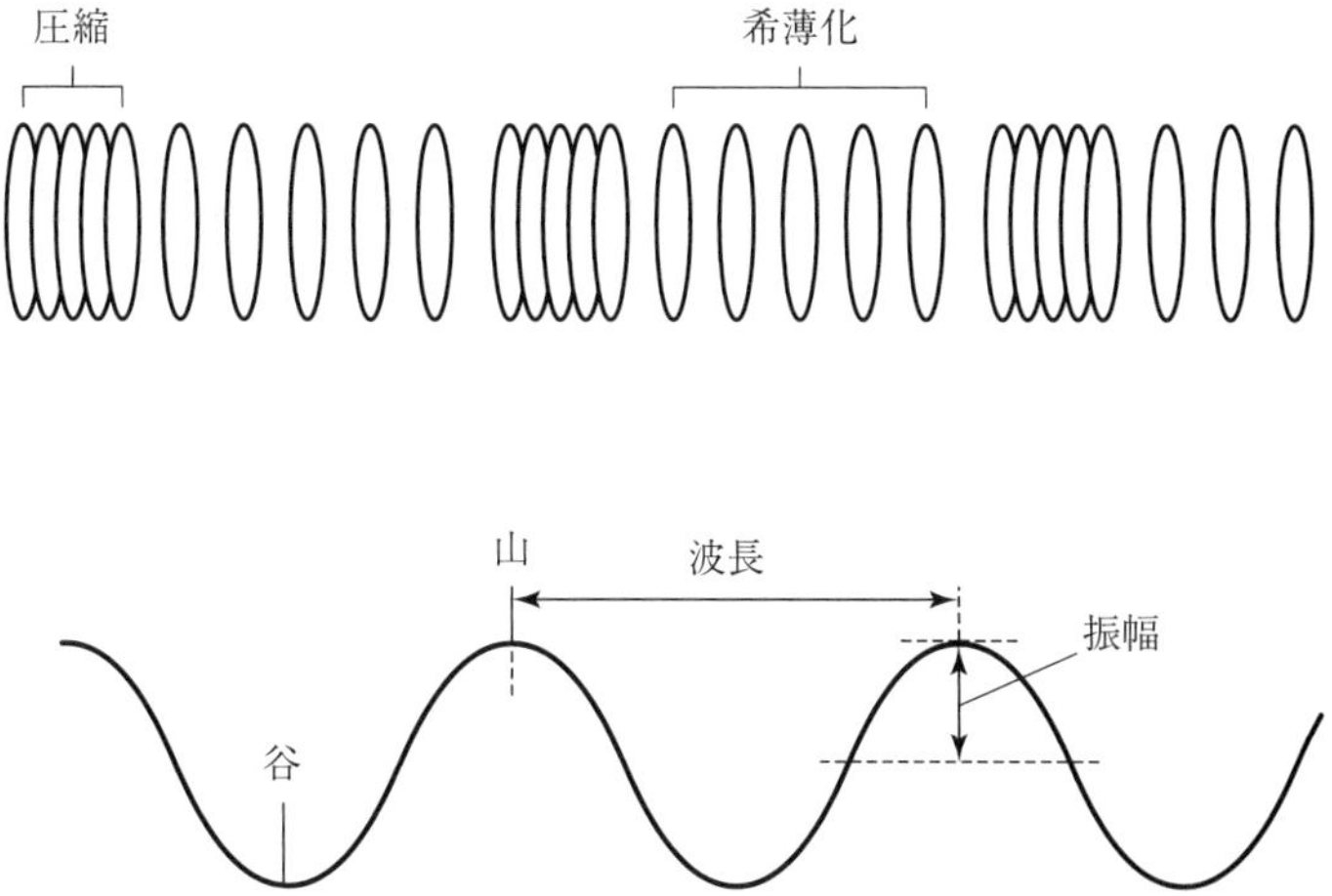


図 5.1　**縦波と横波。**下の図で、横波はこのページに対して任意の角度で生じうる。上の図は縦波で、進路に沿って密度が振動している。

る。目的の違うあの経験がのちに彼のライフワークで重要になるとは、何やら皮肉めいている。アンダーソンは、電磁波がプラズマ内でこの失われた縦波成分を取り戻す仕組みを示したのだった。

電磁波が達すると、プラズマ内で電磁場によって位置をずらされた電子が互いに作用を及ぼす。これにより圧縮波が生まれ、電磁波の進行方向に密度の疎密が生じる。プラズマ内の光子は、質量を持つ粒子の特徴をすべて持ち合わせる。よって、私たちがプラズマの中で暮らしていた場合、電磁波に関する経験から導かれるのは光子が質量を持っているケージ不変の理論だっただろう。これがアンダーソンの挙げた例の最終的な論点である。これは一例にすぎないが、これ一つで論点の証明には十分だ。ゲージ不変の理論と質量を持つゲージボゾンの両立は可能である。この場合で言えば、光子が質量を持っているQEDがそれだ。
ほかの媒体ないし場――この例ではプラズマ内の電気力――の存在を持ち出すことで、アンダーソンはいわばロゼッタストーンを発見し、それを手がかりにゴールドストーンボゾンを排除した。とはいえ、ゴールドストーンの主張に誤りを見つけたわけではない。また、アンダーソンの研究内容には素粒子物理学界の興味の対象と重要な違いがあった。ゴールドストーンが研究していたのは特殊相対論と矛盾のない理論だ。超伝導のBCS理論は違うが、そのことはBCS理論の欠点になっていない。条件が相対論的ではないからである。超伝導体やプラズマは所定の座標系にあり、計算に用いるその座標系で超伝導体は静止している。超伝導に質量ゼロのゴールドストーンボゾンがないという事実と、高エネルギー素粒子物理学者の関心事項とには、明白な関連がなかった。彼らにとっての最重要課題は、相対論的に非の打ち所のない理論においてゴールドストーンの定理を避けて通る道を見つけることだった。BCS理論やアンダーソンによるプラズマの例は非相対論的であり、素粒子物理学者はほとんど注目しなかった。彼らにしてみれば、問題は解決されずじまいだったのだ。アンダーソンは正しい方向を示したのだが、具体的な道筋はまだ見つかっていなかった。

## アンダーソンからヒッグスへ

韓国系アメリカ人の理論物理学者ベン・リー(李輝昭《イ・フィソ》)は、隠れた対称性に関する研究とそこから導かれる革命的な帰結を解釈するうえで先駆的な役割を果たす定めにあった。一九七七年に四二歳で交通事故による早すぎる死を迎えていなければ、その名は今ごろヒッグスをはじめとするこの一大サーガの中心人物らとともにもっと広く知られていたことだろう。なにしろ、この議論への彼による最初の関与が、超伝導体という非相対論的な状況でゴールドストーンの定理が破綻するというアンダーソンの予想と、文句なしに相対論的な場の理論へ向けたヒッグスによる最終的な解決策との橋渡しになったのだから。

一九六四年三月、フィラデルフィアのペンシルベニア大学に在籍していたリーと、その研究管理者だったエイブラハム・クラインは、隠れた対称性が質量ゼロのゴールドストーンボゾンを必然的に含意するかどうかを疑問視する論文を発表した。そのなかで、この定理が依拠している数学的議論に、超伝導のＢＣＳ理論のような非相対論的な状況では起こらない技術的な想定がいくつかなされていることを示した。非相対論的な事例でゴールドストーンの定理を避けて通る重要な特徴が特定されたことから、二人はそうした特徴を持つ相対論的理論があるかもしれないと考えた。だが、例を何も挙げなかった。ピーター・ヒッグスは二人の論文を読んだが、「そうしたモデルがどうしたら構築できるものか、何も思いつきませんでした」[12]

その数十年後に当時を振り返ったヒッグスは、「あの年［一九六四年］に私がやった物事の数には驚かされます」と振り返っている[13]。その年の秋は、学科長のニコラス・ケンマーが研究休暇を取って不在で、ヒッグスは代役として新しい科学地区に関する計画委員会の委員を務めた。ちなみにその科学地区には、今日のジェイムズ・クラーク・マックスウェル・ビルディングという、エディンバラの中心部から離れた物理学科と天文学科の本拠地も含まれている。その年の出だしは不調だった。二月から春いっぱい、ヒッグスはA型肝炎にかかって仕事ができなくなったのだ。最初のうちは講義を続けていたのだが、「頭痛がとんでもなくひどくなり」、「長いこと休まざるをえなく」なった[14]。まったく何もしなかったわけではなく、大学の奨学金委員会では科学系の代表として仕事を続けていた。だが、自宅で寝ていたので、ほかの委員が彼の自宅を訪ねる必要が生じたこともあった。病状は徐々に回復した――実にいいタイミングで。ほどなく、彼にひらめきを与えることになる重要な論文が発表されたのだ。

クラインとリーによる洞察とヒッグスによる画期的成果とをつなげたのは、一九六四年六月二二日にギルバートによって発表された論文だった。ハーバード大学のアメリカ人物理学者ウォルター・ギルバートは、研究対象を分子生物学にくら替えしようとしており、のちにノーベル賞をそちらの研究で受賞している。彼は自身最後となる理論物理学論文において、相対論的な状況に関するクラインとリーの解析をもっとイメージしやすい形に書き換えた。彼による再構築がこの一大サーガの核心となり、その解決への鍵を握ることになる[15]。

相対論抜きの場合、運動の法則の数学解析は使う座標系――実験装置に対して静止しているか運動しているか――に左右される。超伝導体の事例では、状況を静止座標で検証するのが自然だ。ほかの座標系でも解析できるが、数式が複雑になる。ギルバートは実質的にクラインとリーの式を巧みに再構築して、使われている座標系が常にわかるようにした。そのためにギルバートが導入したのがベクトル（以降**n**と呼ぼう）で、彼はそれを使って、非相対論的な三次元理論の数式が特殊相対論の時空の数式にどう埋め込まれているのかを示した。ギルバートは、二人によるゴールドストーンの定理の非相対論的な解析において、式の一つ――「交換子」として知られている――がこのベクトル**n**に依存していることを示した。ギルバートは、相対論的な理論におけるゴールドストーンの定理の証明がこのベクトルの欠如に依存しており、この定理はベクトル**n**があるからこそ非相対論的な状況に当てはまらないことを明らかにした。

とはいえ、ゴールドストーンの定理は相対性の存在下で回避できるのか、という最重要課題は未解決のままだった。ギルバートの論文は、あの定理は**n**という形のベクトルが存在するなら破綻すると は示唆していたが、相対論的な場の理論でそのようなベクトルは生じえないと主張して、破綻の可能性を否定していた。

理論素粒子物理学から分子生物学へというギルバートの進路が、ヒッグスのそれとまるで逆なのは皮肉なことだ。ギルバートによる関与が、分子物理学で博士号を取ってから素粒子論にくら替えしたヒッグスにひらめきをもたらしたのだから。ヒッグスは前年に読んでいた論文の数々のおかげで、あの重要なベクトルを含む相対論的な例を知っていた。

「ひらめきの瞬間」という表現は月並みだが、ここではほぼそのとおりだった。ヒッグスは半世紀後に、「七月一七日金曜日に家に帰り、翌月曜日にはできあがっていました」と振り返っている[16]。彼は創造の過程全体を一週間もかからず終えていたのだ。ギルバートの論文は、アメリカで刊行されている《フィジカル・レビュー・レターズ》誌に発表された。ギルバートの論文の掲載号が大西洋を渡ってエディンバラに届いたのが七月一六日木曜日。ヒッグスはそれを当日か翌日に読むと、間違いに気づき、週末に新たな式を立てて解き、その奥の深い重要性に気づいたのだ。そして論文を書き、七月二四日にヨーロッパの《フィジックス・レターズ》誌宛てに郵送した。スイスのジュネーブで働いていた編集者は、七月二七日月曜日の午前に配達された郵便物のなかにそれを見つけた。ヒッグス本人の記憶によると、「ギルバートのレターを読んで一日、二日のうちに、［nという求められている形の］特殊な［ベクトル］にほぼ害のない程度にしか依存していない、完璧に相対論的な場の理論の例を自分は知っている、と思い当たったのです――クーロンゲージでの量子電磁力学です」。ヒッグスは、相対論の顔を立てつつゴールドストーンの定理を避ける手だてを見つけたのである。(17)

## ヒッグスの第一論文を読み解く

ヒッグスによるショートペーパーのタイトル「破れた対称性、質量のない粒子、およびゲージ場」は、科学的に言えばそのとおりだったが、雑誌の最新号にざっと目を通す忙しい理論家の注意はまず引きそうになかった。内容を読みにかかったとしても、数式はほとんどないし、ある段階から次の段階へどう進むのかについても説明がないに等しく、親切とはほど遠かった。その論理を理解するには、交換子、フーリエ変換、対称性と電荷の保存との関係、などの数学ツールになじんでいる必要があった。こうしたツールの扱いに習熟していたなら、式から式へと進む手順を検証できるだろうが、にしても慎重さが求められる。この論文は本書の三五五ページに再掲してある。字面になじみがないということでは、マヤ文明の象形文字を見たときといい勝負かもしれないが、その意味合いを読み解き、それまでの経緯を確認することは可能だ（もう少し詳しい議論については付録5・1「ヒッグスの第一論文を読み解く」を参照）。手短に言うと、ヒッグスは、この論文の式4を含む段落の終わりまで、ゴールドストーンの定理にとってはベクトル$\mathbf{n}_m$が鍵、とするギルバートの議論のおさらいをしており、式4を含む段落を、相対論的な理論にベクトル$\mathbf{n}_m$のないことが「〔ゴールドストーンの定理を逃れる〕可能性を排除しているようだ」というギルバートの考察で締めくくっている[18]。

このように、論文の大半はギルバートが展開した議論の概要なのだが、かのハーバード大学の物理学者はこのマラソンの大部分で先頭を走っていながら、最後の最後で曲がるところを間違えていた。ギルバートは誤った結論を導いていた、という重要な考察に相当するのが、（クーロンゲージでのQEDのような）ゲージ理論ではあのベクトルが見られる、というヒッグスのコメントだ。ヒッグスは、電磁場に関するマックスウェルの方程式と、電荷が保存されるという事実とを持ち出し（式5）、ベクトル$\mathbf{n}_m$の重要な寄与がギルバートによる解析（式4）でも維持されることを証明した。したがって、相対論的な理論にそのような項はない、というギルバートの予想は誤りであり、電磁波（や同様のゲージ場）が存在するならゴールドストーンの定理は当てはまらない。ヒッグスはこのことを式5に先立つ部分で説明し、「こうしてゴールドストーンの質量ゼロのボゾン……を取り除けた」という重要な結論に至っている。

こうして、ヒッグスはゴールドストーンの定理を避けて通る道筋を示した。望ましからぬ質量ゼロのゴールドストーンボゾンが関わる袋小路は、電磁場の存在下では回避できるのだ。アンダーソンはこのことをプラズマの例ですでに予想していたが、彼の例は非相対論的だった。ヒッグスはそれを一般化し、相対論的な場の理論という広いカンバス上に展開したのである。この結論は正しいが無味乾燥で、宇宙の新たな見方が垣間見られているのにそれをにおわせる要素はないに等しかった。ここから導かれる帰結とそこまでの過程を別論文で述べると約束しているだけである。

ヒッグスは後年、あのひらめきがいかに唐突だったかをこう表現している。「私の名を世に知らしめた仕事をしていた期間は、私の人生のごくわずか——一九六四年の夏の三週間——です」[19]。その「三週間」にしていたのが第二論文（三五八ページの付録5・2）の執筆と仕上げだ。

## ヒッグスの第二論文を読み解く

一八世紀、フランス系イタリア人数学者ジョゼフ＝ルイ・ラグランジュは、ある系の運動エネルギーとポテンシャルエネルギーの差の式を書き下すことで、アイザック・ニュートンにさかのぼる手法を用いるよりも格段に手早くそのダイナミクスを解けることを示した。このような式はラグランジアン（ラグランジュ関数）と呼ばれている。これこそ、場の量子論を解くための第一歩は系のラグランジアンを書き下すことだ。一〇〇〇単語にも満たないこの論文に含まれるたった四本の最初に出てくる式1でヒッグスがやっていることである（より詳しい議論については付録5・2を参照）。

ヒッグスは、ゴールドストーンによって、そして元々はギンツブルクとランダウによって用いられたのと同じスカラー場を導入し、式でそれを彼らと同じ記号$\varphi$（ファイ）で表している。この最初の式の一行目は$\varphi$場の運動エネルギーを表しており、二行目の量$V$はそのポテンシャルエネルギーである。$V$の重要な特徴は、ゴールドストーンやロシア人たちが用いたのと同じメキシカンハットのような形をしていることだ。ヒッグスがここでやめて、ラグランジアンで示されているダイナミクスを解いたなら、望ましからぬ質量ゼロのボゾンを伴うゴールドストーンの結果が避けがたく再現されたことだろう。だが、ヒッグスの目標はその枠組みに電磁場も含めることであり、彼はそのために場$A$を導入した。量子論において、$A$は一個の光子を表している。

この論文を読み解ける専門家なら、ここでラグランジュの技法を用いて、電磁場とスカラー場$\varphi$の両方に関するダイナミクスの式を解けるだろう。それは物理学では普通のことなので、ヒッグスは詳細を省いて結果だけを示している。結果は三本の式に要約されており、二段組の右側上部に式2a、2b、2cとして示されている。$\varphi$場と電磁場のあいだに結合がない場合について式2aを言葉で説明すると、「谷底に沿った角振動に関連する質量ゼロのボゾンが存在する」という意味だ。メキシカンハットのブリムでの基底状態に関連したあの有名なゴールドストーンボゾンのことである。式2cは、日常経験と同様、「光子に質量はない」と言っている。

ヒッグスは、電磁場が$\varphi$場と相互作用する場合についてこれらの式を解いて、物理の理解を前進させた。それによって、すべてが劇的に変わった。ゴールドストーンによる従来の解析において質量ゼロの粒子が導かれた箇所で、ヒッグスの結果はこの質量ゼロの粒子が舞台から消えることを示唆していた。相対論的な場の理論においてゴールドストーンの定理を避けて通る道筋が見つかったのだ。

これそのものが刺激的な発見なのだが、物理宇宙に対する新たな視野への入り口に過ぎなかった。その第一歩として、ヒッグスは数学的操作を透かし見て、質量ゼロのゴールドストーン粒子がどこで消えたのかを理解した。式3は、質量ゼロのゴールドストーン粒子がそれまで質量ゼロだった光子$A$

によって実質的に吸収され、質量を持つ光子$B$が作られたことを意味している。ヒッグスは、この新たに作られた光子$B$が、通常生じる光子とまったく異なる性質を持つようになることに気づいた。たとえば、電気や磁気の効果は普通なら遠く離れていても感じられ、たとえば地球の磁場は大気圏外のはるか遠くまで広がっているが、そんな電磁力の届く範囲もゴールドストーンの粒子によって変わり、著しく短くなる。これが式3の意味するところであり、磁場が超伝導体の奥深くまでは入り込めない、という超伝導のマイスナー効果でまさに起こっていることだ。思い出していただきたいのだが、ヒッグスが用いている場の量子論の言葉で、これは光子が超伝導体の内部で質量を持つに至ったことに対応する。ゴールドストーンの質量ゼロの粒子は消えたのではなく、光子に質量を与える過程で姿を変えられたのだ。

光子は、望ましからぬゴールドストーン粒子を吸収する、という形で質量を獲得しうる。これが第二論文の主たる含意である。これがあまりに驚くべき発見だったことから、この論文でほのめかされており、やがて最も名高い帰結と言われるようになる部分——式2b——から注意が逸らされたようだ。望ましからぬゴールドストーンボゾンが消えたとき、光子は質量を獲得したが、ゴールドストーン場はチェシャー猫のにやけ顔のように存在し続けており、この式はそのダイナミクスを記述している。ヒッグスの論文ではこう述べられている。「式(2b)は、その量子が質量……を持つような波を記述する」。言い換えると、これは「谷底のはさむ壁を上下する半径方向の振動と関連する、質量を持つスカラーボゾンが存在する」と言っている（図5・2を参照）。これは$\varphi$場に限った性質であり、電磁場があってもなくても起こる。質量を持つこのボゾンは実在する$\varphi$場の現れであり、ヒッグスボゾンの名で知られるようになった――この式はゴールドストーンの一九六一年の論文にはもう載っていたのに！　当のヒッグスは、この質量を持つボゾンの深遠な重要性を認識している旨を何も示していない。実際、ほとんど認識していなかった。一九六四年、彼の論文でこのことはさらりと触れられただけだった。それが半世紀後には、この実体を見つけることが素粒子物理学の聖杯となるのである。

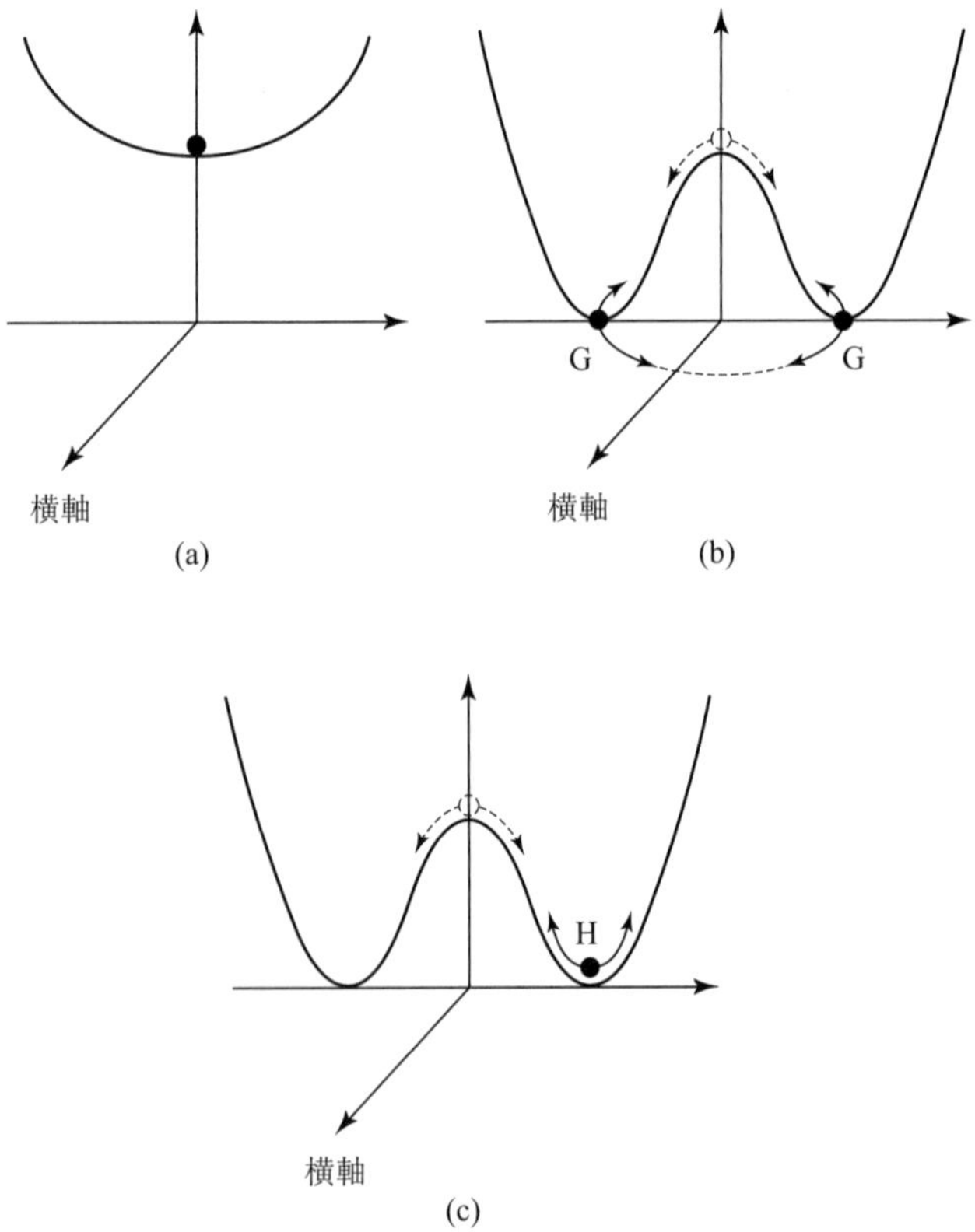


図 5.2　**ゴールドストーンとヒッグス：回転方向と半径方向の運動。**図 (a) の殻の内部を転がるボールはやがて底で落ち着き、持っているエネルギーが最小になる。殻に (b) や (c) のような傾斜があると、安定だった原点におけるエネルギーが谷底のそれよりも高くなる。ボールは転がり落ち、底の円周のどこかの点に達する。谷底に沿った振動――(b) におけるモード G ――にエネルギーは要らないが、谷の側壁を上下する振動――(c) におけるモード H ――には要る。モード G は質量ゼロのゴールドストーンボゾンに、モード H は質量を持つヒッグスボゾンに対応している。

# 第六章　これで六人になった

一九六四年七月、ヒッグスはブレークスルーを成し遂げた。だがそれから数週間もしないうちに自分だけではなかったことを知る。相対論的場の量子論でゴールドストーンのボゾンを排除して光子に質量を与える方法を、ほかにも五人の理論家が独立に発見していたのだ。その一人が、一九六〇年にワイスコップの嘆きを聞いて問題意識を持っていたロバート・ブラウトだ。一九六四年のブラウトはすでにアメリカからブリュッセルに移り住んでおり、当地でフランソワ・アングレアと一緒に完成させた仕事がヒッグスと同じブレークスルーへ二人を導いていた。ヒッグスは質量を持つあのボゾンの重要性をまだ認識していなかったかもしれないが、少なくとも式を書いて導入してはいた。ヒッグスにとって幸いなことに、このボゾンのことを彼以外は言及していなかった。

一九二八年にニューヨークで生まれたロバート・ブラウトは、コーネル大学の教授だった一九六〇年にワイスコップの話を聞いた。その彼の研究助手だったのが、二八歳のベルギー人客員研究員フランソワ・アングレアだ。ブラウトの専門は理論凝縮系物理学で、特に要素——磁気を帯びた原子や電子——の集合がさまざまな様態ないし「相」（巨視的な世界の液体や固体など）をなす仕組みに興味を持っていた。

ある様態から別の様態への変化は「相転移」と呼ばれる。アングレアは航空工学者としての、ブラウトは化学者としての教育を受けていた。だが、それぞれがいわば凝縮系物理学への相転移を遂げたのち、二人は一九六〇年代の初めに最後の知的彷徨として素粒子物理学に相転移しようとしていた。

ワイスコップの講演中にブラウトが聞き耳を立てたのは、質量ゼロの粒子という概念――南部の理論の成果にしてゴールドストーンの定理における主役――になじみがあったから、そしてなじみがあった磁性について研究していたおかげだった。磁気に関するシンプルなモデルを考えると、存在するはずだとゴールドストーンが主張していた質量ゼロのボゾンをすぐさまイメージできた。だが、モデルを少々変えるとゴールドストーンの定理が回避されるように見え、ブラウトは困っていた。言い換えると、この公理らしきものを自然が避けて通れるようにする細則がありそうだったのだ。ブラウトとアングレアはその理解に乗り出した。

ブラウトの磁気モデルで持ち出されていたのは何の変哲もない電子だ。量子論において、電子には「スピン」と呼ばれる二極的な性質がある。個々の電子は二方向どちらかのスピンを持ちうる。スピンの軸が磁場の向きと同じか逆かだ。そして、電子が磁場に引き寄せられるか、それとも磁場からはねのけられるか――実際問題としては電子がどちら向きに動くか――はスピンの向きで決まる。磁気は、電子または原子がすべて同じ向きでスピンしている素材で発生する。

理論家は、原理上は存在しうるが実現は難しい状況、ともすると不可能な状況を想像できる。実際の状況の背後にある物理原理の理解を試みる場合、この手法がうまくいくことがある。ブラウトはそうやって考えるなかで、スピンしていて磁石のように振る舞う原子のイオンが等間隔で一直線上に並んでいる、という状況の数学モデルに興味をそそられた。隣り合わせたイオンどうしは、スピンの向きが互いに同じなら引き合うし、逆なら退け合う。全体の総エネルギーは、全体としての相対的な向きに左右される。エネルギーが最小になるのは、スピンの向きがすべて同じ場合だ。二人のモデルを図6・1に示す。

重力のない世界でのこの状況を想像してみよう。そこでは上や下に意味はないが、遠く離れた星がいくつもあり、それらを基準に向きを測定できる。スピンしているイオンの集まり全体を一様に回転させることができ、それによる新たな配置の持つエネルギーは回転させる前と同じだ。見る側が視点を少しばかり回転させることに、この操作との違いはない。つまり、同じエネルギーを持つ配置は無数にある。

ブラウトの強みは頭の中でのイメージ力、アングレアの強みは数学的形式主義だった。ブラウトは、このシンプルなモデルを使うとゴールドストーンの定理を直感的に理解できることに気がついた。そこで彼はアングレアとともにこのアイデアを発展させて、直接の両隣とだけ磁気的に相互作用するスピン要素が無限に連なった集まり、という想像上の状況を記述できる方程式をつくった。二人はこの系がどう振る舞うかを数学的に吟味した。その結果は特筆すべきものだった。

まず、スピン要素のどれかを少しだけ回転させたところを想像してみよう。すると、その磁力が両隣を引っ張って新たな向きにする。今度は、向きを変えられた電子がその隣に作用を及ぼし、と作用が直線上を伝わっていく。このプロセスをスタートさせると、スピン要素の向きがこうした相互作用によって、連なり全体にわたって揃っていく。連なりが無限に長いなら、無限に遠く離れたところま

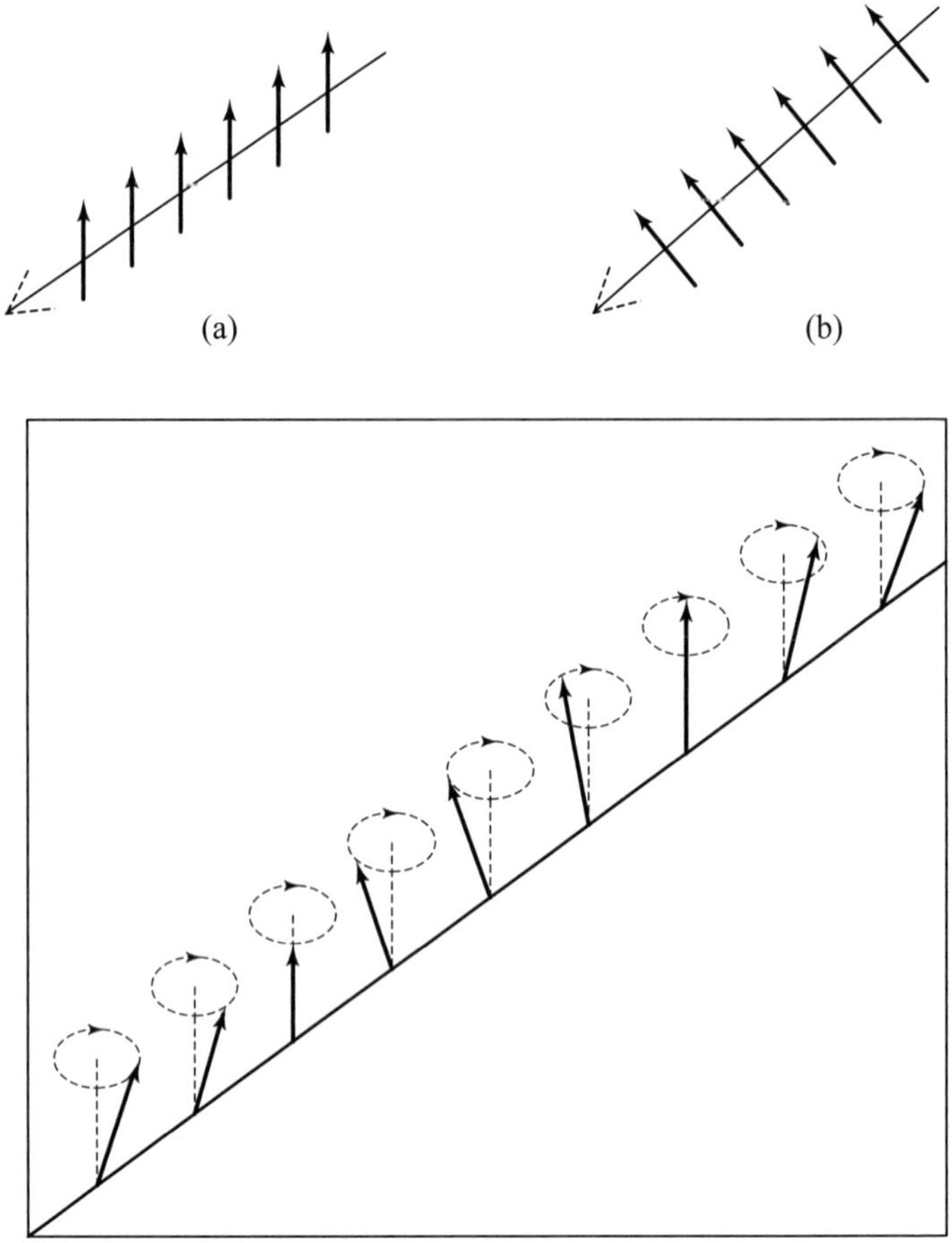


図 6.1　**スピンしている微小な磁石の並び。**(a) 基底状態で揃って並んでいる。(b) 小さい矢印が揃って向いている方向は違うが、それを除けばエネルギーは同じだ。この 2 つの例の関係は視点の回転だけで説明できる。ある向きから別の向きへの回転は図 5.2 のモード G に対応している。(c) エネルギーを持っているスピン波は、図 5.2 でいう半径方向のモード H に対応している。

で伝わるきっかけとなる最初の微調整を無視し、直線上を伝わる再調整の波だけに注目できる。この連なりの長さが無限大なら、向きを変えているスピン要素の波長も無限大になるので、すべてが回転して新たな向きになる。

回転後に元と同じエネルギーを持つ配置は無数にあり、この新しい向きの配置もその一つだ。つまり、直線に沿ったスピン要素の回転による無限に長い波において、エネルギーは運ばれていない。ここでマントラを思い出そう。場の量子論によれば波のエネルギーは粒子によって運ばれ、アインシュタインによればエネルギーと質量は等価だ。よって、エネルギーを運ばない粒子には質量がない。(1)このモデルにおいて、それはゴールドストーンの質量ゼロの粒子に対応している。

ゴールドストーンは、無数にあるまったく同じ配置から一つを選ぶ、という対称性のある状況（この場合なら、視点を回転させてみると配置の回転対称性がわかる）では質量ゼロの粒子が避けられないことを証明していた。ブラウトとアングレアは自分たちのモデルを使うことで、ゴールドストーンの定理が働く仕組みをイメージできた。だが悩ましいことに、モデルを少しばかり変えると、ゴールドストーンの定理に反して質量ゼロの粒子を排除できた。その仕組みはこうだ。

二人のモデルにおいて、相互作用の相手はすぐ両隣だけだった。この相互作用の範囲をたとえば隣の隣にまで広げても、結論は変わらなかった。これは驚きではない。相互作用を有限の範囲で広げたところで、無限に長い直線にとっては微々たるものだ。だが、相互作用の範囲を非常に長くし、スピン要素が無限遠にある要素とも相互作用できるようにすると、必然的にエネルギーが運ばれ、モデルから質量ゼロのゴールドストーン粒子が消えたのである。

二人は一九六一年末にここまでの理解に達していたが、アングレアのコーネル大学への訪問期間が終わり、彼はブリュッセルへ帰っていった。そこで、ブラウトはブリュッセルを訪問する手はずを整えた。アメリカでは人種差別がまだ広く見られており、市民権運動が始まろうとしていた。社会主義者だったブラウトは、アメリカにいるよりもヨーロッパにいるほうが人生の可能性が開けると考え、最終的にブリュッセルに定住した。彼とアングレアは研究を再開させた。

自分たちのモデルで相互作用の範囲を無限大にするとゴールドストーンボゾンが消えることは、二人にとって穏やかならぬ発見だった。粒子の無限長の連なりにおいて無限遠まで届く力など、とうていイメージできるものではないし、数式から得られたのは偽りの結果という可能性もある。無限大＋1は無限大よりも大きい、と言い張るわが子に手を焼いた経験を大勢がお持ちではないだろうか。無限大は数学の概念だが、無限大を物理学に導入することは落とし穴にはまる危険性をはらんでいる。ゴールドストーンの定理は、質量ゼロの粒子が存在するはずだと無条件に言い切っているように見えたことから、二人は自分たちの解析に間違いがあるに違いないと思い込み、この結果の発表を控えた。(2)

だが、一九六四年の春になっても何も間違いを見つけられなかったので、二人は評判を危険にさらす覚悟でこの知見を発表した。以前のゴールドストーンのように、そしてそれに先立つギンツブルクとランダウのように、二人は粒子に作用を及ぼす何かしらの場があると想定した。だが、二人はこの三人とは違い、真空はそうした場が存在する場合のほうがない場合よりも安定だ、という共通する想定事項を別として、具体的な形態については何も想定しなかった。そして、そうした場と光子が相互作用すると何が起こるかを調べ、光子が質量を獲得することも、ゲージ不変性が維持されること——

事実上隠れること――も確認した。ブラウトとアングレアはこうして、相対論的場の量子論における「質量機構」を最初に示したのだった。

二人は一二本の式が載った一〇〇〇語ほどの論文を書き、発表すべくニューヨークの《フィジカル・レビュー・レターズ》誌に送った。編集部には一九六四年六月二六日に届いた。このとき、ヒッグスはそのひらめきの元となるギルバートの論文をまだ見ておらず、この件に関する第一論文が発表されるのはその一カ月先である。

イギリスでは郵便のストライキがあったので、たとえブラウトとアングレアがプレプリントを各所に発送し、その宛先に手持ちの郵送先名簿の素粒子物理学者を含めていたとしても、ヒッグスには届いていなかっただろう。一方、《フィジカル・レビュー・レターズ》誌の編集者は内々に査読を南部に依頼していた。南部は感心して掲載を勧め、論文はしかるべく一九六四年八月三一日号に載った。(3)

## 運命とヒッグスの第二論文

ヒッグスの第一論文は、ヨーロッパの《フィジックス・レターズ》誌の編集者が七月二七日に受け取っており、発表が認められて九月一五日号に掲載された。一方、第二論文が《フィジカル・レビュー・レターズ》誌に届いたのは、偶然にも、ブラウトとアングレアの論文が発表された日だった。ヒッグスの論文が編集部にたどり着くまでに曲折があり、草稿を書き上げてからまる一カ月かかっていることからは、物理学界全体として場の量子論への関心が概して薄く、ヒッグスが成し遂げたことへの反応が低調だったことがうかがえる。

彼の第一論文は、ゴールドストーンの定理の証明にあった数学的な穴を明らかにしていた。このことはもちろん非常に重要だ。なにしろ、相対論的場の量子論に対称性の自発的破れを適用するうえでの障害を取り除いたのだ。だが、ありていに言えば、そこまでの論文だった。ヒッグスは、ＱＥＤのようなゲージ不変の場の理論を加味するとゴールドストーンの定理が破綻することは明らかにしたが、その回避の仕組みを詳しく示したわけではなかったし、この回避がＱＥＤにとって持つ意味合いを述べたわけでもなかった。ヒッグスは七月二四日金曜日までに、第一論文を編集者に宛てて郵送していたばかりか、この回避の本質とそれがＱＥＤの光子に及ぼす影響を理解してもいた。だからこそ第二論文を書いたのだ。

理論物理学のような競争の激しい分野で、難問を解決しようと長年取り組んだ末にとうとう成功すると、往々にして、長いこと不可解だと思えていたことが突如として目をつぶっていてもわかることに思えてくる。するともっともなことだが、誰かが同じことを知らぬ間にもう発見してはいないか、それどころか答えは以前から文献に載っていたのを自分は気づいていなかったのではないか、などと思うようになる。ヒッグスはその確認という神経をすり減らす作業に取り掛かり、「数日かけて文献を調べ、あれがもうなされていることかどうかを確かめました」

この数学的方策をもう知っている人物がいるなら、その可能性が最も高いのはジュリアン・シュウィンガーだ、とヒッグスは考えた。そこでシュウィンガーの論文を入念に調べ、ゲージ対称性をあのようにして隠すと光子に質量を生み出せることに彼が言及していないのを確かめた。また、ほかの専門家の論文も調べ、ゲージ不変性と光子の質量について疑問を投げかけている、シュウィンガーによる一九六二年の論文を読んだ誰かが、新たな路線で研究していないかを調べた[4]。

ヒッグスは七月末、自分がまったく新しい物事を発見したと確信して、続報論文の原稿を《フィジックス・レターズ》誌の編集者に宛てて送った。編集者はCERNで理論物理学グループに属しており、ヒッグスの新論文についてメンバーの意見を仰いだ。だが、ヒッグスが成し遂げたことの要点を誰も見て取れず、編集者は原稿を却下した。

彼の第一論文は本質的には数学論文で、従来受け入れられていた定理を避けて通れることを示していた。この議論は明らかに正しく、出版可能だった。続報論文は、第一論文の要点を説明するための物理的な例を挙げていた。当時のヨーロッパ素粒子論界では、強い核力や強い力の粒子に関する理論を「S行列理論」、「レッジェ理論」、「ブートストラップ」といった技法を駆使して構築する試みに注目が集まっていた。CERNの科学者を典型とする大勢の目から見て、ヒッグスの第一論文の数学的証明は興味を引くものだったが、それが関連している理論物理学分野は強い核相互作用という現象とほぼ関係なさそうだったうえ、第一論文で一言も触れられていないような事柄は新論文になかった。ヨーロッパで場の量子論は流行《はや》らなくなっていた。

ヒッグスは、アメリカの理論家のほうが場の量子論に注目しており、アメリカの《フィジカル・レビュー・レターズ》誌がこの分野の論文を相変わらず掲載していることを知っていた。また、元の草稿には「売り口上が欠けている」と判断して二段落を加え、次々と発見されていた強い相互作用をする粒子に対称性の自発的破れを適用することについて触れた。今となってはいわば強い相互作用委員会の面々をうなずかせるものにしか見えないこの二段落は、この論文の本質に付随する話であり、その内容は式4に続く段落で終わっていた元の草稿にすべて盛り込まれている。運命を決したのは、修正版には質量を持つボゾンを記述した式2bが含まれていることなのだが、彼はとりたててこの式に注目させようとはしていない。

「[ヒッグスの名を]世に知らしめた」彼の人生の「三週間」は、彼が「あの理論の実践的な帰結」を追加していなかったならもっと短かったことだろう。「わたしは[一]週間かけて[ヒッグス]ボゾンを盛り込みました」。一方、ほかの科学者と一線を画すことに貢献した部分をヒッグスが盛り込むことにしたのは、第二論文が最初は却下されたからだった。ヒッグスによるあのボゾンの追加は、概念から誕生までが、第一論文から第二論文の修正までのあいだになされていた。彼はこう振り返っている。「かかった労力はかなり少なく、あれに端を発する成り行きには本当に驚かされます[5]」

《フィジカル・レビュー・レターズ》誌の編集者は、あの論文を南部による査読に回した。南部は掲載を勧めた一方で、ヒッグスにブラウトとアングレアの論文に触れるよう促した。同誌の編集者を除くと、当時の南部は彼らの論文に目を通していたただ一人の科学者だった。ヒッグスが二人の論文をようやく手に入れたのは九月の下旬である。

ブラウトとアングレア、そしてヒッグスは、望ましからぬ質量ゼロのゴールドストーンボゾンを排除し、その過程で光子に質量を与える方法を独立に発見していた。そして、ヒッグスが自身の研究についての講演で一〇月にインペリアルカレッジを訪れてみると、もう三人が似たような結論に至っていた。

## グラルニク、ヘイゲン、キッブル

一九六四年、二八歳のジェラルド・グラルニクは、ウォルター・ギルバートのもとで博士号を取った理論物理学のポスドクで、アメリカ人の同僚カール・ヘイゲンとともに、ロンドン大学インペリアルカレッジで同大教授のトム・キッブルと研究に取り組んでいた。キッブルの興味の幅は広かったが、専門は場の量子論だった。キッブルにとってこれは刺激的なテーマで、彼はこの分野の抱える問題を、避けるべき障害ではなく解決すべき課題と捉えていた。英語版のウィキペディアには、三人は「ヒッグス機構とヒッグスボゾンを共同で発見」しており、ノーベル賞の受賞者に含められなかったことが「物議を醸した」とある。ヒッグス機構については、彼らも独立に発見したことが広く認められているが、三人はヒッグスが画期的発見をなしとげてから二カ月後まで、そしてブラウトとアングレアが論文を仕上げてから三カ月以上経つまで、何も発表していない。それをふまえると、授与はそもそも三人までというノーベル賞の選に漏れたのが物議を醸すことだとはとうてい思えない。質量を持つヒッグスボゾンについては、三人の論文では何も触れられていない[6]。

三人は競争には負けたが、少なくともグラルニクの着手はずいぶん早かったようだ。彼の歩みからは、すべての道がハーバード大学とゴールドストーンとシュウィンガーに通じていたことがわかる。始まりは一九六二年、彼はハーバード大学の学生としてギルバートのもとにおり、そのハーバード大学ではシュウィンガーが場の理論の導師《グル》だった。ゲージ不変性と光子が質量を獲得する可能性についてシュウィンガーが論文を発表したのがこの頃、そして同大の客員研究員だったゴールドストーンがまさにこのテーマについてシュウィンガーと話をしたのもこの頃である。この発想はハーバード大学で広まっていたに違いない。なにしろ、ギルバートは光子とスピンゼロのボゾンが相互作用するような理論について研究し始めて、光子が質量を獲得しうることを発見し、そのことを自分の学生だったグラルニクに話している。

翌一九六三年、グラルニクはインペリアルカレッジに移り、超伝導におけるゴールドストーンの定理の破綻についてキッブルと時間をかけて議論した——この同じ考察からアンダーソンの提唱が生まれていたのだが、当時の二人はアンダーソンの仕事を知らなかった。グラルニクは一九六三年のいつか、ゴールドストーンのモデルに電磁場を加味すると、望ましからぬゴールドストーンボゾンが消え、光子が質量を持てるようになりうることに気がついた。ギルバートがすでに理解していたこととこれがどう違うのかについて、確かな記録が残っていないのだが、とにかくグラルニクは自身の解析に穴があると考えていた。キッブルとの議論が実を結んだのは、ヘイゲンがインペリアルカレッジでグラルニクに合流した一九六四年になってようやくのことだった。

ではあったが、ヒッグスに唐突にひらめきが訪れ、その後数日で論文を書き上げた一九六四年の夏になっても、インペリアルカレッジの三人はまだ暗中模索の状態だったようだ。グラルニクは指導教官だったウォルター・ギルバートを、サマースクールで滞在中のイタリアに訪ねた。ギルバートはそれに先立ってゴールドストーンの定理の回避に関与しており、それをきっかけにヒッグスが成功を収めたわけだが、グラルニクがギルバートを訪ねたのはその関与からまだ数週間ほどしか経っていない頃だった。そんなときにグラルニクを前にしたギルバートが興奮した様子ではなかったことからは、インペリアルカレッジチームの進み具合がその数十年後になされたいくつかの述懐ほどではなかったことがうかがえる。なにしろ、目的地の標識が見えてからの道のりは長くなく、ヒッグスは証明を「四八時間以内に」仕上げている。グラルニクがこの道のりのゴール間近だったなら、立ち止まらずゴールへ突き進めとギルバートはせかしていただろう。ゆくゆく大きな意味を持つことになる論文をヒッグスが書いていた七月末、インペリアルカレッジチームはこの迷宮の出口までの道筋をまだ見通せていなかったに違いない。

イギリスでの郵便のストライキは、ヒッグスにはブラウトとアングレアによる論文の存在を知るのを遅らせるという形で独自の発見を独立になす機会を与えたが、インペリアルカレッジの三人には無慈悲な打撃を与えた。ストライキは七月末に終わったが、未配の郵便物が山と残された。その夏の終わり頃、インペリアルカレッジの理論物理学科にようやく届いた郵便物のなかに、キッブルが「三篇の論文、ロバート・ブラウトとフランソワ・アングレアによる一篇とピーター・ヒッグスによる二篇」を見つけた。それぞれ、ゲージボゾンが質量を持ちうる仕組みを発見していた。(7)

インペリアルカレッジチームによる数学的な議論は、少なくとも彼らに言わせれば、自分たちを出し抜いていた二篇の論文よりも厳密だった。それも一因で「私たちはキッブルが彼らの論文を見つけたときに真剣には取り合いませんでした」とグラルニクがのちに語っている。三人は自分たちのアイデアの概要を書いて《フィジカル・レビュー・レターズ》誌に送り、ニューヨークの編集者はそれを一〇月一二日に受け取った。三人が発送した日とヒッグスが三人の仕事を初めて知った日のどちらが先だったかははっきりしていない。後者である一〇月五日、ヒッグスはインペリアルカレッジを訪問し、自身によるブレークスルーについてセミナーを行なった(8)。

ゴールドストーンの質量ゼロのボゾンを排除し、それによってゲージ場の光子が質量を獲得する仕組み、すなわち「ヒッグス機構」をグラルニク、ヘイゲン、キッブルが独立に発見した、という話はそのとおりだが、彼らの論文には質量を持つ「ヒッグスボゾン」への言及がない。ブラウトとアングレアも、そしてヒッグスもだが、インペリアルカレッジの三人の目標は望ましからぬ質量ゼロのゴールドストーンボゾンを取り除くことだった。三人による数学的な解析は競争相手のそれと比べてある意味厳密だったが、別の意味で欠点があった。三人は不要な要素をいくつか省いていた。そのおかげで目標は達成されたが、思わぬ悪影響があった。のちに言うヒッグスボゾンの重要性がぼやけたのだ。

グラルニク、ヘイゲン、キッブルの論文には、三人をヒッグスボゾンへ導いたかもしれない式が含まれていたが、三人が選んだ数学的な道のりは、そこへ至る道をいつの間にか閉ざしていた。三人が施した変更の結果、式が明らかにしたのは実体の影にとどまった。三人のボゾンは質量ゼロに見えるのだ。自然はいかなる質量ゼロのスカラーボゾンにも居場所を与えておらず、三人はこの粒子を「無害な傍観者でしかなく、その他すべてから乖離している」――実質的に、数学上の虚構であって物理学にとっての重要性はない――として退けていた。ヒッグスボゾンを共同で発見したというい かなる主張もそのせいで無理になった。

## まったくの無反応

当初はほとんど誰も注目しなかった。ブラウトとアングレアの論文が、ヒッグスの論文が、そしてグラルニク、ヘイゲン、キッブルによる追随が、革命の始まりを告げているという兆しはなかった。この革命こそ、原子や分子でできた物質世界に見られる構造の起源を明るみに出し、長い時間をかけた生命進化は太陽がゆっくり燃えるおかげであることを説明するのだが。それどころか、この革命の意味合いがすっかり明らかになるまで半世紀を要することになる。

このブレークスルーの発端は超伝導現象だったが、質量を生む機構は幅広く適用できると六人の理論家はそろって認識していた。超伝導でうまくいくなら、対称と非対称が絶妙なバランスを取っているあらゆる媒体でうまくいくだろう、といわけだ。こうして生まれたのが至る所に広がる場、今で言う「ヒッグス場」という発想で、そこでは光子のような粒子が質量を獲得できる。一九六四年当時、この場は理論的な可能性でしかなかった。なにしろ、現実の光子は質量ゼロなのだ。というか、少なくとも私たちの経験の大半では質量ゼロだが、プラズマ内での光子の振る舞いや超伝導が示しているとおり、必ずというわけではない。

ここで、私たちが、そして万物が、至る所に広がるエーテルのようなものに浸っているとしよう。このエーテルは光子にとっては透明だが、その他すべての基本粒子にとっては不透明で、不安定な対称をより安定な非対称に変える。光子にとっては透明なので、光を束ねても普通の経験ではやはり質量ゼロで、一九世紀に光のビームを使って行なわれたエーテル検出の試みは失敗した。だが、ほかの基本粒子はこの場のなかを流れる際に場から作用を受け、私たちが質量と呼ぶ性質を獲得する。[9]

これは魅力的な数学理論だったが、それだけのもの、あくまで理論だった。そしてあの六人のなかでヒッグスだけが、実験による検証が可能な帰結に関心を向けた。それが質量を持つ粒子――ヒッグスボゾン――の存在であり、それを用いると、至る所に広がるこの場の実在を確かめられる。ヒッグスを舞台中央に押し出したのがこの洞察だ。

ヒッグスボゾンにつながった発想は、すっかりおなじみのあるものに似ている。電磁波としての光の性質だ。方位磁針の針は、地球の磁場の存在を感じて、北磁極のほうを指す。この場に、たとえば熱という形でエネルギーを加えると、大量の光子――質量ゼロの光の粒子――からなる電磁波を生み出せる。たとえば電波や太陽光がそうだ。同じ発想がヒッグス場に当てはまり、エネルギーを加えると、光子に相当するものとしてヒッグスボゾンが生じる。

ヒッグス場は至る所に広がっている。照明とは違って、スイッチを切ることはできない。類推として、空間をどこまでも深く穏やかな湖だと想像してみよう。湖面があまりに滑らかで、私たちは日常生活でその存在に気づかない。だが、エネルギーを与えると波が立つ。現実の宇宙では、ヒッグスボゾンを伝えるこのさざ波こそ、至る所に広がるその深遠な何かの、すなわちヒッグス場の明らかな兆候なのだ。

六人衆によるこの大発見への反応は、鈍く消極的だった。ヒッグスはこう振り返っている。「私は自分の一九六四年の研究についてケンブリッジ大学で二回話をしました。初回はほんの数カ月後の一九六四年秋だったか、あるいは一九六五年の年明けでしたが、聴衆はあの手の『ナンセンス』を信じず、まったく注目しませんでした」。だが一九六六年になると、ケンブリッジ大学のグループはヒッグスが何かに気づいていたことを察知し、「また私を呼んで同じ話をさせました」。ケンブリッジ大学での最初のセミナーで、ヒッグスは少々気まずい思いをした。講義室に少しばかり遅れて入ってきて、グループの面々とは離れて後方に座ったのが、ジェフリー・ゴールドストーンだと気づいたのだ。ヒッグスは主催者にこう言った。「この話をさせるのに皆さんがどうして私を呼んだのか、わかりかねます。この話についてはジェフリー・ゴールドストーンのほうが私よりもはるかに詳しいし、彼は以前からケンブリッジにいるじゃないですか[10]」

皮肉なことに、あれは本来なら決してヒッグスのボゾンではなかった。ギンツブルクとランダウが、次いでゴールドストーンが、そして今度はヒッグスが用いた不安定な対称のモデルを思い出していただきたい。このモデルでは、ポテンシャルエネルギーの変化がワインボトルの底ないしメキシカンハットのような――中央の盛り上がりの周りを円形の谷が囲む――形をなす、作用を及ぼす場の存在を想定していた。ジェフリー・ゴールドストーンはこのイメージを一九六一年に用い、それをワインボトルの現物と同じようなリアルな構造物として想像することで、中央の盛り上がりの頂点における不安定な平衡状態からボールが転がり落ちたあとに起こりうる二とおりの動きを指摘した。可能な成り行きの一つは、ボールが谷底に沿って回ること、もう一つは谷の壁を半径方向に上下に振動することだ。このイメージを場の量子論の言葉に訳し戻すと、一つ目の例は質量ゼロのボゾン――いわゆるゴールドストーンボゾン――の存在に、もう一つは質量を持つボゾンに対応しており、私はこちらをゴールドストーンのもう一つのボゾンと呼びたい。このもう一つのボゾンが、今ではヒッグスの名が冠せられているほうだ――一一六ページの図5・2を思い出してみよう。

誰もが注目したのは一つ目のほう、ゴールドストーンの質量ゼロのボゾンだった。数式はこれを要請していたが、自然はそのことに関知していなさそうだった。この質量ゼロのボゾンは、対称性の自発的破れに関するこのモデルの望ましからぬ帰結に見えた。少なくともそこへヒッグスをはじめとする六人衆が、作用が遠くまで及ぶ電磁場のような場が存在するなかではこのモードが変わることを示した。また、彼らはこの変化による深遠な帰結として、作用が遠くまで及ぶ場の伝達粒子である光子が質量を獲得することも発見した。

六人衆はゴールドストーンの質量ゼロのボゾンというパラドックスを解決する手だてを見つけ、その過程で質量を生み出す素晴らしい機構を見つけていた。このことに疑いの余地はない。この数学プロセスにおいて、ゴールドストーンのもう一つのボゾン——質量を持つほう——は直接的な役割を何も演じていなかった。ヒッグスだけが、それがこの機構の物理的実在を確かめる鍵となりうることを示していた。

どれほどエレガントな数学理論であっても、自然がそのとおりに振る舞っていないなら、その価値は限定される。これは科学の公理だ。ヒッグスが実質的に問うたのは、あれは巧みな計算にすぎないのか、それとも自然は本当にあのような仕組みになっているのかだ。電磁場の存在には疑いの余地がないとして、ほかにもその存在が真空を安定させるようなエネルギー場が本当に存在するのか？　ヒッグスは、そのような場があるなら、質量を持つボゾンがその使者だと理解していた。

ここでヒッグスは第三論文の準備に取りかかった。その目的は、彼の理論の数学的な一貫性を立証することだった。[11] ヒッグスはこの論文で図らずも、彼の言う「質量を持つスピンゼロのボゾン」の存在を立証する方法と、この質量機構が確かに自然現象であって単なる数学的興味の対象ではないと確かめる方法を示すことになる。

# 第七章　あるボゾンの誕生

ロンドン暮らしをしていた一九五〇年代、ヒッグスは一般相対論に、そして首尾一貫した重力の量子論を構築する試みに興味を持った。この試みは非常に専門的で難解だった。ある程度は今でもそうで、素粒子物理学のほかの分野と比べて進展のペースがきわめて遅い。彼はそれまで場の量子論について三篇の論文を書いていたが、どれもほぼ無視され、ある論文の引用件数は三件、もう一篇は一件、残りの一篇に至ってはゼロだった。(1) 一九五八年、彼は一般相対論に目を転じて論文を二篇書き、それらはこの非常に専門的で今なお比較的狭い分野においていくらか関心を引いた。このとき経験したことのなかで、理論物理学者としてのヒッグスの成長に大きく貢献したのが、一般相対論におけるゲージ対称性という扱いの難しいテーマに触れたことだ。おかげで、ゲージ対称性や対称性全般への関心が強まって直感が研ぎ澄まされた。

量子重力という研究分野を当時リードしていた一人がブライス・ドウィットだ。ドウィットは背が高くて細身のアメリカ人理論家で、ヨーロッパで反ユダヤ主義を経験してから、父方のセリグマンではなく母方のドウィットを名乗っていた。一九五七年、彼はノースカロライナ大学チャペルヒル校（UNC）の教授となり、「場の物理学研究所」というたいそうな名称の組織を率いることになった。

ヒッグスは一時期、一般相対論に関する論文の査読を担当しており、それがきっかけでドウィットに同志として知られるようになった。ドウィットは、重力の量子論を構築するうえで満たす必要のある制約を取り上げたヒッグスの論文に注目していた。このテーマではポール・ディラックが基本論文を二篇書いており、ヒッグスはその代替アプローチを思いついたのだった。ヒッグスは自分の難解な数式を大して実のないものと見なしていたが、ドウィットの思いやりのある発言のとおり、「どれほど自明な物事も一度は言及されねばならない」[2]。そのドウィットが一九六三年、チャペルヒルに客員として翌学年度の一九六四年九月から一九六五年の夏まで来ないかとヒッグスを誘った。この招待は延期された。ヒッグスが大発見を成し遂げたのはそのあとのことだ。当時の彼はゲージ不変性に関する文献を読み込んでおり、それについてドウィットの研究所の面々と議論できるという話は魅力的だった。だが、ヒッグスは急に放り出すわけにはいかない仕事をエディンバラ大学でいくつも抱えていた。幸い、ドウィットは快くヒッグスの希望を受け入れ、期間を一年後の一九六五年九月七日月曜日からに変更した。

同年の初めまでに、ヒッグスは質量機構に関するショートペーパーを二篇書いていた。物理学界はこれらにまったくの無反応だったとヒッグスは言うが、それは正確ではない。反応はあった――まったくの懐疑だったが。「一九六四年に発表した短信は疑念で迎えられました。たとえば、ウォルター・ギルバートから手紙が来ました。彼は素粒子物理学における対称性の自発的破れへの扉を閉ざすことを意味する論文を書いた一人でしたが、その彼が、私はどこかで間違いを犯しているに違いないと言ってきました」[3]

ヒッグスは自分の論文をチェックし、ギルバートの手紙に間違いを見つけ、胸をなで下ろした。その数週間後にはインペリアルカレッジの三人――トム・キッブル、ジェラルド・グラルニク、カール・ヘイゲン――が、質量を生み出すヒッグスの機構を独立に編みだしていた。彼らはまた、ヒッグスの論文にちょっとした誤りがあることも明らかにしていた。ある量が時間とは独立だと誤って想定していた箇所があったのだ。だが幸い、ゴールドストーンの定理に関するヒッグスの議論はその想定には依存していなかった。ではあったが、彼のモデルがゲージ不変性とローレンツ共変性に関するすべての要請を満たしている――言い換えると、その意味合いはあらゆる観測者にとって同じとなり、観測者の相対的な運動によらない――と誰もが納得したわけではなかった。満たしていることの証明は技術的に難しいのだが、ヒッグスは自分の必要とするツールをイタリアの理論家ブルーノ・ズミーノの論文に見いだしていた。[4] 一九六一年にゲージ不変性をテーマに論文を書いていた自分の学生ジャック・スミスが読んでいたものだ。ヒッグスは、ズミーノの議論は拡張でき、それによって自分のモデルが理論的に正しいことを証明できると確信していた。

ヒッグスはこの論理を発展させ、うまくいったらその証明を長篇論文に仕立てることにした。だがすぐには着手しなかった。一九六五年の前半は講義をいくつも持っていたからだ。彼とジョディーが同年八月にアメリカへ旅立ったとき、その下書きはヒッグスの頭の中でできていたが、ノースカロライナに落ち着くまで書き始めなかった。「ドウィットは私が量子重力に取り組むと思っていましたが、実際にはそうではありませんでした。[一九六五年の] 私ははるかに重要となるものを手にしていました」[5]

## 一九六六年：ノースカロライナ

一九六三年九月に三四歳で結婚し、一九六四年の春に肝炎を患っていたピーター・ヒッグスは、子どもがほしいと思っており、第一子を「NHSの世話になって」スコットランドで生んでからアメリカに渡りたいと考えていた。(6)「あいにく、私たちは考えが甘く、望みどおりにはなりませんでした」。息子のクリストファーの妊娠は一カ月遅すぎ、予定日は一〇月初めだった。それに対し、ヒッグスは九月の第一月曜日にはチャペルヒルにいなければならなかった――皮肉なことに、アメリカでその日は労働者の日《レイバー・デー》と呼ばれる祝日だった〔英語のlaborには「陣痛」の意味もある〕。当時の航空約款では、予定日まで六週間未満の妊婦はアメリカ行きの便に搭乗できなかった。ジョディーの場合は、ノースカロライナにいるべき日からひと月近く前の八月半ばまでに移動する必要があった。

彼女とピーターはぎりぎりの日に大西洋を越えてニューヨークに渡った。そしてリラックスして体を慣らそうとそこで二泊したが、蒸し暑い夏真っ盛りの東海岸は身重の女性にとって快適とはいかなかった。二人はニューヨークからシカゴのオヘア空港へ飛び、そこでジョディーの両親の出迎えを受け、シカゴから二四〇キロほど南のイリノイ州アーバナの実家へ車で移動した。

ヒッグスにとっては、これが初の渡米だった。また、ジョディーの親族に会うのも初めてだった。義理の親戚たちは信仰にあつく、それが無神論者のヒッグスにとって微妙な問題を生んだ。日曜になると、ウィリアムソン一族は身支度をそれなりに整えて教会へ行くというのだ。それがピーターのお披露目にもなることから、父親はピーターがいなかったなら自分は立場上いろいろ面倒なことになると説明した。ヒッグスは一族の平穏のために自分の主義主張を棚上げにすることにした。

偶然にも、ウィリアムソン家は隣の通りに面した物理学者デイヴィッド・ジャクソンの家とほぼ背中合わせだった。一九六〇年のスコットランド諸大学サマースクールのときからヒッグスを知っているジャクソンは、ある晩、彼とジョディーのためのパーティーを開いた。集まった大勢のなかにジョン・バーディーンもいた。南部陽一郎にひらめきを与え、それがヒッグスにひらめきを与えた、超伝導の説明の考案者であるBCSトリオのBだ。このときのヒッグスとバーディーンは、せいぜいあたりさわりのない会話をつかの間交わしただけだった。一方、ヒッグスの義理の父親は、ヒッグスを大学の誰かにぜひとも紹介しようと、ヒッグスの研究と何かしら関連のある仕事をしている研究者が誰かいないかと尋ねた。このときのことをヒッグスはこう振り返っている。「私はよく考えもせず、素粒子物理学で私が取り組んでいる理論は、突き詰めればバーディーンらによる超伝導に関する理論のモデルに端を発している、と答えました。すると義父はすぐさまゴルフ仲間だった理学部長に連絡して昼食の手はずを整え、私はジョン・バーディーンと長々と話をしました。あの偉大な研究者のことは大いに尊敬していましたので、少々恐縮したものです[7]」

ヒッグスは九月の頭からノースカロライナにいる必要があったので、身重の妻を彼女の実家に残し、一三〇〇キロ近く離れたチャペルヒルへ車で向かった。ヒッグスはこの二日がかりの旅でアメリカの一面を目にした。旅の前半で工業化の進んでいた比較的平らなインディアナ州とオハイオ州を走ったあと、一〇〇〇メートルほど登って、州全体がアパラチア山脈に抱かれている美しく素朴なウエストバージニアを抜けた。

この旅では、アメリカの裕福な白人と貧しい黒人労働者とのあいだの生活環境の大きな開きにも触れた。一九六五年のイギリスでは、アメリカでの人種差別や政治的緊張が知られており、ケネディ大統領の暗殺がまだ記憶に新しく、市民権運動がニュースで注目されていた。それでもやはり、アメリカ航空宇宙局（ＮＡＳＡ）の〝為せば成る〟精神やハリウッドによって吹き込まれていた、〝アメリカはイギリスに比べれば間違いなく豊かな国〟という認識が普通だった。だが現実問題として、アメリカでは貧困がはびこっていたし、イギリスのＮＨＳの類いはなかった。アメリカの貧困層は、もっと裕福な人には当たり前だった専門的な医療機関にはかかれずにいた。ウエストバージニアを走っているあいだに、ヒッグスは底辺層の生活環境を初めて目にした。こうした経験がノースカロライナで暮らすうちにさらに深まり、彼の政治的な見方を強化していった。

ニューヨークに上陸し、イリノイで二週間を過ごし、中西部の産業地帯を車で走り抜けた末にチャペルヒルにたどり着いたヒッグスは、自分が「ノースカロライナの森の中」にいるように感じた。チャペルヒルという名の由来は、小さな入植地の中心にある丘《ヒル》の上の十字路近くにアメリカの独立後まもなく立てられた礼拝堂《チャペル》だ。一七八九年、ＮＣＵが建学された――アメリカで最初の州立大学だ(8)。それから二世紀以上になる現在、赤れんが造りの優美なジョージ王朝風の建物や木造の家々が当時を偲ばせている。

ヒッグスは、目抜き通りのフランクリン・ストリートと平行に走るイースト・ローズマリー・ストリートに面した集合住宅を見つけた。いかにもアメリカらしい木造二階の戸建てが、各階一戸に改築された家だった。ヒッグスの一家は周囲の庭に出入りできる一階に入った。二階には学生が何人かで住んでいた。

彼にとって忘れがたい記憶の一つが、引っ越した頃の当地の気候だ。「気温は八九度ほど〔摂氏で三二度近く〕、湿度は八九パーセントで、エディンバラに慣れていた身に快適とは言えませんでした」。日中の暮らしは、当時のイギリスではほとんど知られていなかった文明の利器、エアコンのおかげでしのげた。比較的涼しい夕方は快適で、昔から散歩好きだったヒッグスは近所を歩きまわった。チャペルヒルという街の構造は大学地区とダウンタウンというシンプルなままで、ダウンタウンを平行に走る二本の通り――フランクリンとイースト・ローズマリー――がそれらと交差する数本の通りで結ばれていた。彼はほどなく、チャペルヒルでの散歩が少なくとも一九六五年には「アメリカ的ではない活動」だと知った。ある日、彼はフランクリン・ストリートを西へとぶらついた。市境の辺りには見事な邸宅が何軒か建っていた。その先へと進んでいるとパトカーが路肩に止まり、なぜこの辺りを歩いているのかと聞かれた。ヒッグスの記憶によれば、「彼らは私のイギリスなまりを耳にして、私をいかれた外国人だと思ったらしく」、彼をそのまま行かせた。もう一キロ弱歩くうち、気がつくと手入れの行き届いた庭を持つ邸宅はすっかりなくなり、アメリカ黒人の住む、一部屋しかない粗末なあばら家が立ち並ぶ別世界にいた。

九月二四日、彼が物理学科の図書館で仕事をしていると、電話が鳴った。息子のクリストファーが一週間早く、ジョディーが生まれたのと同じ病院で彼女の二九年後に生を受けたのだ。ピーターはまた二日かけてイリノイへ戻った。ジョディーが旅行できる体調になるとすぐ、彼は二人を乗せてノースカロライナへ車を走らせた。今度はカンバーランド・ギャップを通った。〔初期の入植者によるアパラチア山脈越えルートの一つ〕

ヒッグスによる中西部とノースカロライナの往復は合計五〇〇〇キロ近くにまでなっていた。一家がチャペルヒルに落ち着くと、彼は長篇論文の執筆に取りかかった。クリスマスまでに書き終えることを目指し、昼間は大学で、夜は家で書いた。

周囲の森の木々が色を変え始める秋は壮観だった。一年のこの時期、エディンバラの木々は茶色がかった黄色に変わったのに対し、アメリカの東部では、明るめの緑色から鮮やかなオレンジ、赤、深い栗色へと、さまざまに色づいた。一家は同州西部のスモーキー山脈のほうまで遠出し、赤褐色の紅葉に染まった山肌に息をのんだ。

社会生活の範囲は、チャペルヒルの物理学科だけにはとどまらなかった。自由社会主義者としての気質が頭をもたげたヒッグス夫妻は、その前年に地元のカフェやレストランでの人種差別を撤廃させたなかの何人かと接触した。二人は、一九六〇年代のアメリカ暮らしの表面下にあった人種的および政治的な緊張を感じ取りだした。UNCでは、赤狩りの時代に黙秘権を行使した者は誰もがキャンパスでの発言を禁止されていた。南北戦争後、ノースカロライナでは南部の州としては珍しく、黒人の中流階級が成長して非常に大きくなっていた。アメリカ黒人に見られたこの進歩が、南部の労働者階級の白人のあいだで反動を引き起こした。ヒッグスは、田舎で見かけた謎の「銃クラブ」が白人至上主義者クー・クラックス・クラン（ＫＫＫ）の隠れ蓑であること、そしてノースカロライナのＫＫＫ組織はどの州よりも構成員が多いことを知った。ヒッグスが語っていたとおり、「蓋を開けてみると、

［一九六五年の］あそこは快適なところではありませんでした」

## あるボゾンのＤＮＡ

論文の執筆はヒッグスの予想よりも難航した。[9] 数学的に複雑だったからなのだが、その一因はゲージ不変性の問題、実質的には計算に数学の言葉として何を使うかの問題だった。彼は計算にクーロンゲージを使うことにしていた。それが無難だとわかっていたからだ。[10] だが、そのせいでひと苦労した。自分の主張をクーロンゲージが第一言語ではない読者が満足するように示す必要があったからだ。

ゲージ不変性のおかげで、彼の帰結は何語で書いても真となるはずだったが、クーロンゲージでの計算は大変そうだった。彼がこの線で進めることにしたのには、それなりの理由があった。「そうしたかったのは、さまざまなゲージすべての仕組みをすっかり理解していたわけではなかったからです。まだ勉強中でしたから。あの論文では幸運に恵まれました。というのも、話の流れで、『欠けている粒子』［ヒッグスボゾン］がほかのさまざまな基本粒子と、それらの質量との比でどのように相互作用するか、という予想を書いていたのです。あれは思わぬ、そして非常に大きな成果でした」

ヒッグスがここで言及したのは、彼の論文にしかない内容のことだ。それが彼の仕事とほかとの違いであり、いわゆるヒッグスボゾンにつながるのである。何かと言うと、彼はとっぴなことを想定していた。物質が何も存在していない場合に真空の持つエネルギーは、そこに場が存在する場合よりも大きい、と仮定していたのである。何か（場）を無（真空）に追加すると総エネルギーが減る、とは信じがたい発想だが、それが数々の魅力的な帰結を導くのだ。彼は場の構成要素や起源については何も想定しなかった。彼の理論に必要だったのは、場が粒子に作用することだけだった。一九六四年にヒッグスが、そしてブラウトとアングレアも指摘していたとおり、場が光子に質量を与えうるのである。ヒッグスが一九六六年の論文に載せた方程式は、この場が、電子のような物質の基本構成要素に、そして（現代の理解では）中性子や陽子の基本単位であるクォークにも、質量を与えられることを明らかにしていた。

彼の論文で最も重要なのが、数式が場自体について何かを語っていると示している部分だ。適切な条件下では場が泡立ち、電磁場での光子に対応する放射粒子が生まれうる。これが今の私たちがヒッグスボゾンと呼んでいるものである。

光子とヒッグスボゾンの大きな違いのひとつは、光子には質量がないので作るのが簡単なことだ――懐中電灯の電池一個で十分である。一方のヒッグスボゾンは、今ではわかっているとおり非常に重く、その重さは鉄原子をもしのいでいる。このバケモノを真空から生み出すには、ビッグバンの最初の瞬間以来最大という大量のエネルギーを集中させる必要がある。これは技術的に非常に難しく、理論が定式化されてから少なくとも四〇年は手が出なかったが、ヒッグスボゾンの背後にある発想のほうは物理学界の関心を徐々に集めていった。なにしろ、ヒッグスボゾンの証拠を見つければ、この概念をまるごと証明できるのだ。

ここから重要な問いが二つ生まれた。ヒッグスボゾンはどうしたら作れるか？　そして、作れたとして、それが偽物ではなく本物だとどうしたら確認できるか？　ヒッグスは、ボゾンの作り方については何も言っていない。彼が――質量機構を考案した理論家六人中ただ一人――やったのが、あのボゾンの存在を予想したこと、そしてその特定手段を提示したことだ。のちにこのボゾンに彼の名が冠されたのはこのおかげである。ヒッグスの得たきわめて重要な新たな知見とは、彼の方程式によると、ヒッグスボゾンがさまざまな種類の粒子に崩壊する相対確率が、何より粒子の質量の二乗の大きさに依存することだ。[11]これは素粒子や核の放射能の量子物理学において、そして原子物理学においても、一般的な経験に反している。ヒッグスは実質的に、質量を持つあのボゾンの重要な特徴と、それをもとにあのボゾンを特定してこの理論全体を立証する独自の方法を見つけていたのである。

皮肉なことに、これは当初目論んでいたことではなく、ヒッグスは運よくそれを成し遂げておきながら、その事実に気づきそこねていた。どういうことか説明しよう。

ヒッグスが目指していたのは、自説の数学的な一貫性の立証だった。そのために彼はブルーノ・ズミーノが考案していたツールを用いた。ヒッグスに言わせれば、ズミーノは「ノーベル賞に値します。彼は［ゲージ不変性を］本当にうまく整理しており、私は彼の仕事の恩恵を大いに受けたからです」[12]。それを活かした「洗練された」数学的証明はヒッグスの論文の極致と言える。だが彼はそれに先立ち、本人いわく「いくつか［シンプルな］計算を行なう、難しいところのない技法」を使ってモデルの一貫性を証明している。[13]そこでは、質量を持つあのボゾンとほかの粒子との相互作用、さらには自身との相互作用を明らかにしていた。あのボゾンはそれよりも軽い既知の粒子に崩壊すると予想され、ヒッグスはこの崩壊で「ベクトルボゾン」――（まだ仮想だった）WボゾンやZボゾンのような、質量を持つ光子の類い――のペアが生成される確率を計算した。その結果は、ヒッグスボゾンの崩壊がその際に生成される粒子の質量に異常なほど依存しているはずだと初めて示していた。

ヒッグスはこの計算をもって、数式を理論的な可能性から実験で検証できる可能性へと昇華させていた。だがなんと、彼はその重要性に気づいていなかった。それどころか、半世紀近くあとに、とあるコロキウムでそうと言及されるのを耳にするまで、気づかなかった。「ヒッグスボゾンを探す方法を、崩壊モードの振幅は生成される粒子の質量に比例する、と言って実はこの私が示していたことを、［二〇一二年の］発見から間もない頃にようやく理解しました。私はそのことにまったく気づいていませんでした(14)」

気づいていなかったが、幸運だった。というのも、いくつかの計算に用いたあの「難しいところのない技法」を含めたおかげで、ヒッグスはやり方を示していたからだ。ヒッグスボゾンを大量に作ること、そして崩壊してできる粒子の統計調査をもとにヒッグスボゾンのＤＮＡを鑑定することが、ヒッグスの人生の行路を、そして世界中の何千人という科学者や技術者の針路を定めていくのだ。

ヒッグスは論文をクリスマス直前に書き終え、ニューヨークの《フィジカル・レビュー》誌の編集者に宛てて送り、論文は一二月二七日に届いた。そのあと査読を経て、編集部で承認されてから出版されるので、一九六六年の五月末まで一般に公開されない。当時の慣例では、正式に発表されるまでのあいだに昔ながらのプレプリント――タイプ原稿の謄写版刷りに式を手書きしたもの――が、研究所の回覧リストに載っている科学者宛てに著者から送られていた。ブライス・ドウィットが率いていたＵＮＣの「場の物理学研究所」は、たいそうな名称だったが物理科棟の廊下一本を占めるだけの小グループだったので、ヒッグスの論文はドウィットの郵送先名簿に載っていた科学者に宛てて同時期のほかのプレプリントと一緒に送られた。名簿に載っていたのは、重力に興味を持っていそうだとドウィットが思っていた研究者だった。その一人が、ニュージャージー州プリンストンにある高等研究所のフリーマン・ダイソンだった。

ダイソンは因習打破主義のイギリス人数学者で、一九四七年には、QEDが電磁場についての説明として、そして電磁場と物質との相互作用についての説明として有効であることの証明に重要な役割を果たしていた。ヒッグスの論文が出た頃、ダイソンは高等研究所に在籍してもう二〇年になっており、最終的には二〇二〇年に九六歳で他界するまで生涯をそこで過ごした。ダイソンはそのキャリアを通じて、当代きっての思索家としてのみならず、並外れた科学ライターとしての評判も高かった。プリンストンで物理学に携わっていた七〇年のあいだに、ダイソンと面会して影響を受けたことのない著名な理論物理学者は一人としていなかった。良い科学かどうかについての彼の判断は広く重んじられていたところへ、ヒッグスがダイソンから年明けに受け取った手紙には、論文を楽しく読ませてもらい、「おかげで長いこと頭を悩ませていたいくつかの物事が理解できた」とあり、それはヒッグスにとって自分の仕事は意味のあるものだという初めての確証となった[15]。

ダイソンからの手紙には、プリンストンに来てあの論文について講演しないかという招待も添えられていた。ヒッグスは春になったら行くことを約束した。東海岸への長旅を冬に妻と赤ちゃん連れではしたくなかったからだった。あとから思えば賢明な判断だった。一九六六年の冬は悪名をとどろかすことになるからだ。

ノースカロライナの天候に、あの冬に起こったことの兆しは何も見られていなかった。当地の冬は

「エディンバラの過ごしやすい夏の日のように」たいてい快適で、冬の気温は二〇℃前後が普通だったのだが、一九六六年は例外で、エディンバラの冬のほうがましかもしれないほどだった。年明け早々、ヒッグスは親しくなっていた同僚のハインズ・ペイゲルスとニューヨークへ飛び、毎年一月に開かれていた米国物理学会の大会に参加した。ヒッグスはアメリカを代表する物理学者の何人かを初めて目にしたが、何より記憶に残ったのがアメリカ東部を襲った猛吹雪だった。一月の二九日から三一日にかけて、ニューヨーク州の北部では二メートルを超える積雪があり、秒速二七メートルを超える風が吹き荒れた。

ニューヨークの天気はそこまで極端ではなかったが、空港はそろって閉鎖され、ヒッグスとペイゲルスは足止めを食らった。ペイゲルスの母親がニューヨークから南へ一六〇キロほどのフィラデルフィア郊外に住んでいた。帰る方向ではあったので、二人は列車でフィラデルフィアへ向かった。駅に降り立ってみると、ホームの屋根なし部分は胸の高さまで雪に埋まっていた。二人はローカル線に乗り換えて郊外へ出て、ペイゲルスの母親の家に二泊した。そして天気が回復してから列車でワシントンDCへ行き、チャペルヒルから東へ五〇キロほどのローリーへ飛んだのだった。

一九六六年の猛吹雪は、はるか南のジョージア州さえ襲い、あの手の嵐に不向きな木造あばら家暮らしだった大勢のアメリカ黒人の命を奪った。彼らはあの異常気象のなかで何とか暖を取ろうと、木材はもちろん燃えるものを何でも燃やしたのだが、そのせいで木造家屋の多くで火が燃え移って住人を焼死させたのだった。

## 「君はきっと何かを間違えている」

ヒッグスはダイソンの招きを受け、ニューヨークから八〇キロほどのプリンストンへ、冬真っ盛りが過ぎたら早々に出向くことに同意していた。講演は三月一四日月曜日の午後に予定され、彼は週末にジョディーとクリストファーを乗せて車を走らせた。また、プリンストンから車でさらに半日ほどのボストン近郊にあるハーバード大学からも講演に招かれていた。

理論物理学者にとって、自分の仕事について高等研究所の所員の前で発表するよう依頼されることは、ピアニストがカーネギーホールで協奏曲を演奏するソリストとして招かれるようなことに当たる。研究所の住所――アインシュタイン・ドライブ一番地――は、知の探求の世界における同所の位置付けの現れと言えよう。設立は一九三〇年で、そのミッションは「知識のための知識の探求」だ。教えたり面倒を見たりしなければならない学生はおらず、研究者は自分の目標の追究に専念できる。この究極の研究所は一世紀近くにわたって世界屈指の思索家たちを惹きつけており、在籍経験者にはアルベルト・アインシュタイン、数学者のクルト・ゲーデル、博学なジョン・フォン・ノイマンらが名を連ねる。理論物理学や数学や哲学の第一人者に、そのキャリアのどこかで同所での在籍ないし講演の経験がない者はまずいない。一九六六年に所長を務めていたのは、マンハッタン計画を率いていた物理学者J・ロバート・オッペンハイマーだった。

ヒッグスが訪れた頃のオッペンハイマーは重い病で欠勤していたが、それでもなおヒッグスは手ごわい吟味にさらされる覚悟でいた。初舞台の俳優よろしく、彼は緊張した。ヒッグスにとって、高等研究所は「伝説の地でした。アインシュタインとゆかりがありますから。フリーウェイでプリンストンの案内標識を見たときは、体が震えたので路肩に止まりましたよ」(16)

ヒッグスの講演はお茶の時間直後の午後遅くに予定され、お茶の時間の前には伝統のショットガンセミナーが行なわれた。同所の科学者には、学生を教える義務こそなかったものの、同僚を満足させる水準の維持という大きな圧力がかかっていた。毎週のショットガンセミナーでは、指名されたらその場で同僚相手に専門的なセミナーをすることになっており、誰もがその用意をしていなければならなかった。全員の名前を帽子に入れ、名前を引かれた人が話をすることになっていた。

ヒッグスが訪れた日の不運な「当たり」くじにその名が書かれていたのはフリーマン・ダイソンだった。ダイソンがヒッグスの論文を読んでその重要性をすぐさま認めたからこそヒッグスが招かれたことを思うと、その週の催しでヒッグスに先立つ講演者がダイソンというのはふさわしいことだったのかもしれない。

ダイソンは、特筆すべき才能を持った理論家であったばかりか、書き手や話し手として人を楽しませるのもうまかった。そんなダイソンにしても、確率的に言っていつか自分が指名されることをふまえて話を用意していたに決まっているのだが、ヒッグスから見ると彼は神業のような即興で、なぜ物質はまとまって存在しているのかという疑問を取り上げた。ダイソンが検討したのは、原子や分子を形成している基本粒子がどれも、微調整された力でまとまっていることだ。水を室温で液体にしている原子が、沸騰させると水を蒸気にし、極寒の冬の冷気のなかでは固体にする。よく知られた振る舞いだが、相転移の物理的な原理とダイナミクスは複雑だ。相転移の物理は理論物理学でほどなくホットな研究分野となり、ヒッグスの旧友マイケル・フィッシャーがその一翼を担っていく。ダイソンの話はこの問題の多面的な概観だった。聴衆が拍手喝采して、そろってお茶を飲みに出ると、ヒッグスは自分の講演に備えた。その内容は言ってみれば、ダイソンの話に出てきた粒子がどのように質量を獲得して、ダイソンをかくも刺激していた構造をなすチャンスを持つのかについてだった。

ヒッグスは自分の講演の直前に、一九六〇年のスコットランド諸大学サマースクールで面識のあったドイツ人物理学者クラウス・ヘップから、ある発表間近の論文で三人の著名な科学者がヒッグスの理論に欠陥があると主張していると聞かされ、緊張をいっそう強めた。「君はきっと何かを間違えている」というヘップからの「激励」が耳に残るなか、ヒッグスは講堂に入った。

ヒッグスは自分の主張を慎重に進めた。ダイソンはことのほか感心していた。あとでわかったことだが、幸い、間違えていたのはその三人のほうだった。ヒッグスの講演を聴いていたなかに、場の理論の形式数学的基礎の第一人者と言ってよさそうなアーサー・ワイトマンがいた。彼はヒッグスの講演に納得し、その三人に自分たちの計算をチェックしたほうがいいと知らせている。

プリンストンでの講演を終えたヒッグスは、ハーバード大学で予定されていた講演に向けて北へ車を走らせた。彼がハーバード大学を訪れるまで、彼の理論には強い疑念が持たれていた。その先鋒が、手ごわいシドニー・コールマンだった。コールマンは二〇世紀の最も聡明な物理学者に数えられていたが、ノーベル賞は受賞せずじまいだった。彼はオスカー・ワイルドばりの辛辣なウィットの、そして激しい競争心の持ち主でもあった。未明まで仕事をしてから床につき、お昼近くまで寝ていたことで有名だった彼は、ハーバード大学の教授職を、午前九時からの講義を持たなくていいことを条件に受け入れていた。「そんな遅くまで起きていられない」ことがその理由だった。

コールマンについては、シェルドン・グラショウとの知的論争も伝説となっている。私はそんな場に一度、シチリア島のエーリチェでのサマースクールで居合わせたことがある。グラショウは講義を終えたばかりで質問を受けていた。一方、次の登壇者だったコールマンはトイレに行っていたのだが、戻ってきたとき、物理学の難解な論点について熱い議論が戦わされていた。講堂に入った彼は、「僕は答えを知っている！　僕は答えを知っている！」と早熟な子どものように大声を上げた。誰もがそちらを向いて口をつぐむと、彼はこう続けた。「で、どういう質問だったんだ?」私はもうその質問を覚えていないし、ましてや答えは覚えていないが、導師《グル》の話に誰もが真剣に耳を傾けていた様子ははっきり思い出せる。

コールマンは、物理宇宙に関する膨大な知識とパワフルな直感力に裏付けられた途方もない知性の持ち主だった。その彼も大勢の理論家と同様かなりの時間を費やしてゴールドストーンの定理の回避を試みていた。その過程で、ある種の現象が基本的に起こりえない、という証明を発見しており、のちに「No-Go定理」と呼ばれるようになっている。彼はゴールドストーンの定理は正しく不可侵だと確信していたので、ヒッグスがアメリカにいて、彼の大発見らしきことについてハーバード大学で講演することになった、と聞きつけたときの反応は明快だった。ヒッグスがあとで聞いた話によると、コールマンはある意味楽しみにしていた。「そうか、あの愚か者はゴールドストーンの定理を避けて通れると思っているんだろう。思い知らせてやれ」[17]

実際には、ヒッグスが彼らに思い知らせた。ヒッグスは質疑応答を乗り切り、彼が確かにゴールドストーンや南部のモデルにあった抜け穴を見つけて理論物理学を前進させていたことをコールマンも認めた。とはいえ、その自然との関係についての疑問は残った。ヒッグスの解決策によって光子が質量を持つようになる、という発見は興味深かったが心配の種にもなった。なにしろ、プラズマのような特殊な事例を除き、現実問題として光子は相変わらず質量ゼロだ。ヒッグスの発見は数学トリックに見え、物理学にとっての重要性ははっきりしないままだった。

一九六六年、彼は自分の理論と実世界との接点をつくりにかかった。この一大サーガの発端は強い核力の理解に向けた南部の試みであり、その成果としてパイ中間子の存在がうまく説明されていた。だが、それだけにとどまらない強い力の盤石な理論はまだ見つかっていなかった。そこで、ヒッグスは自分の機構がその答えを与えられないかを探ることにした。

# 第八章　「ピーター——君は有名だぞ！」

六人衆の原論文が発表されてから三年ほど、彼らの考えはおおむね無視されていた。あのブレークスルーに目を留めた者にしても、誰もが好意的な反応を示したわけではなかった。好意的でなかった一人が、一九六一年に自身による定理の数学的基盤の強化にゴールドストーンと取り組んだスティーヴン・ワインバーグだ。当時彼は、隠れた対称性という南部の発想を土台に強い相互作用——原子核をつなぎとめている力——の新理論を考案したあとだった。そのアプローチの根底には、パイ中間子はゴールドストーンボゾンだという認識があり、低エネルギーでの強い相互作用に関する彼の理論は非常にうまくいったので、一九六四年にヒッグスの第一論文が発表されたとき、ワインバーグは「おお、これはいい。彼はゴールドストーンボゾンの取り除き方を見つけたのか。でも、僕は今やパイ中間子がそれだと確信している」と思った。ワインバーグの新理論において、ゴールドストーンボゾンは望ましからぬどころか舞台の中央に躍り出ていた。[1]

　だが、ワインバーグの理論は完璧な答えではありえなかった。新しい加速器での発見が急増し、パイ中間子よりも五倍ほど重い短命な粒子の存在が明らかになっていたからだ。「ロー（ρ）中間子《メゾン》」と呼ばれるそれらは、標準的な量の正電荷または負電荷を持って、あるいは電荷ゼロで出現する。電気的に中性のロー中間子は質量を持つ光子の類いに見える性質を持っていたが、強い相互作用との親和性があった。ということは、パイ中間子のほかにロー中間子も強い核力を感じるのだ。原子核が存在して一つにまとまっている仕組みの説明には、こうした粒子をすべて考慮する必要がある。ヒッグスは、自分の新しいアイデアと南部による元のアプローチを組み合わせる、という当然の路線を試みた。こうすると、六人衆が発見した機構を通じてロー中間子が質量を獲得する、という強い相互作用のゲージ理論を構築する展望が開ける。だがあいにく、自分の数式から生まれ出る粒子のパターンは、実験で次々発見されていたものとは似ても似つかなかった。たとえば皮肉なことに、彼は一九六四年にゲージボゾン——光子、ないしこの最新のアイデアにおいてはロー中間子——に質量を与えることに成功していたが、そのことはパイ中間子に対して何の役割も果たしていなかった。強い核力に関する南部の独創的な理論ではパイ中間子がゴールドストーンボゾンとして出現し、そのことがヒッグスによる大仕事全体の発端だったのにである。さらに、数式はロー中間子に対する質量ゼロで電気的に中性のパートナーを要請しているように見えたが、それは光子ではありえなかった。光子は強い力を感じないからだ。ロー中間子には「オメガ（ω）中間子《メゾン》」というパートナーが存在するのだが、ロー中間子と同様、質量を持っている。こうしたパズルのピースをすべてぴったり組み合わせる方法はなかった。ヒッグスは一九六七年の夏までに諦めた。

同年の八月二五日、ヒッグスはニューヨーク州ロチェスターでの物理学会に出席するため、アメリカに渡った。その際、スコットランドからアイスランド航空でケフラヴィークに飛んだのだが、遅れが発生したため、ケネディ空港に着いたのは真夜中近くだった。そこからタクシー、列車、再びタクシーと乗り継ぎ、ロングアイランドのブルックヘブン国立研究所に着いたのは深夜の二時半だった。少しは横になれたが、体内時計が祖国ではもう朝食の時間だと告げており、彼はほどなく研究所に出向いた。そのときのことを彼はこう振り返っている。「[強い相互作用を]どうしたら理解できるか、というか、どうしたら理解できなかったかを巡るスティーヴン・ワインバーグらの議論に加わりました。私はゲージ対称性の自発的破れを使ってやろうとしてうまくいかなかったことを話しました。ワインバーグも似たようなやり方で失敗していた[ことを知りました]」。ワインバーグはこの議論のことを覚えていなかったが、いずれにせよ、ワインバーグとヒッグスはともに似たような袋小路に入り込んでいたようである。

ヒッグスが自分の優れた知的成果を活かす試みは、これで終わりとなった。彼は旧友のマイケル・フィッシャーを訪ねた。フィッシャーはニューヨーク州イサカのコーネル大学の教授になり、前年にアメリカに移り住んでいたのだ。ヒッグスはそこからロチェスターへ行って会議に参加した。そこで偶然、理論家のベン・リーと交流する機会があり、自分の成果についてリーから根掘り葉掘り聞かれたのだが、この交流がヒッグスのその後の人生の行く末を左右することになる。

## カクテルパーティーでの会話

エイブラハム・クラインと共著した一九六四年の論文でヒッグスの洞察に一役買っていたベン・リーは、ヒッグスによる成果の重要性に気づいていた。ロチェスターでの会議のあと、リーとヒッグスはカクテルパーティーで顔を合わせた。「私は片手にプレートを、もう片手にワイングラスを持ちながら、私の論文についてベンからあれこれ問いただされました」。このときの会話が、やがて二人の予想をはるかに超える影響を及ぼすことになる。

ヒッグスとリーが顔を合わせた一九六七年、質量機構に関するヒッグスの理論的な仕事は事実上すでに完成の域に近づいており、彼は自分の着想を実世界に応用する論文の草稿を書き始めていた。彼は陽子や中性子など、強い相互作用に感応するハドロンと呼ばれる粒子との関連を示す証拠を探した。だが、それは「当時取り組むには難しすぎる問題でした」[2]。数十年後、彼はこう打ち明けている。「私は間違った道を進んで［あれを強い相互作用に応用しようとして］いました。私の試みはうまくいきませんでした。行き詰まったのです」[3]。自分がすでに成し遂げていたことのさらなる向上はかなわず、ヒッグスはその論文をあきらめた（執筆を途中でやめた草稿「無質量ボゾンなしでの対称性の自発的破れ、II」の一ページ目と参考文献リストを図8・1に示す）。それでも、ヒッグスが発表していた論文三篇に数学的な説得力があったからこそリーの目を引いたのだ。

ヒッグスの成果には暗黙のうちに、それを下支えしている重要な仮説があった。空間を空《から》にして、私たちの知る物質や電磁場や重力場など何もかもをなくしたとしても、まだ何かが至る所に広がっている、というものだ。覚えておられるだろうか。その何かには、それが存在していたほうが真空がより安定する、という尋常ならざる特徴がある。ヒッグス場が取り除かれると、真空はエネルギーを得て不安定になる。ヒッグスは、粒子とヒッグス場との相互作用が粒子の質量の源となりえることを数学的に示すとともに、この仮説が場の量子論と特殊相対論の厳しい制約を満たしていることを証明し

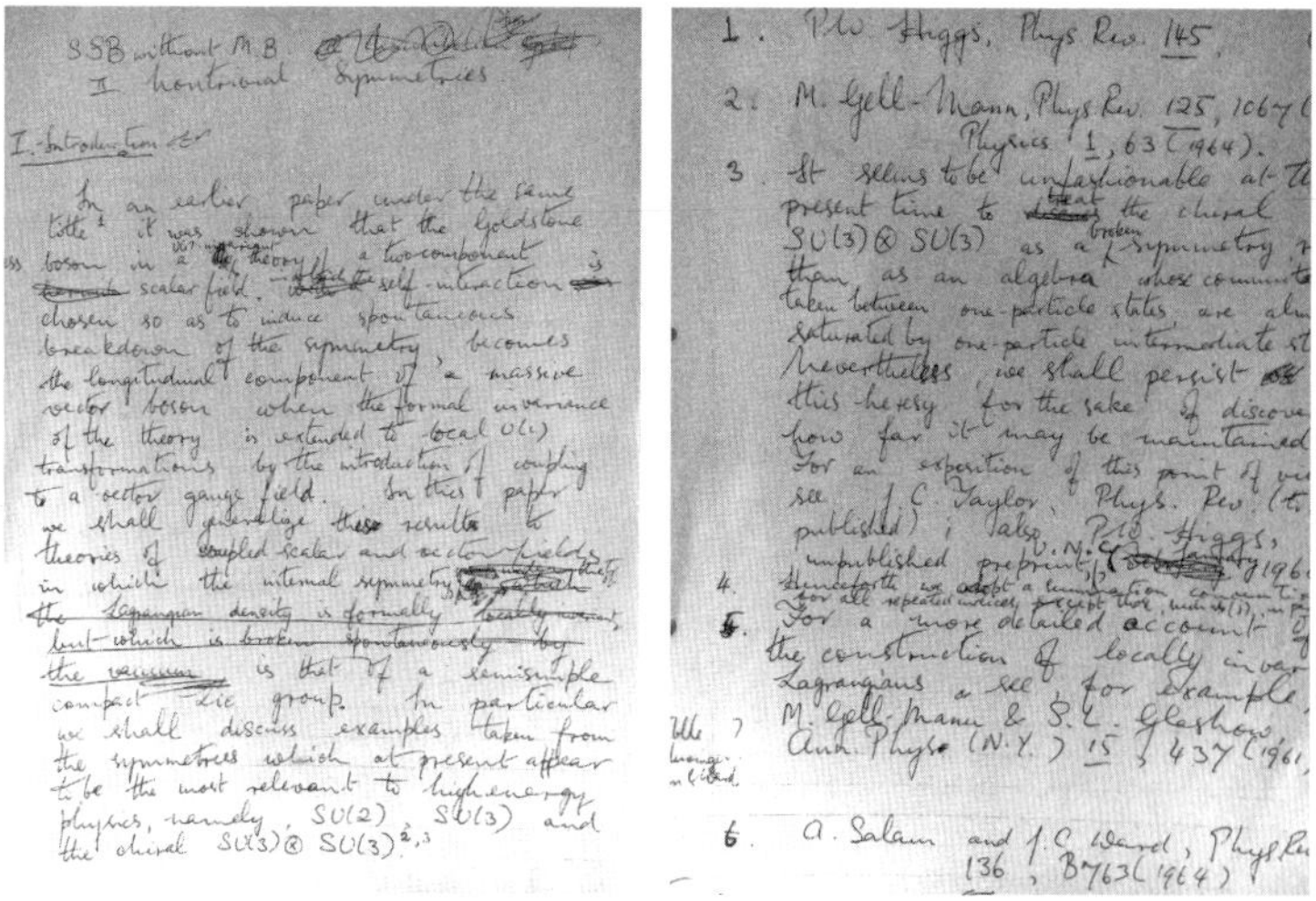

SSB without M.B.
II Nontrivial Symmetries

I. Introduction

In an earlier paper under the same title[1] it was shown that the Goldstone boson in a theory of a two-component scalar field, whose self-interaction is chosen so as to induce spontaneous breakdown of the symmetry, becomes the longitudinal component of a massive vector boson when the formal invariance of the theory is extended to local U(1) transformations by the introduction of coupling to a vector gauge field. In this paper we shall generalize these results to theories of coupled scalar and vector fields in which the internal symmetry the Lagrangian density is formally but which is broken spontaneously by the vacuum is that of a semisimple compact Lie group. In particular we shall discuss examples taken from the symmetries which at present appear to be the most relevant to high-energy physics, namely, SU(2), SU(3) and the chiral SU(3)⊗SU(3).[2,3]

1. P.W. Higgs, Phys. Rev. 145,
2. M. Gell-Mann, Phys. Rev. 125, 1067 (
Physics 1, 63 (1964).
3. It seems to be unfashionable at the present time to treat the chiral SU(3)⊗SU(3) as a broken symmetry than as an algebra whose commuta taken between one-particle states are saturated by one-particle intermediate st Nevertheless, we shall persist this heresy for the sake of discove how far it may be maintained. For an exposition of this point of vie see J.C. Taylor, Phys. Rev. (to be published); also P.W. Higgs, unpublished preprint
4. Henceforth we adopt a summation convention for all repeated indices,
5. For a more detailed account of the construction of locally invariant Lagrangians see, for example, M. Gell-Mann & S.L. Glashow, Ann. Phys. (N.Y.) 15, 437 (1961
6. A. Salam and J.C. Ward, Phys. Rev. 136, B763 (1964)

図 8.1　**ヒッグスの未完の草稿。**ヒッグスによる未完の論文「MB なしでの SSB［無質量ボゾンなしでの対称性の自発的破れ］Ⅱ：非自明な対称性」の手稿。

ていた。彼はリーに、この理論のある思いもよらない帰結を説明した。質量を持つ粒子の存在を立証すると、この至る所に広がる場の実在を証明できることである。この粒子を見つけると、現実はこの理論どおりだと立証したことになるのだ。このボゾンを詳細に検証することで、至る所に広がるその何かがどうなっているかを理解できるかもしれないのである。

これがヒッグスとリーがカクテル片手に交わした議論の骨子だった。リーは、それが非常に重要な成果であり、自分の仕事も一枚かんでいて、ここからは確実に新たな道筋が開ける、と確信したに違いない。ヒッグスのほうはのちにこう振り返っている。「知る由もなかったことですが、五年後の一九七二年にベン・リーはシカゴで開かれた高エネルギー物理学国際会議で「基調講演者」となります」。ヒッグスはその頃には自分の着想を活かす試みをすっかり諦めていた。だが、そこに命を吹き込んでいた者がほかにおり、シカゴでのリーの講演は、それまでに起こった物事、とりわけヒッグスの貢献に焦点を当てていた。一九七二年にリーがあれほど興奮していたのは、その年までに特筆すべき大きな進展が二つあり、そのどちらにもヒッグスのまとめ上げた考えが中心的な役割を果たしていたからだった。

## ワインバーグによるレプトンのモデル

ヒッグスがリーと、そしてワインバーグと話をした一九六七年の夏、あの質量機構を強い核力に応用する試みは行き詰まった。この数学的な仕掛けに素粒子物理学でのわかりやすい使い道はなさそうだった。ワインバーグはボストン近郊のマサチューセッツ工科大学（ＭＩＴ）に戻ったのだが、九月の中頃、ヒッグスによって定式化されたアイデアの応用方法を急に思いついた。

ワインバーグによると、彼は赤のシボレーカマロで職場に向かう途中、「応用しようとしていたアイデアは正しかった［が］対象が間違っていた」ことを直感的に悟った。ワインバーグもヒッグスと同様、この理論を強い核力について機能させようとしていたのだが、ふと、質量ゼロである光子と、電弱相互作用――放射能――に関わるが当時はまだ仮想の粒子だった質量を持つＷボゾンとが、この理論の含意にぴったり当てはまることに気がついた。

彼はこのひらめきの瞬間、基本的な力が奏でる旋律をまとめ上げるのに、ヒッグスら六人衆が思い描いた質量機構を自然がどう使っているのかに気づいたのだった。次の段階として、この概念を例示する具体的なモデルが必要となった。

ワインバーグが注目したのは、電子と、その電気的に中性のきょうだいであるニュートリノだ。ニュートリノは弱い力にだけ、電子は弱い力と電磁力のどちらにも感応するが、ともに強い力には感応しない。強い核力に感応しない粒子はまとめてレプトン、するものはハドロンと呼ばれている。ワインバーグにとって、注目の対象をレプトンに限ることが重要だった。陽子、パイ中間子、ロー中間子、オメガ中間子などのハドロンは、彼にとっては泥沼だった。今日では、ハドロンがクォークと呼ばれるより基本的な種《たね》でできていることがわかっているが、一九六七年、それはまだ論争の対象だった。それに対し、レプトンは基本粒子に見え、したがって自然の仕組みへの直接的な入り口になっている。ワインバーグはしかるべく自分のアイデアを「レプトンの一モデル」と題した論文で一九六七年一一月に発表した[4]。

ワインバーグはこの論文で、電子とニュートリノに関するゲージ不変な場の理論の式を書き、ヒッグスの処方に従って質量を導入した（六人衆のほかの五人についてはまだ知らなかったようだ）。この式を解いてみると、それらは四種類のゲージボゾン——電磁気力と弱い力の伝達粒子——の存在を含意していた。その四種類とは、質量ゼロの光子、質量を持つ二種類の荷電粒子$W^+$と$W^-$、そして質量を持つ中性の粒子、グラショウが$Z^0$と名付けた粒子である。ワインバーグはこうして、隠れたゲージ対称性というこの基本的な出発点から、グラショウが——別の理由で——一九六一年に考案していた粒子一式を発見したのだ。不首尾に終わったグラショウのモデルに命が吹き込まれたのである。ヒッ

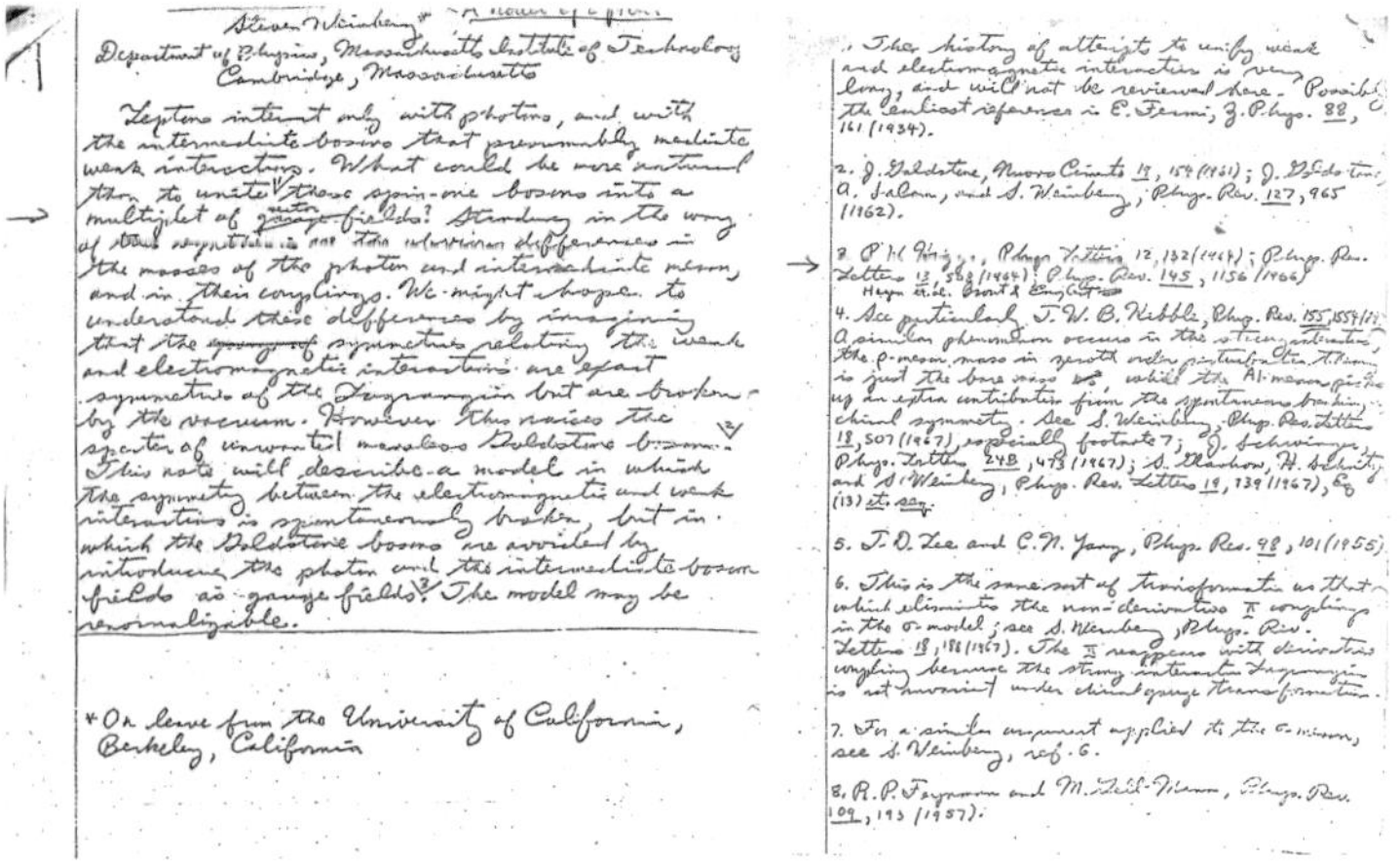

Steven Weinberg* — A Model of Leptons

Department of Physics, Massachusetts Institute of Technology
Cambridge, Massachusetts

Leptons interact only with photons, and with the intermediate bosons that presumably mediate weak interactions. What could be more natural than to unite these spin-one bosons into a multiplet of ~~gauge~~ vector fields? Standing in the way of this synthesis are the obvious differences in the masses of the photon and intermediate meson, and in their couplings. We might hope to understand these differences by imagining that the ~~group of~~ symmetries relating the weak and electromagnetic interactions are exact symmetries of the Lagrangian but are broken by the vacuum. However this raises the specter of unwanted massless Goldstone bosons.[2] This note will describe a model in which the symmetry between the electromagnetic and weak interactions is spontaneously broken, but in which the Goldstone bosons are avoided by introducing the photon and the intermediate boson fields as gauge fields.[3] The model may be renormalizable.

* On leave from the University of California, Berkeley, California

1. The history of attempts to unify weak and electromagnetic interactions is very long, and will not be reviewed here. Possibly the earliest reference is E. Fermi, Z. Phys. 88, 161 (1934).

2. J. Goldstone, Nuovo Cimento 19, 154 (1961); J. Goldstone, A. Salam, and S. Weinberg, Phys. Rev. 127, 965 (1962).

3. P. W. Higgs, Phys. Letters 12, 132 (1964); Phys. Rev. Letters 13, 508 (1964); Phys. Rev. 145, 1156 (1966)
Hagen et al. Brout & Englert

4. See particularly T. W. B. Kibble, Phys. Rev. 155, 1554 (1967). A similar phenomenon occurs in the strong interactions; the ρ-meson mass in zeroth order perturbation theory is just the bare mass, while the A1 meson picks up an extra contribution from the spontaneous breaking of chiral symmetry. See S. Weinberg, Phys. Rev. Letters 18, 507 (1967), especially footnote 7; J. Schwinger, Phys. Letters 24B, 473 (1967); S. Glashow, H. Schnitzer and S. Weinberg, Phys. Rev. Letters 19, 139 (1967), Eq. (13) et. seq.

5. T. D. Lee and C. N. Yang, Phys. Rev. 98, 101 (1955).

6. This is the same sort of transformation as that which eliminates the non-derivative π couplings in the σ-model; see S. Weinberg, Phys. Rev. Letters 18, 188 (1967). The π reappears with derivative coupling because the strong interaction Lagrangian is not invariant under chiral gauge transformation.

7. For a similar argument applied to the σ-meson, see S. Weinberg, ref. 6.

8. R. P. Feynman and M. Gell-Mann, Phys. Rev. 109, 193 (1957).

図8.2　**ワインバーグによる画期的な論文の手書きの草稿。**この手書きの草稿からは、6人衆のほかの5人への言及はあとからの追加だったことがわかる。

グスがのちに知った皮肉な巡り合わせだが、グラショウは一九六〇年にスコットランド諸大学サマースクールに参加していたのに、ワイン係だったヒッグスはグラショウとヴェルトマンがまさにこのモデルについて交わしていた深夜の議論を聞き逃していた。あの場にヒッグスもいたなら、強い相互作用の解決という、一九六六年に失敗する定めにあった探究から方針転換して、自分の理論を電弱相互作用にワインバーグよりも先に応用していたかもしれない。これもこの一大サーガにいくつもある「たられば」の一つだ。

　論文の草稿を書いたときのワインバーグが知っていたのは、ヒッグスの仕事だけだったようで、〝Hagen et al, Brout & Englert〟はあとで書き足されている（図8・2で右側の参考文献3）。発表された論文に六人衆の仕事はどれも載っているが、最初に挙げられているのはヒッグスによる貢献だ。ワインバーグに一九七九年のノーベル賞受賞をもたらした彼の論文は、二〇世紀後半の理論素粒子物理学において影響力の最も大きい論文に数えられており、発表以来、一万回以上引用されている。この論文でヒッグスの名前が最初に出てくることは、この数式を大勢が「ヒッグス機構」と誤って呼ぶ理由の一つかもしれない。これは、この式に最初にたどり着いたブラウトとアングレアに対して不当な誤称であり、この事実は当のヒッグスがまっ先に認めている。優先権に関するこの印象は、のちにワインバーグが一九七一年に発表した論文に含まれていた誤記によって強化された。その論文では、ヒッグスが《フィジックス・レターズ》誌に発表した一九六四年の論文の掲載誌が誤って《フィジカル・レビュー・レターズ》誌とされており、そのせいで、後者に掲載されたブラウトとアングレアの論文よりも先に発表されたように見えている。(5)

当初は、ワインバーグの論文をほぼ誰もろくに注目しなかったようだ。シドニー・コールマンが当時の反応についてのちに述べているとおり、「あれほど優れた成果があれほど広く無視されるのはまれだ」。(6)そんななか、エディンバラ大学でヒッグスの研究生となって一年目だったデイヴィッド・ウォレスは注目していた。一年目のウォレスは標準的な慣行どおり、博士研究プロジェクトの手始めとして学位論文に向けて大量の文献を読み込んでいた。そのとき「[ワインバーグの論文に] たまたま出くわしたのですが、とても面白そうで、もちろんピーターの仕事が言及されていました」。ウォレスはすぐさま「階段を駆け上って」ヒッグスに伝えた。(7)ウォレスの記憶によると、ヒッグスの反応は慎重だった。その論文が臆測的だったからでもあるが、何より、ワインバーグの理論が無限大を含まない——繰り込み可能な——有効な理論だと証明する必要があったからだ。

一九六八年当時、ヒッグスのこの反応は一般的だったようである。実際、一九六七年から一九七一年にかけて、ワインバーグの論文は四回しか引用されていない。それが突然、一気に知られるようになった。その原因たる一九七一年のある出来事が、ワインバーグとヒッグスによるブレークスルーに焦点をはっきり合わせ、以来、素粒子物理学の方向性をすっかり定めたのだ。ユトレヒト大学の若きオランダ人理論家へーラルト・トホーフトがその博士論文で、ＱＥＤを拡張して放射能の弱い力を取り込む理論を非の打ち所なく有効にするための鍵がヒッグス機構だと確かめたのである。[8]

一方、エディンバラでは、ウォレスが場の量子論に関するほかの側面をテーマに博士課程を修了し、理論物理学における輝かしいキャリアをスタートさせていた。ヒッグスは一九六八年に示した自分の対応をのちに振り返り、「今思えば、あれは間違いでした――デイヴィッド・ウォレスとあれ［ワインバーグの理論の繰り込み］を試みるべきでした！」と述べている。[9] ヒッグスによると、ウォレスは彼の在職中にエディンバラ大学の学部を卒業したなかで最も優秀だった。ではあったが、ヒッグスは「どれほど優秀な研究生が相手でも、自分に見通しの立たない何かをテーマとして与えることは気が進みませんでした。私は理解不足」で、あのような野心的で技術的にも難しい問題については助言できなかったという。[10]

電磁気力と弱い力の統一という可能性を唐突に思いついたワインバーグは、ヒッグスの成果に見られる質量の自発的な出現が、これらの力に関する有効な理論へ至る道かもしれないと考えた。この直感は今でこそ正しかったとわかっているが、ワインバーグにはあいにく、この理論が無限大に煩わされないことを自分では証明できなかった。[11] トホーフトの成果は指導教官のマルティヌス・ヴェルトマンによる強固な土台の上に築かれた離れ業であり、そのうえ当のワインバーグが証明を完成できなかったことを思うと、ヒッグスからウォレスへの助言は真っ当だったと言えよう。

## さまよえるオランダ人

一九七一年のブレークスルーの発端は何年も前にさかのぼる。その種を蒔いたのはヴェルトマンで、有名な一九六〇年のスコットランド諸大学サマースクール後のことだ。

一九六〇年代は、ヒッグスの経験が物語っているように、場の理論はもう流行《はや》らないと見られていた。だが、ヴェルトマンはそれは間違いだと直感しており、場の量子論は、QEDの理論で電磁現象の記述に成功したように、弱い相互作用を理解するうえで重要だと思っていた。一九六〇年のサマースクールの頃、彼はこの研究にまだ本腰を入れていなかった。彼の興味がかき立てられたのは、電荷を持つWボゾンの電気的および磁気的な反応の計算を試みた一九六二年のことだ。

一見すると簡単に見えていたその計算は、実際にはかなり厄介だった。W粒子とほかの粒子とのあいだで電荷が流れるせいで、計算が複雑だったからだ。数十年後の一九九九年、この仕事を種とする大きな成果でノーベル賞を受賞したときの講演で、ヴェルトマンは式のある部分では「最高で五万項」を計算する必要があったと述べている。場の量子論に出てくるそうした複雑な計算では、いくつかの代数演算が決まった主旋律の変奏のごとく繰り返された。「必要は発明の母」とはよく言ったもので、この計算はその規則性ゆえコンピューターで解くのにぴったりの問題になる、とヴェルトマンは気づいた。この見通しに従ったことで、彼はコンピューターを使った記号処理の先駆者の一人となった。今では普通のことだが、ヴェルトマンは場の量子論に関する計算を実行するための最初の実用的なコンピューターループーティンを五〇年以上も前に開発していたのだ。そして、QEDを拡張して弱い相互作用を含めることが有効かどうかを確かめる、という優れた成果を上げたのである。

一九六七年に電弱相互作用のモデルを考案した頃のワインバーグは、ヒッグス機構のおかげでモデルは機能する――繰り込み可能――かもしれないと予想していたが、自分ではそれを証明できなかった。ヴェルトマンは自分のコンピュータープログラムを使って、質量を持つWボゾンの存在が望ましからぬ無限大を導く仕組みを調べた。この理論を損なうことなく式に質量を盛り込む方法がわかればと期待してのことである。この最後の重要な段階は、ヴェルトマンのもとで学んでいた聡明な学生ヘーラルト・トホーフトによって明らかになった。

エディンバラ大学のヒッグスと同様、ユトレヒト大学のヴェルトマンは新しい学生に特定の分野の科学文献を読んでレビューするという作業を課していた。ヴェルトマンはトホーフトに、QEDに似た数学構造を持つがゲージボゾンが電荷を運ぶような理論に関する文献を読むよう指導していた。該当する理論は、一九五〇年代にそうした理論を最初に研究した二人の理論家にちなんでヤン＝ミルズ理論と呼ばれていた。ヤン＝ミルズ理論はゲージ不変なので、光子に類する粒子は質量ゼロだが、普通の光子とは違ってこちらは電荷を持つ。ヴェルトマンの興味をそそった疑問が二つあった。ヤン＝ミルズ理論は繰り込み可能か？　そして、繰り込み可能なら、この理論における光子の類いはこの性質を損なうことなく質量を獲得できるか？

ヴェルトマンの別の学生ヤン・ウビンクが、ブラウトとアングレアの論文をレビューするという作業を課されていた。二人の論文では、その存在が真空をより安定させてゲージ対称性を隠す、という尋常ならざる性質を持つ場——至る所に広がるφ場——のなかで光子が質量を獲得できることが示されていた。あの論文に関するウビンクのレビューを聞いたとき、トホーフトはまだ駆け出しの学生だった。彼はその主張をよく理解できなかったが、少なくとも数学的には質量を生みだせる、という中心的な発想はトホーフトの心に残った。トホーフトから聞いた話によると、彼にはこの発想が「実世界とは無関係の抽象概念に思われ」、このときは短期記憶から無意識へと消え去った。[12]

場の理論に特化したコルシカ島でのサマースクールに参加していた一九七〇年の夏、トホーフトに幸運が巡ってきた。彼にとっての目玉はベン・リーによる連続講義だった。リーは強い相互作用に関するモデルを取り上げた。そのモデルはパイ中間子に関する南部のアイデアの拡張であり、超電導において電子が協調して振る舞うというクーパーのアイデアと同様、パイ中間子のペアがひとまとまりとして振る舞えた。このモデルは繰り込み可能で、そこでは隠れた対称性が重要な役割を果たしていた。リーの話を聞いていたトホーフトの脳裏に、ウビンクのレビューの記憶が蘇った。「常に真剣に考え込んでいるように見えた若いオランダ人学生」のことはリーの記憶に残った。[13]

リーの講義は、そのモデルで繰り込みを成功させるためには隠れた対称性が重要であることを示していた。隠れた対称性は質量機構の助産師役を果たしており、このことが、「[質量]機構はヤン＝ミルズ理論でも[繰り込み可能性という]同じ特徴を示すはず、という私の思いを強めました」とトホーフトは語っている。トホーフトがリーに、ヤン＝ミルズ理論でも同じようにできると思うかと質問したところ、リーはその答えを「知りませんでした。彼はそこに目を向けていなかったのです！」。そのうえリーは、その答えをいちばん知っていそうなのは誰あろうヴェルトマンだと付け加えた！トホーフトはリーとのこの会話で、ヒッグス機構によって質量を導入することが電弱相互作用の有効な理論を構築する道だと確信した。その頂に達するためには途方もなく高い山に登らなければならなかったが、山の頂で目にする景色については確信を持った。

この確信は正しかった。彼は一九七一年のはじめ、ゲージボゾンの質量がヒッグス機構を通じて現れる場合はそうした理論が有効であることをついに証明したのだ。この知らせは、一九七一年の夏にアムステルダムで開かれた国際会議を通じて世界中に一気に広まった。ヴェルトマンは場の理論を取り上げたあるセッションの座長で、その立場を利用して自分の学生を世界に紹介した。あれはきっと、無名だったスイスの特許局職員アルベルト・アインシュタインの一九〇五年の登場以来となる、物理学という分野への最もセンセーショナルな登場だろう。一〇年以上手に負えなさそうに見えていた問題が一学生によって解決されたのだ。

ヒッグス機構を取り込んだ自分のレプトンモデルは繰り込み可能、というワインバーグの予想は正しかったことがこれで証明された。彼の論文は一夜にして基礎物理学のミシュランガイドと化した。四回を数えるまで四年かかった引用回数が、その後の一年で一〇〇〇回に達し、この勢いはそれから一〇年以上衰えなかった。

理論物理学者は、ヒッグス機構に基づくこの特筆すべき成果に注目し、それを応用したりそこから導かれる帰結を検討したりし始めた。ベン・リーはエイブラハム・クラインとともに、ヒッグスによるブレークスルーにつながる一連の出来事をそうとは知らずにスタートさせており、一九六七年にはヒッグスの成果について本人を質問攻めにし、今回は自分の講義を通じてトホーフトにひらめきを与えてこの理論にけりを付けていた。この新しいパラダイムを理解して発展させるうえで、リーは世界で最も有利な立場にいた理論家の一人だった。一九七一年のアムステルダムに続く主要な国際会議は、一九七二年にシカゴで予定されていた。リーは、この新たな展望に特化したセッションの座長だった。

## シカゴ、一九七二年

シカゴで一九七二年に開かれた会議は、隔年で開かれる素粒子物理学の権威ある検討会議で、各国が代表団を送り込んでいた。さまざまな分野の第一人者が前回からの進展を概観する基調講演を行なうのだが、ウォーレン・バフェットの声明が株式市場の投資家に影響を与えるのと同じように、ここでの基調講演が世界中の研究の方向性を決めることもある。シカゴの会議でのリーは、電磁相互作用と弱い相互作用を結び付ける有効な理論の鍵は確かに質量機構だ、というトホーフトによる衝撃的な証明に興奮冷めやらなかったようだ。リーは今回、この証明が開いた新しい有望な地平を展望した。一九七〇年代には、ヒッグスボゾンを数学上の興味の対象から物理的現実の重要な一端へと引き上げた各種発見が相次いでおり、かのオランダ人による見事な成果はその先陣だった。トホーフトの名は質量を生成するこの方法の発見者リストに加えられたが、この機構が自然の現実であることを証明する、というあのボゾンの役割に目を向けさせたのは一人しかおらず、それがヒッグスだった。このことがリーによる称賛を呼んでいた。

ヒッグスは、シカゴでの成り行きをこう推測している。「ベン・リーはきっと、私たちの「一九六七年の」会話は思い出したものの、この発想の一部の出どころがもっと多岐にわたることを失念していて、それで話のなかで「ヒッグス」ボゾン［これは正当化される］や「ヒッグス場」という目立つ呼び方をしたのでしょう」。ヒッグスの謙虚な認識によれば、「ベン・リーはこの概念と関連のあることすべてに私の名を冠しましたが、私の貢献は実のところ、この話の最後の最後に当たる重要な洞察一つだけでした」

自分の洞察を最後に位置付けることで、ヒッグスは自分の仕事を、南部やゴールドストーンの数式に見られる矛盾を明るみに出し、それによって理論物理学における四年の混乱を収束させたもの、と見立てている。ヒッグスは質量機構を発見しようとしたわけではなく、あれは彼の仕事の思いもよらない帰結だった。あまり控え目ではない人物なら、この洞察を革命の出発点だと位置付けたかもしれない。歴史はこの見方に同意するだろうし、インターネットが一九七二年にあったらあれを機に#Higgsがトレンドになり始めていただろう。

ちなみに、ピーター・ヒッグスはあのときのシカゴにいなかった。リーによる異例の承認を彼が初めて知ったのは、ジュネーブから帰ってきたばかりの同僚ケン・ピーチと会ったときだ。ピーチはCERNで周りがあの会議の話をしているのを耳にしていた。「大学の職員クラブでランチを食べたあと、座ってコーヒーを飲んでいたとき、ケンが入ってきて私を見つけ、『ピーター！　君は有名だぞ！』と言いました。あのときから、このアイデアが実を結ぶかもしれないと希望を持ち始めました」

シカゴでの会議に関する情報が大西洋を越えてさらに届くと、ヒッグスの名が言及された理由がリーだけではないことがはっきりしてきた。あの会議でリーが座長を務めたセッションでは、数名の理論家がトホーフトとヴェルトマンの仕事を受けた各自の活動を発表していた。そのなかには、可能な実験に対するさまざまなアイデアの応用、理論の一貫性に関する論理的な検証、トホーフトによる定理の証明の解説や改善などがあった。あのセッションはトホーフトとヴェルトマンが燃え上がらせた炎の結果だったが、その基盤となる質量機構に言及した登壇者がそろってそこにヒッグスの名を冠していたのだ。ヒッグスの名をこの革命の筆頭に位置付ける広報キャンペーンを誰がどう打ったところで、あれ以上の結果はまず望めまい。言うまでもなく、そして皮肉なことに、ヒッグス本人はこの過程のどこにも関わっていないに等しい。

弱い力と電磁気力の両方に有効な理論においてあの質量機構が鍵であることを、ヒッグスはそれまで気づいていなかったにしても、シカゴでの会議のあとには十分理解したに違いない。私は彼に尋ねたことがある。なぜ一九六六年の論文のあと、特に彼の仕事についてリーが言及したあとに、自分の理論の応用にもっと取り組まなかったのか？　彼の答えは正直で単刀直入だった。

「率直に言いましょう。私は［場の理論の］計算についてはそう有能な理論家ではありません。量子電磁力学の繰り込みは、私にはなかなか理解できませんでした。［技術的に高度な］『ループ計算』には手を出したことがありません。あの段階で、トホーフトの画期的な成果は私が直接関与してきた理論をとうとう機能させたように見えましたが、私自身がそれに取り組む準備はあまりできておらず、初めて目にするような数学が絡んでいて苦労しました。若い世代のほうが、一九六〇年代に博士号を取って修了した者たちのほうが、はるかに適任ですよ。何かやってみようとはしましたが、自分を物笑いの種にするだけでしたので、私は傍観を決め込みました」[14]。後年のある新聞とのインタビューでは、いっそう直接的だった。「私はあらゆる技術的詳細に置いていかれ、まったく追いつけませんでした」[15]

ヒッグスのこの経験はひょっとすると、数学的なひらめきは若さゆえ、というよく言われる話の典型かもしれない。ディラックが大きな成果を上げたのは二〇代後半だったし、アインシュタインもそうで、トホーフトから唯一無二の成果が生まれたのは二四歳のときだ。その一方、ヒッグスが「初めてのいいアイデア」を思いついた三五歳というのは、年がやや行っているとはいえ、特に珍しくはない。たとえば、南部が隠れた対称性に関する洞察を得たのはやはり三五歳のときだし、ヒッグスのアイデアは電弱相互作用に応用できる、とワインバーグが見て取ったのは三四歳のとき、ヴェルトマンが三〇代で開発したツールは、のちに彼の学生のトホーフトによって理論の完成に使われている。とはいえ、このときのヒッグスは四三歳で、バトンはすでに新世代に渡されていた。ヒッグスのこの経験も珍しいことではない。一九七六年まで三〇代を迎えないトホーフトが場の量子論で計算の奇跡を起こすと、ヴェルトマンは主流から追いやられた。物理学の最前線に居続けるためには若い運動選手のようなエネルギーが必要で、四〇代になってもそのペースを維持できる者はほとんどいない。

## 新しいアーキテクチャー

ヒッグスは一九六六年の論文で、質量を持つ（ヒッグス）ボゾンの最初のいわば人相書きを、理論の実験的裏付けに使える固有の特徴とともに提示していた。理論の証拠としてボゾンを発見することがきわめて重要だと強調することで、ヒッグスは科学史における自身の位置付けを確固たるものにしていた。この論文と一九六四年の二篇の論文は、ヒッグスの全研究論文のなかで非常に大きな意味を持つことになる。彼は半世紀以上のキャリアにわたり、分子物理学に関して九篇と、場の量子論に関して九篇の論文を発表している。二人の同僚と共著した最初の論文を除き、どれもヒッグスの単著だ。そして、あの三篇以外はすべておおかた忘れ去られていく。

ヒッグスの研究略歴は、野球の生涯成績風に言えば三安打、三得点、無失策だ。たいていの人のキャリアでは、安打数はもっと多く、得点はゼロか運が良くて一点、そして失策が多い。研究文献のページに記載される所属機関の知名度が、つかの間の成功の象徴として研究資金を引き寄せる。そう考える事務方を感心させるのは量かもしれないが、あとに残って後世の研究者を奮い立たせるのは質だ。作品総数ならサリエリのほうがモーツァルトよりもはるかに上だが、サリエリを取り沙汰する者がどこにいる？　人類文化の図書館を埋めていくのは質だ。一九六四年、科学の土台に壊れたリンクがあり、それを見つけて修繕したのがヒッグスだった。

ヒッグスの洞察のおかげで、ほかの科学者は原子核の内部や周囲という小宇宙で作用する力をうまく扱える理論を構築できた。放射能の背後にあるメカニズムや恒星における元素の生成が、大がかりな数学的理論に初めて組み込まれたのだ。この理論は驚くべきことに、自然の基本元素の変換を、地球上の環境条件での場合ばかりか、恒星の中心部での場合、さらには――この理論から導かれる何より刺激的で壮大な帰結として――ビッグバンの極度の高温下での場合についても記述できた。このコア理論の根拠は、原子核の外部に自然に存在する電子のような粒子については一九七二年までに、そして「クォーク」――原子をなす陽子や中性子にとっての素粒子版の種《たね》――についても一九七六年までに立証された（一九六七年のワインバーグが泥沼だと思っていた話が急にすっきりしたのである）。「ヒッグスボゾン」という名称は、この大建築の要石として素粒子物理学の専門用語になりつつあった。

ヒッグスは当初こそこの話に絡んでおり、新理論の数式の一部に関する重要な洞察をもたらしていたが、一九七〇年代における実験での発見や理論の進展が粒子と力の新たなコア理論への信頼を固め始めたのに対し、ヒッグスは一〇年ほど新論文を発表していない。四〇代になっていた彼は、自分の最盛期は終わったと思っていたのかもしれない。二〇世紀後半の素粒子物理学という建造物の土台を築き、設計図を書いたが、それに触発されたまったく新たな建築に彼はなかなかなじめずにいた。彼の初期の仕事は生物学の傍系における理論物理学のもので、彼の得意とする数学は射影幾何学と対称性だった。院生時代に書いたのはらせん分子に関する論文だったし、キングスカレッジの同僚らがDNAの二重らせんの写真を撮っていた頃、ヒッグスは初恋の相手だった場の量子論にくら替え中だった。彼は素粒子物理学を博士課程レベルで勉強したことがなく、今の自分は、新世代の理論家集団が自分のアイデアを活かしているのを見て必死に追いつこうとしているかのように感じていた。あれ以来、新たな研究論文は一篇しか書いておらず、それも発表は一九七八年だ。そこでは「ある球面幾何学」における量子力学の数学的側面を、量子重力理論と関連がありうる形で発展させている。当時の学問上の近況は、量子力学や場の理論の背後にある数学構造に興味があり、素粒子物理学のコア理論のそれを越える基本構造を探している、といったところだった。彼は自分が一九六四年に得た優れた洞察を活かさなかった。彼による一九六六年から一九七〇年にかけての仕事は大部分が解説的なもので、彼に言わせれば主に「ときどき行なうセミナー」で「物事を発表済み論文でのやり方よりもシンプルにやる方法を示す」ことだった。(16)のちにヒッグスボゾン探しに夢中になる分野にヒッグスがその後及ぼした影響はさまつだった。

一方、彼は大学教員協会という組合のリーダーの一人として大学政策に入れ込んだ。一九六〇年代は大学紛争の時代だった。南アフリカでの人種隔離政策《アパルトヘイト》に断固反対していたヒッグスは、学長だったマイケル・スワンの対応に異を唱える教員グループのなかで目立っていた。ヒッグスは同国の企業に対する自大学の投資を巡ってスワンと衝突した。一九七〇年代に入ると、ヒッグスはエディンバラ大学の「かなり時代遅れだった憲章」の改正に向けた運動をスタートさせ、物理学科の運営における教職員の関与を高めるよう訴えた。彼の研究はすっかり干上がり、学科や大学の上層部から見て自分は「はっきり言って持て余し者」だろうと思っていた。(17)

ヒッグスの見立てが正しいなら、学内に大学の存在意義を見失うおそれのある人物がいたことになる。この頃の学生はヒッグスのことを、場の量子論と相対性理論に関するあらゆる知識の泉として、そして理論物理学グループの知的リーダーとして、好意的に記憶している。今では考えられないが、学生はヒッグスといつでも面会できた。また、事務方の上層部と議論を重ねていた彼に対し、同僚は概して称賛と尊敬の念を抱いていたようである。

　ほかにも、彼は家族よりも自分の科学者としてのキャリアを優先しており、それが一九七〇年代初期に結婚生活の終わりを招いていた。一九七〇年の初め頃、アメリカの北東部からある科学者がエディンバラを訪れたとき、彼はヒッグス夫妻との夕食の場で、夏休み中にこっちへ来ないかとヒッグスを誘った。ジョディーは、当時二人になっていた息子を連れて家族四人でイリノイ州の両親を訪ねられるとわくわくした。実現すれば、彼女の両親は今度の夏で一歳ほどになる下の子と初めて顔を合わせられる。この申し出にヒッグスは前向きに応じ、あの段階では「仮でしかない計画」を大ざっぱに立てた。だがジョディーは、夫がそれをもって「約束した」と考えた[18]。ところが、あとで気づいたときには手遅れだったが、ヒッグスには「仕事で大変な夏」が待っていた。その夏は三人の学生が学位論文の仕上げにかかることになっており、当時はエディンバラ大学の学則により、学生の指導教官は試験を見届けるために立ち会う必要があった。これは同大の「くだらない規則」のひとつで、ヒッグスがのちに不服を唱えて改正に成功している。彼は四人そろってアメリカに短期間滞在することを提案したが、ジョディーは予定されていた期間の短縮を嫌がった。さらに、あの夏はキエフ（現キーウ）で高エネルギー物理学国際会議が開かれることになっていたのだが、英国代表団の一人が不参加となり、ヒッグスに代役の声が掛かった。彼はジョディーに「僕はキエフへ行くから、君と子供たちはアメリカに行け」と言った[19]。

　ヒッグスの主な動機は、理論物理学研究における国際的な潮流との接点を絶やさないことだった——彼はもうその最前線では研究していなかったのだが。その夏、ジョディーと二人の子どもはアメリカへ行った。ヒッグスの言うには、「あの時点で結婚生活はすっかり破綻しました[20]」。あいにく、この家庭内危機のせいで、彼は理論物理学への「興味をすっかり失う羽目に陥りました」。だが、一九七一年のトホーフトによる画期的な成果のおかげで「興味が少しばかり戻りました[21]」。彼とジョディーは一九七二年三月から別居したが、離婚はしなかった。

リーによってヒッグスの名が知られるようになったが、ヒッグスボゾンの発見は相変わらず手の届かないことだった。「私が生きているうちには答えが出なさそうに見えました。一九八〇年代になると、あのボゾンの発見は可能かもしれないと思い始めましたが、いつ頃になりそうかは皆目見当がつきませんでした[22]」。ではあったが、実験というジグソーパズルのピースが判明しだした。そしてかみ合いだし、数年のうちに一貫性のある全体像が初めて見えてきた。

　最初のピースはＣＥＲＮにおける一九七三年の発見だった。グラショウの洞穴から出てきた痕跡が、Ｗグマに電荷がゼロのきょうだいがいる、という彼の予想とぴったり合っていたのである。これらの足跡は$Z^0$の気配を漂わせていた——$Z^0$は、電弱相互作用と弱い相互作用を結び付けたグラショウによる一九六一年のモデルの申し子であり、同じくワインバーグによる一九六七年の場の量子論の申し子でもある。ここで、前にも触れたとおり、電荷を持つＷボゾンと中性のＺボゾンは質量が重すぎて当時の実験では生成できなかったが、その存在は間接的に推論できた。特に、Ｚが実在なら、電気的に中性で掴みどころのないニュートリノのビームが物質にはね返りうるとされていたのだが、今やそれが実験で観測されていた。

一方、原子核の洞窟から離れた素粒子の風景の別領域では、新たな痕跡が「チャーム」と呼ばれる量子的性質を持つ奇妙な粒子の発見につながっていた。これにより、どれほど懐疑的だった物理学者も、明確な理解へといざなう黄金の道を理論家が見つけたことを確信した。一九七六年の夏になると、チャーム粒子は弱い力と電磁気力を結び付けた新理論の予想どおりに振る舞うことが確かめられ、チャーム粒子が存在することの証明は、各種基本クォーク——強い相互作用をするハドロンの種《たね》——とレプトンとの見事な調和を完成させた。物質と電弱力に関する有効な理論の基本要素が、ヒッグス機構のおかげでしかるべきところに収まった。一方では、この理論が実用的な数値予測を与えることをトホーフトが証明していた。はね返るニュートリノがZの実在を間接的に支持していたところへ（ZやWの直接観測にはもう一〇年近く手が届かなかった）、チャームの発見が数学的にバランスのいいよくできた理論の完成に貢献した。その構築にとっての鍵は、自然がヒッグスの名を冠した質量機構に従っていることだった。

科学はコア理論の美しい候補を手にした。この構想をなす個々のピースは実験的に確かめられていたが、全体の頂点を飾るのはその重要な帰結、すなわちヒッグスボゾンが実在することの発見となりそうだった。ヒッグスボゾンがなければ、この理論はいつまでたってもただの数学理論だ。質量を持つボゾンにヒッグスが注目を集めてから一〇年後、その実在を確かめる方法に関するアイデアがいよいよ具体的になりだした。

ピーター・ヒッグス（左）とヘーラルト・トホーフト（右）。トホーフトは質量機構を独立に発見したことをきっかけに量子フレーバー力学理論を構築した。
（写真：Frank Close, 2012）

# 第二部

# 第九章　一度目の失踪――一九七六年

一九七六年の夏、ピーター・ヒッグスが自分にとって唯一「本当の意味で独創的と言えるアイデア」と呼ぶものを得てから一二年が過ぎていた。あのボゾンの記述が盛り込まれた一九六六年の論文を発表したあと、ヒッグスが科学文献に登場したのは、一九七三年のスコットランド諸大学サマースクールで自身による画期的成果の背景について講義を二回行なったという記録だけだった。[1] ピーター・ヒッグスによるいわばエベレスト登山はまだほとんど知られておらず、私たちの大半がそこに山があることにすらまだ気づいていなかった。セント・アンドリュース大学で開かれた一九七六年のスコットランド諸大学サマースクールのテーマは、当時の大きな実験的成果、すなわちチャーム粒子の確認だった。物質と力に関するコア理論の基本ピースが姿を現し始めており、さらに奥にある基盤への関心が高まりだしていた。その極致たるヒッグスボゾンの探索が二〇年後に物理学者の注目を大いに集めるわけだが、そのことはもちろん誰にも知る由もなかった。それでも、ヒッグスボゾンの重要性の認識は徐々に広まっていた。

当時の私は研究に携わって七年目で、うち二年はCERNにいた。ヒッグスボゾンのことはすでに耳にしていたが、ヒッグスが誰なのかも彼が存命なのかも知らなかった。このボゾンの概念は私の研究のメインテーマから外れていたが、その分野を代表する理論家の名はよく知っていたし、そのなかのイギリス人には面識もあった。だが、そこにヒッグスは入っていなかった。私は当初、ここ数年で耳にし始めていたその仮説は、量子力学の黎明期だった一九三〇年代のいつかに登場したものと思い込んでいた。

量子論の揺籃期に発見された知見の数々は、その創案者の名とともにこの分野の専門用語の仲間入りを果たしており、たとえば電子を記述するディラック方程式に冠されているのは、この分野全体に長年影響を及ぼしてきた理論物理学者ポール・ディラックの名だ。私はヒッグスと彼のボゾンもこの時代の話だと思っていた。

私は一九七六年のサマースクールに講師として招かれたのだが、うれしい驚きとして、その共同主催者にして開幕を飾る講演者が誰あろうエディンバラ大学のピーター・ヒッグス博士、あのボゾンの彼だった。私はそのとき初めて、ヒッグスが自分と同時代を生きている存命の科学者だと知った。物理学の最新の「必須知識」をその創案者から学べるとあって、私は期待に胸を大いに膨らませた。だが、この〝仮想ヒッグス〟を現実に変えるのは難しいことが判明した。私がスクールの受付を済ませている横で、エディンバラ大学からの同業者が集まり、慌てた様子で緊急会議をしていた。その議題は、ヒッグスはどこにいる？　彼はまだ来ていなかった。個人的な危機のせいで、聴衆を前に話をするどころではなくなっていたのだ。彼に基調講演はできないこと、さらには彼が来るのを丸二週間待つはめになりかねないことが明らかになった。

実はあのとき、ヒッグスは鬱の深刻な発作を起こしていた。音声学が専門の学者でもある疎遠になった妻が、アメリカでの六カ月の仕事を引き受け、二人の子どもを連れて引っ越したばかりで、もう戻ってこないのではと心配したヒッグスの容体が深刻なほど悪化して、講演の原稿を書けなかったのだ。あのトラウマのせいで、彼はとうとう姿を現さなかった。サマースクールは彼抜きで進められた。

## CERN訪問

サマースクールに行かずじまいになったあと、ヒッグスはエディンバラをしばらく出る必要性を感じた。そこで、数理物理学科長のニコラス・ケンマーに、回復のためとして二カ月の休暇を願い出た。その一年ほど前、彼はCERNの理論部門への訪問に招かれていたので、一〇月中旬、彼はこの申し出を受け入れた。

今日の私たちは、CERN（Conseil Européen pour la Recherche Nucléaire〔欧州原子核研究機構〕の略）を大型ハドロン衝突型加速器やヒッグスボゾンの発見と結び付けて考えがちだが、ジュネーブ郊外にある施設は一九五〇年代にヨーロッパ一二カ国の共同研究センターとして建設されたものだ。当初は並の工業用地ほどの敷地に粒子加速器と職員棟があるだけだったが、野心も装置も拡大した。一九七六年のCERNは素粒子物理学の世界的中心への道を歩んでおり、その名のEがEveryoneの頭文字と言ったほうが正確かもしれなくなっていた。多彩な加速器を擁する当時の施設は、スイスとフランスの国境をまたいで数平方キロの範囲に広がっていた。巨大な格納庫には実験設備が収容されており、施設の正面玄関近くにあるオフィス区画には、これといった特徴のない長い廊下が続く三階建ての箱形の建屋がずらりと立ち並んでいた。そこに理論物理学者が大勢詰めていた。それらしい話だが、ヒッグスボゾンの考えられる発見形態に関する初の総合評価は、ジョン・エリス、メアリー・ゲイラード、ディミトリ・ナノプロスというCERNの若き理論家三人による論文だ。発表は一九七六年だったが、ヒッグスはその内容をプレプリントを通じて一九七五年には知っていた。ヒッグスにとってCERNの三人によるこの論文は、自分のアイデアがとうとう真剣に取り合われだしたことを意味していた。とはいえ、エリスはこの数十年後に、当時は大勢があの数式を「WボゾンやZボゾン［弱い力の伝達粒子］に質量を与えるための数学トリック」と見なし、「『あの機構が物理的に実在するとは』必ずしも信じておらず、科学はスカラー［ヒッグス］ボゾンを要さないもっといいアイデアを生むだろうと考えていました」と振り返っている。[2]

ヒッグスは一九六六年の論文で、あのボゾンの崩壊や相互作用など、現象論について驚くほどの紙面を割いて議論しており、彼があの粒子の実在を本気で考えていたことをうかがわせている。だがあの論文のあと、ヒッグスは自分のアイデアの進展を模索しなかった。のちに彼は私にこう語っている。「自分はえてしてわが道を行く一匹おおかみです。他人が何を考えているかはまったく気にしません」。[3] 彼は共同研究を一切しなかった。していれば、ほかの研究者がこの分野の進展に興味を抱いたかもしれないのだが。一九五一年の一篇目を除き、彼の研究論文は単著ばかりだった。にもかかわらず、CERN訪問中、彼はヒッグスボゾンの発見に向けた壮大な探険計画が初めて立てられているのを目にした。

その計画には途方に暮れそうな問題があった。どこを探せばいいか、誰も知らなかったことだ。実際、エリス、ゲイラード、ナノプロスの論文を読むと、ヒッグスボゾンという発想そのものへの確信が一九七六年にはまだ薄かったことがわかる。ヒッグスボゾンが弱い相互作用の有効な理論を構築するための万能薬かもしれない、という一般認識は当時はなかった。三人は論文の導入部で、ヒッグスボゾンは「存在しないかもしれない」ことを認め、それを必要としないダイナミクスから矛盾のない理論がもたらされうると指摘したうえで、このボゾンが存在するかどうかを確かめるための戦略を述べている。

最大の問題は、かの仮想粒子の質量を知る手だても計算する手だてもなかったことで、ゆえに三人は（既存の、あるいは近い将来の）実験で手が届きそうな質量の範囲を対象に、あのボゾンを検出する最善の方法を評価した。どれがそうかは、あのボゾンが実際にはどれほど重いか／軽いかによる。質量が一〇ＧｅＶほど――陽子の質量の一〇倍ほど――を下回るなら、あのボゾンはパイ中間子、電子／陽電子、ミューオンなどの既知の粒子に崩壊する。一方、質量が一〇～一〇〇ＧｅＶなら、もっと重い粒子に崩壊することが多くなる。その根拠は、ヒッグスボゾンがどの粒子に崩壊するかの相対的な確率が、崩壊してできる粒子を構成するクォークの質量に比例すると予想されていたことだ[4]。これをふまえると、ヒッグスボゾンが崩壊してできる確率が最も高い粒子は、同年に新たに見つかっていた重いチャーム粒子ということになる。ＣＥＲＮの三人は実質的に、ヒッグスによる一九六六年の論文で初めて言及された性質――彼の名を冠したあのボゾンが示すえり好みの度合いはその子孫の質量に比例する——に光を当てていた。

新たに発見された粒子がヒッグスボゾンか、それともクォークや反クォークで構成される既知の粒子かを判断するのに、質量とのこの尋常ならざる親和性を活かせると三人は唱えた。彼らは、重いチャームクォークが初めて目撃されたのは「チャーモニウム」の名で知られる組み合わせとしてであること、そしてそれらは陽子が物質と高エネルギーで衝突したときに生成されたことに言及した。(5) チャーモニウム粒子は電子と陽電子に崩壊することがあり、その総エネルギーは親であるチャーモニウムの静止エネルギー（質量）に等しい。この類いの実験では普通、電子や陽電子は多数存在し、それらが持つエネルギーの量はある程度ランダムだ。チャーモニウムが実在していたという証拠は、電子一個と陽電子一個分のある決まった総エネルギー値が数多くの独立の測定で見られたことをもって得られ、その値が親チャーモニウムの質量——静止時のエネルギー——ということになる。CERNの三人は、この実験における電子と陽電子のエネルギーのスペクトルを、ミューオンの同様のスペクトルと比較することを提案した。ミューオンは、電子に似ているが二〇七倍重い。チャーモニウムの類いの粒子は、どちらの場合にも同じように崩壊するが、対照的なこととして、ヒッグスボゾンとの親和性は軽い電子よりも重いミューオンのほうが格段に強いはずで、ミューオンの実験では非常にはっきりしたシグナルが現れるのに対し、電子の実験では現れないと予想される。(6)

電気的に中性のヒッグスボゾンは、その静止エネルギー——質量——が電子と陽電子のエネルギーの和に等しければ、電子と陽電子の正面衝突による対消滅で直接生成されうる。だがあいにく、ヒッグスボゾンは相手粒子の質量に比例して結合すると予想されているところへ、電子と陽電子は何しろ軽いので、ＣＥＲＮの三人はヒッグスボゾンがこの方法で生成される確率は「無視できそうだ」と判断した。ではあったが、電子と陽電子の対消滅で電気的に中性のＺボゾンのような重い粒子が先に生成される場合には、あのボゾンが生成されることもありうると指摘している。九〇ＧｅＶほどという大きな質量で存在すると予想されていたＺよりもヒッグスボゾンが軽ければ、Ｚボゾンと一緒にヒッグスボゾンも生成される可能性があるのだ。(7)

詳細な分析を四二ページにわたって展開した末、三人は論文の最後の段落で、「ヒッグスボゾンの質量について見当もついていないことを実験家に謝罪」している。拍子抜けの感のある締めくくりはこうだ。「我々はヒッグスボゾンの大規模な実験的探索を奨励したいとは思わないが、ヒッグスボゾンの誘惑に弱い実験家は、それがどのような形態で出現しうるかを把握しているべきだと強く感じている」(8)

これが一九七六年の初めごろの状況だった。その存在や質量が確信をもって予想されていたＷボゾンやＺボゾンも、まだ実験的には確かめられていなかったことに留意されたい。その一方で、未来に目を向けた話として、電子と陽電子の対消滅でＺを生成できて、ひょっとするとヒッグスボゾンへの道が開けるような――あるいはいつか陽子の衝突によってヒッグスボゾンを直接生成することさえできそうな――巨大な装置の建造計画が動きだしていた。

一九七六年秋のＣＥＲＮ訪問中、ヒッグスはその最初の計画に関する議論に加わった。この計画によってのちに建造されるのが、大型電子・陽電子（ＬＥＰ）衝突型加速器《コライダー》という、今はＬＨＣを収容している周長二七キロの地下トンネルに並べられた磁石のリングだ。ＬＥＰなら電子と陽電子の対消滅を引き起こしてビッグバンの猛烈な熱をシミュレートできると考えたのである。陽子加速器の建造に詳しかった所長のジョン・アダムズは、いつか陽子ビームを収容できるほどトンネルを大きくしておくことを条件にこのプロジェクトの採用に同意した。そして計画担当者は、ヒッグスボゾンがＬＥＰの手に届かなかった場合に備えてそうした巨大な設備が収まるトンネルを掘ることに同意した。この先見の明がのちにＬＨＣとそこから得られる大きな成果の数々につながるのである。

## ウィルチェックのひらめき

ヒッグスボゾンの検出の理論についてはこれくらいにしよう。ヒッグスボゾンはそもそもどうしたら作れるのか？　皮肉なことだが、理論によるとヒッグスボゾンは軽い粒子ではなく重い粒子と結合したがるというのに、実験家が使っていた一般的な粒子——電子、陽電子、陽子など——は最も軽い類いだった。今ではわかっているとおり、それらはヒッグス場との相互作用を忌み嫌っているから軽く、だからヒッグスボゾンを生成しそうにないのである。

こちらに関する突破口は翌一九七七年の夏、シカゴのフェルミ国立加速器研究所（フェルミラボ）において、強い相互作用とクォークの性質に関する博士論文の研究でのちにノーベル賞を受賞するアメリカの理論家フランク・ウィルチェックによって開かれた。彼のひらめきのもとは前年になされた一連の発見で、そのクライマックスと言えるものが一九七七年七月にフェルミラボでなされていた。チャームの確認と同時期の一九七六年春、電子やミューオンの重いきょうだいが発見されていた。

「タウ（τ）レプトン」だ。第三の荷電レプトンが、それも電子の約四〇〇〇倍も重いものが発見されたことから、理論家はさらに重いクォークの存在を予想した。クォークとレプトンについて現れだしていたパターンの対称性を維持するためである。その重いクォークは「ボトム」と「トップ」と名付けられた。トップクォークはのちの一九九五年に発見されるのだが、ボトムクォークが含まれている最初の粒子は一九七七年七月にフェルミラボで発見された。ウィルチェックはその夏にフェルミラボを訪問しており、重いクォークに注目したことがきっかけで彼による大きな成果が生まれたのである(9)。

強い相互作用に関するウィルチェックの専門的な知見によれば、陽子どうしが高エネルギーで衝突すると、その内部でクォークどうしをつなぎとめていた強い場が揺らぎ、量子不確定性によって重いクォークと反クォークが生じてもおかしくなかった。この一過性の重い粒子が今度は互いに対消滅してヒッグスボゾンを生成しうる。この最後の段階は実際問題として「起こりやすい」はずだ。理論上、ヒッグスボゾンは重い粒子と結合したがるから、言い換えると、相手粒子の質量が大きいほどその相手との親和性が強いからである。ウィルチェックは質量の軽い陽子から重量級クォークのかりそめの存在へ、というエネルギーのはしごを量子不確定性を活かしてのぼる方法を特定したのだ。この重量級クォークがヒッグスボゾンへの入り口となりうるのである。

次の課題はヒッグスボゾンそのものの検出だ。ウィルチェックはこちらについてもひらめきを得た。ヒッグスボゾンは陽子二個に、実質的にその生成とは逆の過程を経て崩壊しうる。まず、ヒッグスボゾンは重いクォークと反クォークに、あるいはもしかするとWボゾンかZボゾンに崩壊ないし変化し、それが今度は互いに対消滅して光子が二個できる。光子の検出は技術的にわりとたやすい。実験家は光子のエネルギーのスペクトルを測定し、そこに相関を探せる。光子ペアのエネルギーが特定の値に集まる傾向が見られれば、光子を放った粒子の質量をその値が示していることになる。

この新たな粒子が本当にヒッグスボゾンだと確かめるためには、エリス、ゲイラード、ナノプロスが調べていたようなほかの崩壊チャンネルでもそれを検出する必要がある。ここで、ウィルチェックの洞察は新たな可能性をもたらしていた。ヒッグスボゾンが二個のZボゾンに崩壊したなら、それぞれがミューオン対に、または電子／陽電子に崩壊しうるので、ヒッグスボゾンがレプトンを四個放つ可能性が生じる。その内訳は二対で、これらに限ってZの質量の周辺に集まる。これは粒子の振る舞いとして普通ではなく、現にその四〇年後にはCERNの実験家がまさにこのパターンをもとに、光子二個のチャンネルに現れていたヒッグスボゾンの存在を最初に確かめている。ここで、Zは一九八三年まで発見されていないことに留意されたい。Zの崩壊をヒッグスボゾンの試金石として使うというアイデアは想像上の話だったのだ。

こうして、理論家はヒッグスボゾンを生成する方法もその身元を確認する方法も一九七七年にはもう突き止めていた。だが、質量は相変わらずわかっていなかった。

## バンクォーとあのボゾン

ＣＥＲＮでは実際にも比喩的な意味でもいとも簡単に迷子になりえる――ヒッグスが思い知ること

になるように。当時の理論部門はオフィスと実験施設が立ち並ぶ迷宮の中で廊下三本分を占めており、一九七六年には恒久的なメンバー十数名と、期限付き契約の特別研究員《フェロー》五〇名ほどを擁していた。このうち、フェローは各国で競争を勝ち抜いてきた若いポスドク科学者で、国の代表として一～二年滞在していた。フェロー枠は小国には概して年に一枠、大国には二枠与えられていた。巨大な先端科学大学のようなCERNにいるのは、いるだけのことはある人材ばかりで、そのことはCERN理論部門フェローの座を各国で勝ち取るための熾烈な競争が物語っている。ここでは極端な形のダーウィン淘汰が働いている。選ばれた者は自国では勝ち組だったかもしれない。でなければ狭き門をくぐれていなかったはずである。しかし、ここに来ると周りは自分と同レベルか自分よりも上ばかりだ。注目され、生き残るチャンスを手にするためには、自分の才能を率先して売り込まなければならない。そうしてこそ前向きで価値のある経験の芽が出るというもの。なにしろ、いいアイデアを持っているなら、このタレント集団のなかの誰かが反応して、共同研究に発展する可能性がきわめて高いからだ。進歩はこうしてなされている。

ヒッグスのCERN滞在はこのプロセスの一環のはずだった——そして、そうあるべきだった。ところが、『マクベス』の酒宴におけるバンクォーの亡霊よろしく、彼の存在は研究部門のほとんど誰にも気づかれなかった。破綻していた結婚生活のプレッシャーから逃れようとCERNにいた二カ月間、彼の存在感のなさはセント・アンドリュース大学で催されたサマースクールでの不在といい勝負だった。

ヒッグスは後年、このときのCERN滞在について私にこう語っている。「本来できたはずの交流の面でうまくいきませんでした。連続セミナーの開催について私がまったくの無知だったからです。……どういうシステムになっていたのかまるで知りませんでした」[10]。ＣＥＲＮでは、少数の専門家向けのきわめて特化された専門的なものから、幅広い聴衆を対象とする毎週のコロキウムまで、多彩なセミナーがいくつも行なわれている。コロキウムの登壇者は世界中から招かれ、コロキウムでの講演を主眼としてＣＥＲＮに数日滞在する。専門的なセミナーの数々も、コンサルタントとして引き入れる手だてとして外部の科学者を招待した結果だ。研究室所属または長期滞在中の科学者の場合、話したいことがあればセミナーの世話役に枠をもらうのが通常の手続きである。ヒッグスはこのことに気づかなかった。内気な性格の彼は招かれるのを待っているうち、「気づくのが遅すぎて」気づかれずじまいになったのだ。誰からも依頼はなく、彼は自分の仕事について話をしなかった。

ＣＥＲＮの理論家三人がヒッグスボゾンの最善の探し方について論文を書き上げたばかりだったことを思うと、ＣＥＲＮの誰もヒッグスを積極的に講演に招こうとしなかったという事実は注目に値しそうだ。ヒッグスがＣＥＲＮにいたのに、エリス、ゲイラード、ナノプロスの研究に太鼓判を押すことにならなかったのはなぜか？　のちに革命を引き起こす成果の生みの親が、研究部門の科学者相手の講演に黙っていても招待されることがなかったのはなぜか？　もしかとすると一九七六年には、今思うほど不自然なことではなかったのかもしれない。ＣＥＲＮでも世界の物理学でもやがて大勢がヒッグスボゾン探し一色に染まるが、それは後年のことだ。ヒッグス本人は相変わらず傍観者だったし、この企てを率先して進めていたのはほかの物理学者だった。

のちにＣＥＲＮの理論部門を率いるジョン・エリスもその一人だ。彼は以降数十年にわたり、ＣＥ

ＲＮと世界の物理学の注目をヒッグスボゾン探しに集めるうえで指導的な役割を果たした。ボゾン探しを進めることへの躊躇、あるいは提案されていたＬＥＰであのボゾンが見つかる可能性に関する最初の議論のことを、エリスは今でも覚えている。だが、ヒッグスが研究部門を訪問していたことについて私が尋ねたところ、エリスは「ヒッグスが一九七六年にＣＥＲＮにいたことは正直言ってまったく思い出せません」と言っていた[11]。

ヒッグスが誰からも気づかれなかったのは、おとなしい性格のせいだったかもしれないが、それは話の一部でしかなさそうだ。一九七六年のヒッグスに、新たに言うことはないに等しかった。彼による質量生成の理論とヒッグスボゾンに関する予想は、発表されてから一〇年以上経っていた。この並外れた洞察から分野が一つ立ち上がっていたが、今や本人は傍から見ているだけで、未知の領域へ踏み込んでいたのはほかの科学者だった。一九七二年のシカゴでの会議で、リーのセッションの焦点は、トホーフトとヴェルトマンによるブレークスルーと、弱い力に関する有効な理論ができそうだという刺激的な可能性だった。二人の優れた論文は素粒子物理学の新たな方向性を確立し、そんな二人による講義は必聴となった。ヒッグス機構は二人の大勝利におけるトホーフトの成果に欠かせない要素だったが、一九七六年の大勢にとって、「ヒッグス」は単なる名称、特定のボゾンの接頭辞であり、すぐに思い浮かぶ有名な科学者の名前ではなかった。ＣＥＲＮの若き理論家三人にとっても同じで、三人はあのボゾンの考えられる探索戦略を示し、実験で生成するための課題を明確にしたままでだった。

その三年後の一九七九年には、ヒッグスの認知度が彼の所属大学でも低かったことがあらわになっている。ケンマーが退職して、理論物理学のテイト教授職が空席となったとき、ヒッグスはその候補者リストにも残らなかったのだ。彼の先駆的な重要論文はよく知られており、彼の名を冠したボゾンの国際的な探求がすでに始まっていたのに、未来のノーベル賞受賞者が候補からこうもすっかり外れていたということが、認知度の低さを雄弁に物語っている（ただし、ヒッグスには一九八〇年に特席教授の座が用意された）。彼は思慮深い博識の学者で、理論物理学の進展に遅れずにはいたが、悲しい現実として、もうこのテーマの最前線には打って出ていなかった。彼は一〇年以上、そのエネルギーの大半を核軍縮と大学の活性化に捧げていた[12]。

その後の数十年で、ヒッグスの名はあのボゾンの探求にますます関連付けられるようになった。質量に関する成果についてはブラウトとアングレアのほうがヒッグスよりも先行していたのだが、やがてそのことはおろか、そもそもこの二人の名が一般市民にほとんど知られなくなった。この誤解は数十年ほど物理学界の大部分にも広がっていた。途方もない回数引用されたワインバーグのレプトンモデルの論文と、彼による一九七一年の続篇論文では、ヒッグスによる一九六四年の論文の出典が誤って《フィジカル・レビュー・レターズ》誌とされており、同誌でヒッグスの論文がブラウトとアングレアの論文よりも先行していたように見えるのだが、そのワインバーグの論文が理論家にとってこの分野への標準的な入り口となっていた。エリス、ゲイラード、ナノプロスもそこから入ったくちで、実験物理学者にとっての試金石となった三人による一九七六年の論文でも、ヒッグスの論文の優先権を暗黙のうちに示唆するような出典の誤記が繰り返されている[13]。それから数十年、理論や実験に関する論文の発表が世代を超えて続けられるうち、順番の誤記は遺伝子の変異のように広まった。ゲージボゾンが質量を獲得する機構の記述にヒッグスの名が付されるようになったが、その発見に関して彼は本当は次点だ。ヒッグスが誰よりも早く言及したのは、この機構の証明におけるヒッグスボゾンの重要性である。

あのボゾンについて記述したときのヒッグスは三六歳。やがて実験的な証拠がＬＨＣで上がるまで、彼がＣＥＲＮを訪れてから三六年かかることになる。だが、この一大サーガの大部分に、この壮大な企ての発端たるピーター・ヒッグスは登場しない。

そして、登場しないのはヒッグスだけではない。インペリアルカレッジのトム・キッブルは、一九六七年に当初の機構の拡張版を考案したほか、ワインバーグにひらめきを与えて粒子と力のコア理論——今ではよく標準模型《モデル》と呼ばれているもの——が誕生するきっかけをつくったが、そのキッブルを除く六人衆は、自身による一九六四年の独創的な仕事を活かそうとはしなかった。あの成果の重要性は何年も、あるいは何十年と、論文の原著者数名にさえ気づかれなかったのだ。(14) ジョン・エリスはこの状況を、あの「着想が市場価格で売られていたことはありませんでした」と表現している。(15)

# 第一〇章　千里の道も一歩から

一九七六年のCERNで、ヒッグスは新しい粒子加速器に関する最初の議論に加わった。その三〇年後、この構想はヒッグスボゾン探しのために建造された大型ハドロン衝突型加速器《コライダー》（LHC）という装置として結実するのだが、その第一歩は、大きな意味を持つこの最初の議論からまもない一九七八年に踏み出された。大柄で実にエネルギッシュで押しの強いイタリアの物理学者カルロ・ルッビアがアダムズやCERN上層部を説得して、陽子とその反物質である反陽子とを衝突させられるように既存の装置を改造することになったのだ。物質と反物質、陽子と反陽子が対消滅すると、その残骸のなかでたまにWまたはZボゾンができるかもしれず、そうなればヒッグスボゾンへの道という新たな枠組みに最初の足掛かりがもたらされる。そうルッビアは考えたのである[1]。

　四十年後の今日、既存の装置を改造するというルッビアの決断は、素粒子物理学の規模と大志が新時代に突入した瞬間と捉えられる。二〇〇〇年前、古代ローマの哲学者が物質は小さな独立した要素でできていると唱え、それを原子と名付けた。この基本要素に関する認識は――特に一九世紀と二〇世紀に――発展したが、中心的な疑問は変わっていなかった。物質の基本構成要素は何か？　この探求の焦点が変わる最初の兆しとして、一九三二年に陽電子という形で発見された反物質を皮切りに、ミューオンと呼ばれる重い電子の類いやストレンジ《奇妙な》粒子が発見されていった。これらは地上にいてもなかなか見られず、上層大気に降り注ぐ宇宙線の研究や、それを再現する装置の建造がなされていなければ、今なお知られていなかっただろう。

一九世紀を通して行なわれた地上の物質の研究はほぼすべて、単独の実験家によって、卓上に載る小さな機器を使ってなされていた。彼らは五〇億年の投資を利用していた。自然がその基本要素を複雑な構造――結晶、分子、原子、素粒子――に封印して久しいのだが、人類はこの構造の仕組みを創意工夫で読み解いていた。

一九三〇年代に製作された初期の粒子加速器は、どれもひと部屋に収まる大きさだった。ケンブリッジ大学では使われなくなった講堂が充てられていたし、カリフォルニア州バークレーでは物理学科の隣の空いていた建屋で十分だった。第二次世界大戦が終わると、粒子加速器は発展した。一九六〇年頃の加速器は、磁石を周長約五〇〇メートルのリング状に並べたものが普通になっていた。だが使い方は相変わらずで、一般に、強力な陽子ビームを地上の物質でできた液体や固体の標的に激しくぶつけて、その奥底に潜んでいる要素をあらわにさせていた。それに対し、物質が反物質によって対消滅すると、それにより物質が放射エネルギーに変換され、その強烈な熱が実質的に〝ビッグバン直後の環境〟もどきをつくる。この小規模の〝バン〟から、新たな形態の物質や反物質が生じることがある。それまでの焦点は物質の成り立ちだったが、それ以降、目標は基本構成要素の起源とそこに含まれる奇妙な変種、そしてそれらが安定な物質のひな型に転化する過程を理解することへと変わり、焦点が物質の創造という作用――放射エネルギーが凝固して質量を持つ物質粒子になる仕組み――へとシフトしていった。

陽子と反陽子の対消滅でWボゾンやZボゾンを作る試みは、素粒子物理学の新たな舞台の幕開けを告げたばかりか、粒子加速器の工学に革命を起こした。CERNでは、強烈な電場の威力で原子をばらばらにし、その結果できる陽子をスーパー陽子シンクロトロンと呼ばれる周長七キロの加速器に注入する。注入された陽子はまとめて細いビームに絞られ、磁石によってリング状の経路に誘導される。かつて陽子は核物質の固定標的にぶつけられていたが、そのエネルギーの大半が原子核の反動で失われ、大した破壊力を生んでいなかった。ルッビアは、反陽子——陽子の反物質——を蓄積し、そのビームをリング状の経路に逆回りで誘導して、陽子のビームと正面衝突させる、という独創的なアイデアを思いついた。

そのためには、専用の施設で反陽子を作り、早まって対消滅しないようほぼ完璧な真空中に蓄積してからビームにまとめ、円周を取り巻く磁場を使って誘導する必要があった。陽子と反陽子は質量が等しく電荷の符号は逆なので、同じ磁石で二本のビームを互いに並行逆向きに周回させることができる。

放射能の理論の言うとおりなら、室温の原子核の奥底でW粒子がたまに生じ、放射性崩壊の引き金を引いている。その場合のW粒子は検出可能になる前に消滅し、この推移の間接的な結末として放射性崩壊が起こる。だが、CERNでの実験が作り出す混沌とした環境の中で陽子と反陽子が対消滅すると、十分な量のエネルギーが一点に集中し、W粒子やZ粒子が表に出てくるはずだった。理論的な予想が正しければ、なかなか捕まらないWボゾンやZボゾンがこの火の玉から現れいでるはず、とルッビアは確信していた。WボゾンやZボゾンは非常に不安定だが、その誕生の場を総重量二〇〇〇トンという最先端の電子装置で取り囲んで検出することで、その崩壊による生成物を死の瞬間に捕捉できる。こうしてつかの間の生涯を調べて特性を測定し、理論と比較できるのだ。

一九八〇年には遠い夢でしかなかったLHCよりも、ルッビアの装置ははるかに小規模だったが、直径が二キロをわずかに超える程度の周長七キロの陽子・反陽子コライダーでも、反物質の利用や対消滅を目指したそれまでの試みと比べれば巨大だった。従来の装置では、電子と陽電子を円周上での超高速一〇〇メートル走に送り出したあとに衝突させていた。この規模を拡大して、電子よりも二〇〇〇倍ほど重い陽子や反陽子を制御するためには、並大抵ではない努力が求められた。これはビッグサイエンスにおける新たな奮闘であり、少なくともその規模はじきにシカゴ近郊のフェルミラボの陽子加速器と肩を並べた。CERNの装置の稼動準備は一九八一年までに整った。

粒子発見の最前線で限定的な成功を収めたヨーロッパ屈指の研究所から、今日のような世界をリードする中心地へとCERNが発展していくうえで、この加速器は大きな貢献要素となっていく。だが一九七〇年代の素粒子物理学では、主な発見の大半がアメリカでなされていた。タウレプトンやチャームクォークを発見したのはスタンフォード大学の線形電子加速器であり、ボトムクォークでできたハドロンを最初に発見したのはフェルミラボだった。傍から見ると、CERNはぐずぐずしていた。CERNでも、電気的に中性のニュートリノが標的にはね返る、という中性の弱い相互作用を発見してはいた。これがグラショウの独創的なモデルと合致しており、電弱理論にさらなる確信を与えていたのだが、その最も高精度の検証はアメリカでなされていた。

素粒子物理学に対するＣＥＲＮの主な貢献は、まだ誰もそうとは知らなかったが、ＣＥＲＮが「未来を創造」していたことだった。[2] 少なくとも、若い頃に粒子加速器に携わっていた一人の科学者がそう記憶している。アバデア生まれのウェールズ人、リン・エヴァンズは、一九七〇年に博士号を取って博士課程を終え、一時的なフェローシップを獲得してＣＥＲＮに加わった。当時のＣＥＲＮは、交差型蓄積リング（ＩＳＲ）という世界初の陽子コライダーの建造中だった。ＩＳＲは陽子しか使わないので、ビームを互いに逆向きに誘導するためにリングが個別に二本必要だった。一方の磁石のリングが陽子を円周の時計回りに誘導するのに対し、もう一方の磁石のリングは極性が逆で、陽子を逆回りに誘導する。リングが交差するところで、陽子は正面衝突する。ＩＳＲは一九七一年から一九八四年まで稼動した。ＩＳＲはチャームクォークやボトムクォークを含む粒子を大量に生成したはずなのだが、ビームラインに対して角度の大きい方向に生成された粒子を検出できるようには検出器が構成されておらず、そうした粒子がまったく見えなかった。とはいえ、装置としてのＩＳＲは、陽子を衝突に導いたこと、そしてオランダの工学研究者シモン・ファン・デル・メールが発明した「確率冷却法」を使ってビームを強める技法を開発したことの二点において、技術的な大勝利だった。

エヴァンズの在任資格の終わり頃とほぼ同時期の一九七二年、ＣＥＲＮはスーパー陽子シンクロトロン（ＳＰＳ）の建造を決定し、それに携わる仕事の契約がエヴァンズに持ちかけられた。彼がすでに加速器物理学の第一人者となっていた六年後の一九七八年、ルッビアがＣＥＲＮの理事会を説得して、ＩＳＲでの経験を活かしてＳＰＳを陽子・反陽子コライダーに改造することになった。既存のＳＰＳのリングが一本あれば、原理的には、陽子を一方向へ、反陽子を同じリングでその逆方向へ周回させられる、というのが彼のアイデアだった。紙の上では見事なまでにシンプルだったが、技術的には途方もない難題だった。

エヴァンズはこのコライダーの設計と建造に携わり、その初となる試験運転の用意は一九八一年に調った。私が彼から聞いた話によると、成功の確信は誰にもなかった。「深夜の制御室にいたのはカルロ［・ルッビア］と私だけで、ほかには誰もいませんでした。それには相応の理由がありました。あれが本当に動作するという自信が私たちになかったからです[3]」

幸い、ＳＰＳは動作し、ＣＥＲＮで素粒子物理学上の大発見と加速器設計のイノベーションの四〇年が始まった。一九八二年の秋と一九八三年の春に、このコライダーで陽子と反陽子の衝突が何百万回と記録された。破片の大半は、パイ中間子や光子のような既知の粒子でできていた。理論が正しいなら、きわめてまれにＷボゾンやＺボゾンがあの灼熱の中で一時的に出現するはずだったが、崩壊したときに残される痕跡からそれを検出するという作業は、ただでさえ珍しい貴重な針を干し草の大きな山の中から探し出すようなものだった。二〜三カ月のうちに、片手に余るほどの事例が選り抜かれた。データが蓄積されて分析され、チームは公表するに足る確信を得た。一九八三年一月二四日、$W^+$と$W^-$の発見が発表され、六月の第一週には$Z^0$が報告された。ルッビアのビジョンは、Ｗ粒子とＺ粒子の発見として報われた。Ｗボゾンの約八〇ＧｅＶ、Ｚボゾンの九一ＧｅＶ強という大きな質量は、理論的な予想と一致していた。弱い力と電磁気力を統合する新理論というパズルに対して初めて得られたピースは、しかるべきところに収まった。

## ヒッグスボゾンの理論上の手がかり

WおよびZボゾンの確認は理論物理学者にとって、いわば知識の塔で一つ上の階にのぼることに当たった。そこからの高い視座が新たな展望を生み、これらの粒子の実在を前提に書かれていた既存の理論的論文の重要性が高まった。そんな論文を書いていた一人が、オックスフォード大学のクロスカントリー競走部で主将を務めたこともある、細身で背の高いイギリスの理論家クリス・ルーウェリン・スミスだ。彼は一九七三年に、これらの粒子のビームが衝突する様子を思い描けることを示していた。当時は、そんなビームについては衝突のさせ方どころか、作り方さえ誰も知らなかったのだが、衝突が起こる様子は想像でき、その成り行きの可能性を評価できたのだ。「思考実験」という技法には長い歴史があり、なかでもアルベルト・アインシュタインの場合は、自分が光速で移動した場合の体験を想像したことが特殊相対性理論を思いつくヒントになり、自由落下するエレベーターの中で重力と無重力感とを区別する方法について考えたことが一般相対性理論につながっていた。アインシュタインとニールス・ボーアが量子論を巡って重ねた議論は、こうした思考実験のいくつかがベースになっていた。

そんなわけで、ルーウェリン・スミスの取り組み方は実績十分だった。彼は場の量子論の論理を用いて、質量の大きなWまたはZ粒子が互いに衝突するとどうなるかを推測した。すると、矛盾が明るみに出た。既知の量子トリックをすべて盛り込んだところ、そうした衝突を起こそうとすると、エネルギーが大きくなるにつれて粒子が相互作用する確率も大きくなり、どこかで一〇〇パーセントを超えてしまうのだ。これは明らかに無意味で、理論が不完全であることを示していた。

ルーウェリン・スミスが得た結果は、大惨事どころか、胸躍るものだった。彼の式にWとZはあったが、ヒッグスボゾンがなかったからだ。彼の式はさらに、ヒッグスボゾンが存在したなら、Wボゾン二個の衝突による量子波がヒッグスボゾンからの量子波と干渉し、数学的に意味のある結果――一〇〇パーセントを決して超えない確率――を導きうることも示していた。WとZが確認済みとなっていた今、このことは電磁気力と弱い力の融合を完成させるにはヒッグスボゾン――ないしそれに類するもの――が必要だと示すさらなる証拠だった。

電弱相互作用の理論において、この現象を支配する重要な質量が二つある。当初は「弱い」力として知られていたものの実質的な強さはこの二つに支配される。一つはWボゾンとZボゾンの質量で、どちらも一〇〇GeVを少しばかり下回っている。

粒子間でやり取りされるエネルギーの量がWまたはZの質量ないし静止エネルギーと同程度、すなわち一〇〇GeVほどである過程は、電弱相互作用と同じ強さないし確率を持っている。そうした条件下で、この二つの力は実際に統合される――「電弱対称性」と呼ばれる状況である。Wボゾンの質量はエネルギー規模の基準のようなものだ。なぜなら、粒子間の相互作用が起こる確率は、粒子間でやり取りされるエネルギーの量に、Wボゾンの質量$M_W$との比で依存するからだ。この依存性は実に敏感で、場合によっては、このエネルギーとWの質量との比の四乗$(E/M_W)^4$に比例する。エネルギーのやり取りが小規模で、この比が非常に小さい場合、力の影響は微弱だ。たとえば、自然発生する放射性崩壊が一九世紀末に発見されていたが、このとき原子レベルで解放されるエネルギーは$M_W$のわずか一〇万分の一にすぎない。だからこそ、関わる力が弱いと命名されたのだ。[4]

一九八〇年代には、電磁気現象に比べてまれに見えていたことを理由にそれまで弱いとされていた過程が、ＣＥＲＮの陽子・反陽子コライダーでのＷおよびＺボゾンの生成によってその発生機会を劇的に増やし、電磁気現象とおおよそ同じ割合で起こることが確かめられた。このレベルのエネルギーで二つの力が統一されることはこうして立証された。弱い力が歴史的に弱いと認識されていたのは、二〇世紀初期に行なわれたどの実験も、Ｗの静止エネルギーである八一ＧｅＶと比べて低いエネルギーに限られていたからだったのである。

こうしたすべてが、粒子が相互作用する確率はＷを基準としたエネルギー$E/M_W$に比例する、という理論的な予想に沿っていた。では、エネルギーが一〇〇ＧｅＶよりもはるかに高く、この比が大きい場合の実験にとって、このことは何を意味しているのか？　極端な高エネルギーの場合、素粒子どうしの相互作用が起こる確率は非常に大きくなり、その計算に関わる数学技法——「摂動論」——が破綻する。極限においてこの理論は常識から逸脱し、たとえば確率が〝絶対確実〟を上回る。ここで、質量に関するもう一つの基準——ヒッグスボゾンの質量——が支配権を握る。ヒッグスボゾンの質量は、力の強さの増大がいつ止まるかを実質的に定め、確率が一〇〇パーセントを超えないようにして意味のある結果を出す。ヒッグスボゾンの質量が小さいと、増大に対する制約はわりと低エネルギーで起こり、力の影響は比較的微弱にとどまる。それに対し、ヒッグスボゾンの質量が非常に大きいと、当初は弱いとされていた相互作用の無力化がかなり先延ばしされ、その力は極端なエネルギーに達するまで強まり続ける。

WとZが確認されたおかげでこのことも理解され、フェルミラボのベン・リーおよび同僚のクリス・クイッグとハンク・サッカーの三人による計算に注目が集まった。一九七七年、彼らは弱い力を和らげるというヒッグスボゾンの役割に焦点を絞った論文を発表しており、そのなかで一九七三年のルーウェリン・スミスと同じような思考実験をしていた。[5]

ルーウェリン・スミスは、理論が一貫性を持つためにはヒッグスボゾンが必要という結論をすでに出していたが、予想される質量は計算していなかった。五〇年後、彼はこう振り返っている。「［ヒッグスボゾンの質量が無限大だと］仮定すると、当時は想像もつかなかったようなエネルギーで相殺が失敗するので、定量化しようとは思いませんでした」。フェルミラボのチームの式は、WまたはZボゾンが互いに相互作用する確率を記述しており、三人がそれを解いてみたところ、ヒッグスボゾンの質量が一〇〇〇GeV、すなわち一TeVを超える場合に確率が一〇〇パーセントを超えた――つまり無意味となった。ルーウェリン・スミスが計算した頃、最も重い既知のボゾンの質量はわずか2GeVという、陽子の二倍ほどだった。ルーウェリン・スミスがすでに気づいていたとおり、一〇〇〇GeVというフェルミラボのチームの結果は、当時は実際問題として想像を絶する大きさで、その後も三五年そうだったのだが、のちに彼は「フォローアップしなかった自分を責めました」と語っている。[6]

ユトレヒト大学のマルティヌス（ティニ）・ヴェルトマンも、ヒッグスボゾンが真空での量子揺らぎにどう影響を及ぼしうるか、そしてたとえば電子やその重いきょうだい分のミューオンによる磁場への反応――「磁気モーメント」――の精密測定にどう寄与しうるかについて、計算を行なっていた。理論と実験データの一致を理論の数学的な一貫性と考え合わせることで、あのボゾンの考えられる質量の範囲が限定された。こうした補完的な研究でも、約一ＴｅＶを超えないエネルギーで何かが介入して、確率や論理的矛盾が増え続けないようになっているはず、という同じような結論に至っていた。

ただ、フェルミラボのチームはこれをヒッグスボゾンに関する理論的な議論だとは主張していなかった。この段階では大勢の理論家が、この質量機構を興味深い数学トリックだと見なし、電弱対称性を破っている真の伝達粒子としては質量を持つボゾンではない何かの存在が明らかになるだろうと予想していた。フェルミラボのチームは、より一般的に次のように推測していた。すなわち、「［Ｗまたは Ｚ］ボゾンに加えて新たな現象が見つかるだろう」。「質量が一ＴｅＶを優に下回る」ヒッグスボゾンが存在しているか、それとも、「弱い」相互作用が強い相互作用に似た特徴を示すうえに、新たなレベルの構造や共鳴などを持っているかのどちらかだ。いずれにしても、期待を持たせる新たな現象が存在することは間違いなく、探すべき領域は一ＴｅＶレベルのエネルギーである。

リー、クイッグ、サッカーがこの論文を書いた頃、ＷとＺはまだ発見されていなかった。ヒッグスボゾンが約一〇〇ＧｅＶよりも軽く、よってＬＥＰの手に届くことは、当時はまだ現実的な可能性だった。だが、それ以上へ、一ＴｅＶよりも上へはどうやって進むか、という疑問が物理学者の頭を占め始めた。フェルミラボの三人の論文はヒッグスボゾンに言及しており、まだ仮想粒子にすぎなかったその存在を軸に展開されていたが、三人はヒッグスはおろか、六人衆の誰の名にも言及していなかった。一九七八年になると物理学者のあいだで、ヒッグスボゾンはもちろん（誤ってそう命名された）ヒッグス機構も、フェルミラボの三人が「一ＴｅＶにおける弱い相互作用のパラドックス」と呼んだものの商標となりつつあった。

電弱理論に沿ったＷとＺの発見を受け、注目の焦点は一九八九年に運用開始が予定されていたＬＥＰにおけるＺの詳細な調査に移った。ヒッグスボゾンがＬＥＰで見つかるかどうかは相変わらず可能性にすぎず、そのうえ、〝何かしらの新発見がこのパラドックスを解決するに違いない〟程度のものしか理論的な指針がないなか、高エネルギー素粒子物理学の長期的な視野はテラ電子ボルトレベルのエネルギーでの探索に向けられることとなった。

# 第一一章　1TeVを目指す装置

混乱と錯綜の二〇年だった一九五〇年代と一九六〇年代ののち、素粒子物理学は一九七〇年代の発見を経て、一九八三年にWおよびZ粒子の発見で絶頂を極めた。おかげで霧が晴れ、基本的な電磁気力、強い力、弱い力を自然がどう構成しているのかが見通せるようになった。とりわけ興奮をもって迎えられたのが、これらの力のダイナミクスが共通の数学構造に支配されているとわかったことだ。場の量子論によると、どの力もエネルギーのパケットの形でやり取りされている。電磁気力の場合、電磁放射のパケットは光子だ。弱い力でこの役割はWとZが担うのだが、どちらも重すぎてこの役割を果たすのはほぼ不可能である。繰り返すが、この不可能であることが根本的な原因で弱い力は微弱に見え、そのせいで「弱い」と名付けられたのだ。そこへヒッグスら六人衆が質量機構を発見したおかげで、WおよびZ粒子の大きな質量の源が、そして電弱力と弱い力の強さが不均衡と認識されていた理由が、少なくとも理論上はようやく理解された。

天文学と宇宙論での発見によって、宇宙創成に関するビッグバン理論への確信がいっそう強まり、宇宙が変わり続けていることが立証された。質量機構と同年に発見されたマイクロ波背景放射は、一三八億年ほど前に起こった灼熱のビッグバンの残響だと認められた。CERNでは陽子と反陽子の対消滅によって原子よりも小さい体積内に途方もないエネルギーが放たれ、ビッグバン直後の条件の実験室シミュレーションを実現していた。

粒子加速器はこの新たな見方のおかげで、ビッグバンの中を覗いて生まれたての宇宙のダイナミクスを明らかにする天体望遠鏡の類いとなった。また、この分野を「実験宇宙論」と銘打つことで、素粒子物理学は世間から長年向けられてきた懐疑的な目から解放された。それまで、この分野は想像を絶するほど小さな粒子を対象とする難しい切手集めに見えており、集められていた粒子の大半がつかの間の存在で、日常世界とのわかりやすい関連がなかった。設備や検出装置にしても、往々にして大量のコンクリートブロックでできた放射線シールドの内側に隠されて外からは見えず、工学や技術の粋が目に触れる機会はなかった。そんななか、こうして重要な使命が生まれ、素粒子物理学はメディアや一般市民から注目されだした。

だが、運用費は批判の的となり、大型電子・陽電子コライダー（ＬＥＰ）の建造がＣＥＲＮでまさに始まろうという一九八三年、イギリスの政府当局が自国のＣＥＲＮ残留の是非に関する調査委員会を設置した。ＣＥＲＮは国際協力機関であり、その存続と財政を一五に増えていた加盟国の協力に頼っていた。イギリスが手を引けば、組織全体の予算が深刻なまでに縮小される。さらに悪いことに、ＬＥＰの建造に赤信号がともり、国際的な営みとしての素粒子物理学の未来が危うくなる。だがこの頃、ＣＥＲＮのスーパー陽子・反陽子コライダーでルッビアがＷとＺを発見して、素粒子物理学が啓蒙への道を着実に歩んでいることを立証し、このタイミングがイギリスのＣＥＲＮ支持者に幸いした。イギリスは残留を決め、ＣＥＲＮの未来が――少なくともしばらくは――保証された。

ＬＥＰというアイデアが一九七六年に初めて議題にのぼったとき、当時の所長ジョン・アダムズが先見の明をもって、いつか陽子装置を収容できるほどトンネルを大きく造るよう要求していた[1]。また、一九八三年にはリン・エヴァンズが、のちにＬＨＣとなるものの設計概要を述べた最初の技術論文を書いている――ただし、彼はのちに、「あれは承認を求められるほど練られているとはとうてい言えませんでした」と語っているが[2]。ヨーロッパでルッビアがＷとＺの存在を確かめようとしていたのと同じ年の同じ時期、アメリカでは超伝導超大型衝突型加速器（ＳＳＣ）と呼ばれる装置の設計が始まっていた。ＳＳＣには、ヒッグスボゾンを発見できる性能（当然ながら、あのボゾンが存在すると仮定して）、ないし一ＴｅＶを超える弱い力の基本的なダイナミクスを明らかにできる性能があった。ＣＥＲＮでのＷおよびＺボゾンの発見でこの分野の主導権を奪われていたアメリカにとって、ＳＳＣの狙いはヨーロッパの先を行くことだった。これとは別に、フェルミラボの加速器をアップグレードする計画がすでに進行していた。周長六・三キロのトンネルに収められた加速器（テバトロン）に超伝導磁石一式が設置され、テバトロンのエネルギーが一ＴｅＶ近くにまで倍増することになっていた。当初、ビームは固定標的にぶつけることしかできなかったが、一九八六年の終わりまでには、反陽子のビームを作ってＣＥＲＮよりも高エネルギーで陽子と正面衝突させることが可能となった。テバトロンは、ＣＥＲＮで到達できるレベルを上回るエネルギー領域でＷとＺを生成してその詳細を調べることはできた。だが、一ＴｅＶのエネルギーを用いて全効率で探索するという野望には手が届かず、これを達成して一ＴｅＶを超える弱い相互作用のパラドックスを解決するにはまったく新たな装置が必要だった。こうした背景から計画されたＳＳＣは、陽子ビームを二〇ＴｅＶのエネルギーまで上げて正面衝突させることが可能な設計だった。

ＳＳＣは野心的なアプローチを採っており、たとえば周長八七キロに及ぶ地下トンネル内に磁石を並べて巨大な同心リングを二本造ることになっていた。これはエヴァンズに言わせると「技術的恐竜」だった[3]。実質的に、一九七〇年のＩＳＲの基本的なアイデアを持ってきて、規模を大きくしただけだからだ。とはいえ、ルッビアの周長七キロの装置が貧弱に見えるほど大規模な計画だった。ＳＳＣのリングはその内側に大都市がすっぽり収まるほど大きく、その長さはロンドンの周囲を走る環状高速道（Ｍ２５）の半分ほど、首都ワシントンの周囲を走るベルトウェイ（Ｉ４９５）に十数キロ足りない程度だ〔ＳＳＣのリングの大きさは東京二三区ほど〕。ヒッグスボゾンを従来方式を用いて力技で造る、というのがＳＳＣに関するアメリカの戦略だった。

一九六〇年代の果敢なアポロ月着陸計画に匹敵する野心的なプロジェクトで巨大な装置の建造が検討されている。そんなうわさが広まりだした。アポロ計画が人類を重力の足かせから解放したのに対し、ＳＳＣはビッグバン直後の宇宙の灼熱を再現することを通じて、人類を実質的に百数十億年前へと連れていく。アメリカは、実績あるテクノロジーを採用し、目標達成に必要なだけ規模を拡大させる、という方針でＳＳＣをシンプルに設計した。

一九八七年一月、ロナルド・レーガン大統領が四四億ドルのアメリカ製装置としてＳＳＣを承認し、建設地はテキサス州に決まった。この決定は世界各国で報道された。ヒッグスは、「とうとう初めて、答えを目にする日が来そうに見えてきました」と私に語っている。

アメリカがＳＳＣの構想を表明すると、ＣＥＲＮはすぐさまアダムズの陽子装置、すなわちＬＨＣ

の概要の第一報を用意して対抗した。一方、イギリスの政府当局は、CERN残留がイギリスの資源の最適な利用なのかを問うた四年後、今度はLEPの後釜としてLHCを造るというCERNの計画に疑問を呈した。SSCがLHCを上回る強力な装置になるはずだったからだ。[4] イギリスでは、「支出に見合った価値」という文言が何かにつけて口にされていた。当局からすると判断は明快だった。SSCができる予定なのに、なぜLHCを造る？ だが、ほかの多くのヨーロッパ諸国にとって、これはプライドの問題だった。「アメリカ人にできるなら、ヨーロッパ人にだってできる」というわけである。この感情はフランスとイタリアで特に強く、ドイツが建設資金の拠出を非公式に示唆したことで両国はがぜん勢いづいた。さらに、栄誉あるノーベル賞受賞者となっていたルッビアが一九八九年にCERNの所長に就任し、LHCの強力な主導者となった。

メディアは一般市民に向けて、その目標がヒッグスボゾンと呼ばれるものを見つけることだと報じはしたが、ボゾンが何かを理解していた記者はほとんどおらず、ヒッグスが誰かを知っていた記者はさらに少なかった。国際的なボゾン探しにつながる洞察を得た本人は表舞台から姿を消しており、彼の発想を受け入れ、それを土台に新たな理論構造を築き、物理宇宙についての認識を変革していたのはほかの科学者だった。だが、素粒子物理学界があの粒子探し――三〇年かかることになる探求――に向けた戦略を練り、ヨーロッパでLHC建造の機が熟したあの段階で、ピーター・ヒッグスに本人の望まない主役が回ってきた。静かで、控え目で、真摯な学者の人生に、大規模な国際プロジェクトの推進役が押しつけられた。

彼はこう振り返っている。「メディアに初めて注目されたのは、もうずいぶん前になりますが一九八八年でした。大手メディアの優秀な記者が何人か、面白そうなことが起こっていると気づいたんです」。最初にエディンバラまで来たのは《オブザーバー》紙の科学編集者ロビン・マキーだった。ヒッグスはそれまでインタビューを受けたことがなく、備え方がわかっていなかった。彼はマキーにこう伝えた。「『職員クラブで会いましょう。物静かな一角を探しておきます』――その一角とはバーでした！」。マキーは記事を書き、同紙はエディンバラ郊外の海辺の街、ポートベロー在住のエース写真家を送り込んだ。マキーの得意分野は生物系で、ヒッグスの記憶では、「彼は私の話がまるでわからなかったようでした。［バーで］説明するのはけっこう大変で、インタビューはあまりうまくいかなかったと思っています」。このときのことはそれから三〇年経ってもマキーの記憶に新しく、私がマキー本人から聞いたあのインタビューの評価はヒッグスと同じだった。マキーはヒッグスのアイデアの詳細は何も理解できなかったが、科学報道に長年携わってきた経験から、その重要性は理解できた。そして「かなり苦労」したと言いながら優れたレポートを書き、何か革命的なことが起ころうとしているかもしれない、と読者にまっ先に注意を促した[5]。

その次は、やはり一九八八年に、二人のアメリカ人が訪ねてきた。カリフォルニア在住の写真家ピーター・メンツェルと、東海岸を拠点とする著述家チャールズ・マンだ。二人は仕事でＣＥＲＮを訪れた際にヒッグスのことを知り、写真を撮ろうとエディンバラまで足を伸ばしたのだった。ヒッグスは今度はうまく備え、こちらの二人とは大学の物理学科棟にある自分のオフィスで面会している。

マキーをはじめとする一般メディアは、ＳＳＣやＬＨＣの計画の展望だけではなく、ＣＥＲＮのＬＥＰで今にも始まろうとしていた物理学の営みにも好奇心をそそられていた。フランス革命記念日の一九八九年七月一四日、ＬＥＰは稼動を開始した。ヒッグスが一九七六年にＣＥＲＮで加わった議論が実を結んだ瞬間だった。ＬＥＰには技術の粋が尽くされていた。まず、スイスとフランスの地下五〇メートルに、ロンドン地下鉄のサークル線ほどの大きさでまったく同じ長さ――二七キロ――のトンネルを掘る必要があった〔山手線一周の営業距離は三四・五キロ〕。トンネル内では、三五〇〇基の磁石装置が、ビームにされた電子と陽電子をリングのカーブに沿って曲げる。ビームが通る管は、かつてなく長い超高真空系をなす。管の内部は、貴重な陽電子を守るために、月面よりも低い気圧に保たれる。陽電子はディラックの唱えた反物質の一種であり、目指すゴールにたどり着く前に物質原子一個にでも触れると壊れてしまうからだ。

どちらのビームもほぼ光速で、陽電子のほうは時計回りに、電子のほうは反時計回りに走る。二七キロの円周上の四地点で、電磁力の小さなパルスがビームをわずかにそらし、二つの経路を交差させる。ビームにはそれなりの拡がりがあり、大半の粒子はすれ違って周回を続けるが、たまに陽電子と電子が見事ぶつかり、対消滅してエネルギーの閃光と化す。狭い空間領域内にほんの一瞬、ビッグバン直後の宇宙全体の様子が極小規模で再現される。四箇所ある衝突現場を巨大な検出器が取り囲み、こうしたミニバンで生じた原始宇宙の場合と同じ粒子の破片を捉えて記録する。検出器の各種装置は途方もない数の電子部品で構成されており、世界中の大学や研究機関で製作されて、ジュネーブに運び込まれ、ＬＥＰで最終組み立てがなされた。

ＬＥＰは電荷ゼロのＺボゾンの生成に特化されていた。弱い力に関するグラショウの暫定的なモデルに初めて現れたＺは、その存在がＣＥＲＮの陽子・反陽子コライダーで確かめられていた。Ｚは電気的に中性で、電子ビームと陽電子ビームをうまく調整して対消滅させると生成されうる。電荷については、電子が負電荷、陽電子は正電荷、と互いに逆なので相殺してゼロとなってＺの中性と一致する。エネルギーの総和については、二本のビームを正確に調整して同じスピードで正面衝突させれば、Ｚの静止エネルギーと等しくなる。これがＬＥＰの背後にある考え方だった。Ｚの実在が確認されたおかげで、それを大量に生成して――すぐ崩壊してしまうのだが――その性質を詳しく検証できるようにするための条件が定まった。ＬＥＰが稼動していた一〇年にわたって、電子と陽電子の対消滅を繰り返し引き起こすことで、Ｚ粒子が大量に生成され、それらの最期のあがきがＬＥＰの巨大な検出器で綿密に記録された。

集まったデータは、ヘーラルト・トホーフトと彼の博士課程の指導教官だったティニ・ヴェルトマンによって完成された弱い力の理論の予想に照らされた。前にも触れたが、ヴェルトマンが長年の研究で達した域で、その教え子が卓越した技術的才覚を発揮し、問題をついに解決していた。残念なことだが、神童トホーフトに大きな注目が集まって、ヴェルトマンのほうに自分の貢献が適切な評価を受けていないという憤懣が募り、二人の個人的な関係は気まずくなっていった。

二人の理論にひらめきを与えたのは量子電磁力学（ＱＥＤ）であり、トホーフトによる画期的な成果、すなわちＱＥＤの数学構造が短距離の弱い力にも適用できるという証明にはヒッグスの洞察が不可欠だった。手短に言うと、ＱＥＤの方程式から出発したトホーフトは、簡単な調整を施して、それが光子に類する$W^+$と$W^-$を電荷の伝達粒子として許容するようにしたうえで、重大な拡張を行なって、こうした力の伝達粒子がヒッグスの発見した機構によって質量を獲得するようにしていた。これが実験データと見事に一致し、二人の理論は量子フレーバー（香）力学と呼ばれるようになった[6]。それから数カ月もしないうちに、実験と理論は一〇〇〇分の一の精度で一致した。これを受けて、量子フレーバー力学の理論構造全体が正しく、ヒッグスボゾンは本当に存在する、という楽観的な見方が広がった。さらに、ＷとＺの質量が実験的に明らかになったことで、ヒッグスボゾンの発見に必要な条件をいっそう確信を持って予想できるようになった。

## ロバート・ブラウト

一九九二年になると、あの質量機構が物理的に実在するという信条に勢いがついていた。ヒッグスはこの頃、ほかの発案者の一人と初めて対面した。一九六四年にヒッグスと同じ洞察に独立に至っていた一人、アメリカの理論家ロバート・ブラウトである。二人を引き合わせたのは、カリフォルニアのスタンフォード線形加速器センター（ＳＬＡＣ）で開かれた、粒子と力の標準モデルとして知られだしたものの出現に関する会議で、ブラウトはブリュッセル自由大学から、ヒッグスはエディンバラ大学から呼ばれていた。そのときのことをヒッグスは私にこう語っている。

SLACから数キロ離れたモーテルに泊まっていたのですが、そこは食事を出さなかったので、マイクロバスが来てSLACでの朝食に連れていくことになっていました。バスを待っていたとき、隣で背の高い男がほかの人と話をしていて、それがロバート・ブラウトに違いないと気づきました。私はとっさに考えました。というのも、何年も前にラリット・ゼガールという科学者から彼がブリュッセルで経験したことを聞いていたからです。彼が自由大学で話をしたおり、特に深く考えずヒッグスボゾンに言及したところ、最前列に不満顔の聴衆がいることに気づきました。ブラウトでした。セガールは発言を正そうと、「この仕事に数名が関わっていることは承知していますが、理論関係者のあいだでは慣例として、最も短い名前で言及しています」と言ったのですが、最前列からは「私の名前は五文字だが」という声が返ってきたそうです。〔Higgs も Brout も五文字〕

ヒッグスはブラウトに自己紹介し、こう告げた。「私たちには話すことがたくさんあると思っています。あなたが先だったのに私に帰されている物事がたくさんあります」

そのあと二人は非常に親しくなり、朝食を載せたトレイを手にSLACの日の差すテラスに出た頃には旧友のようになっていた。「私たちがドアから出たところで、ヴェルトマンと会いました。口をあんぐり開けていましたよ。ブラウトと私があれほど親しくなれるなど、信じられなかったのです(7)」

## ボゾン政治

アメリカでは、SSCが問題に直面していた。その予算について議会の支援を勝ち取るにあたっては、アメリカのリーダーシップや国としてのプライドに訴える作戦が採られていた。「これは国防と直接の関わりはありませんが、アメリカを守る価値のある国にします[8]」という、アメリカではビッグサイエンスの計画でよく引き合いに出される路線だ。あの高額予算の計画を自州に呼び込める可能性をふまえ、議会の州代表は非常に前向きだった――しばらくは。だが、ひとたび建設地がテキサス州に決まると、他州からの政治的支援はしぼんだ。費用も急増していた。財務上の圧力はLHC計画にもかかっていた。CERNでは、ルッビアの所長としての在任期間が終わりを迎え、一九九二年九月にクリス・ルーウェリン・スミスが後を継いだ。それからまもなく、彼はLHCの計画作りが中断していたことを知った。LHCの建設費が手に負えなくなりつつあるのを悟ったルッビアが、実質的に手を引いていたのだ。私がルーウェリン・スミスから聞いた話によると、彼が現状の長期計画を求めたところ、「ほとんど何もありませんでした[9]」

彼は上層部を巻き込んで緊急計画を立て、費用をぎりぎりまで切り詰めた。それでもなお、イギリスとドイツの政府はCERNにもっと安上がりの計画を立てて出直すよう求めた。イギリスの物理学者の目にEU懐疑派の自国政府は、喜んでCERNをつぶして資金をすっかり手元に残しそうに映っていた。アメリカでも事態は重大な局面に突入し、テキサス州ダラス近郊の地下にトンネルが二〇キロほど掘り進められていた一九九三年一〇月、米国議会がSSCへの資金拠出を取りやめ、計画は中止された。ヒッグスボゾン探しもろとも、素粒子物理学の未来が危機にひんした。ヒッグスはもちろん落胆した。「SSCの中止にはがっかりでした。彼らのテクノロジーをもってすれば［あのボゾンを］見つけられるはずでしたから」[10]

そんなとき、イギリスの物理学者に思わぬ味方が現れた。自国の科学担当大臣ウィリアム・ウォルドグレーヴだ。ウォルドグレーヴは科学への好奇心が旺盛の知性的な政治家で、ピーター・ヒッグスが少年期を過ごした家や彼が科学に目覚めたコタム校のあるブリストル・ウエストの選出だった。折しも、LHCのメディア露出や、ヒッグスボゾンが発見されればブリストルの落とし子がノーベル賞を受賞するという期待感が、全国に広がりだしていた。一九九三年、大いに興味を持ったウォルドグレーヴは、きたる予算審議で財務大臣をはじめとするほかの閣僚を相手にヒッグスボゾンについて説明し、LHCへの資金拠出に賛成意見を述べるためとして、自国の物理学者にヒッグスボゾンのわかりやすい説明を求めた。そして、最善の回答に賞品としてヴィンテージシャンパンを用意した。

そのシャンパンを勝ち取った一つがユニバーシティーカレッジ・ロンドンの素粒子物理学教授デイヴィッド・ミラーによる説明で、政治的なアナロジーを巧みに用いてウォルドグレーヴの注意を引いていた。ミラーはヒッグス場をカクテルパーティーに参加している大勢の党員として思い描いた。質量ゼロの粒子役であるマーガレット・サッチャー元首相が会場入りし、党員の場に遭遇する。サッチャーは会場を横切ろうとするが、党員らは彼女と握手がしたい。そのせいで行く手が遮られて彼女の動きが緩慢になる。サッチャーは会衆との相互作用によって、気まぐれな質量ゼロの粒子から質量を持つ歩みの遅い粒子に変わる。同じように、質量ゼロの粒子は普遍的なヒッグス場との相互作用によって慣性、すなわち質量を得る。[11]

ヒッグスボゾンに関するこのアナロジーにおいて、入り口に姿を現したのが元首相ではなく、大事な知らせ——彼女の辞任とか——を持った誰かだった場合を想像してみよう。この知らせは会場を伝わっていく。入り口のすぐ近くにいた者が身を寄せ合うようにしてその知らせを聞き、それぞれが入り口から自分よりも離れている仲間に伝える。人が一時的に集まり、離れては、また集まる、というこの圧縮波はヒッグス場の波のアナロジーになっており、この波が粒子として顕在化したのがヒッグスボゾンだ。

イギリスでは、シャンパンの懸かったウォルドグレーヴの課題が科学に対する市民の関心を大いにかき立てた。おかげで、政府は支援の継続を決定した。メディアはＣＥＲＮの存在を再認識するとともに、ここ三〇年の素粒子物理学が孤高の天才イングランド人の指揮下でまとまってきたということにしてヒッグスを有名人に仕立てた。

## 感情のジェットコースター

ヨーロッパにおいて、実験素粒子物理学の長期戦略の土台は、ＣＥＲＮの所長ジョン・アダムズが一九七六年に表明したビジョン、すなわち、電子と陽電子を衝突させるＬＥＰという装置をまずは造り、それをあとでアップグレードしてハドロン——陽子——のビームを使う大型ハドロン衝突型加速器《コライダー》（ＬＨＣ）を造る、というものだった。ＬＨＣの設計はＳＳＣと比べればコンパクトだったが、成功するチャンスを摑むためには、広範なテクノロジーでイノベーションが必要だった。だが、必要なイノベーションが起こる保証はなく、ＳＳＣ計画が一九九三年に早々に中止されると大きな懸念が巻き起こった。

政治工作を多々展開した末、一九九四年一二月、ＬＨＣ計画はＣＥＲＮの理事会から承認された。物理学者はこの装置の考えられる使い道をいろいろ思い描いていたが、政治家が重々承知しているとおり、市民はわかりやすいスローガンによく反応する。ウォルドグレーヴの課題ののち、この装置はヒッグスボゾンの発見を目指して造られるという認識が醸成された。物理学者はこの期待に相乗りし、その発見の可能性が最大になるようにＬＨＣを設計した。ヒッグスは再び希望を持った。「それまでのテクノロジーの進展から、やはり［あのボゾンの発見を］生きているうちに見届けられるかもしれない、という希望を再び抱き始めました」[12]。だが、ヒッグスボゾンが陽子よりも一〇〇〇倍以上重い可能性を誰も排除できず、だとすると存在の立証はＬＨＣをもってしても難しいことから、大勢が心配した。

ゴーサインが出ると、交差型蓄積リング（ＩＳＲ）の建造チームに加わって二四年になっていたリン・エヴァンズが、ＬＨＣの建設を担当する部署の責任者に指名された。一九九五年の初め、エヴァンズはエディンバラに出向いて物理学科でセミナーを行なった。ウォルドグレーヴがあのボゾンのわかりやすい説明を物理学者に求めてまだ間もない時期で、この機会はあの課題の成功をふまえてお膳立てされていた。エディンバラ大学はこの壮大な企てとの関わりを強調しようと、エヴァンズとヒッグスによる記者会見の場を設け、ＢＢＣの記者や大手メディア数社の科学担当編集者を含む大勢のジャーナリストの前にピーター・ヒッグスを座らせた。集まったメディアが大いに期待したのは、ＬＨ

C計画の物理的背景のわかりやすい説明だ。だが、ヒッグスは彼らを相手に対称性の自発的な破れについてひとしきり講義した。同僚の一人がこう振り返っている。「当時のピーターは物理学者以外の何者でもありませんでした。メディア関係者はいぶかったことでしょう。エディンバラまで呼び出しておいて、なぜ異国語を話す誰かの話を聞かせるのか、と」

エディンバラ大学で数理物理学講座テイト教授を務めるリチャード・ケンウェイが、ジャーナリストが少なくとも一人、収穫を持ち帰ったという話を耳にしている。そのジャーナリストは市内の目抜き通り、プリンセス・ストリートで、ヒッグスボゾンのことを聞いたことがあるかと通行人に尋ねていた。一人目は、「それはきっと海事用語でしょう」と言った。二人目が、「ああ、それは素粒子ですよ」と答えた。ヒッグスボゾンは素粒子物理学と関連がある、とプリンセス・ストリートを歩く市民が認識していたことに、そのジャーナリストはいたく感心し、物理学科の威信は守られた。あのボゾン（boson）――海事用語のボスン（bosun《甲板長》）ではなく――とその名に冠せられた没交渉の科学者への一般認識が高まりだした(13)。

アメリカでSSCが終焉を迎え、CERNでLHCが承認されたのちも、ヒッグスのジェットコースターは続いた。彼は私にこう語っている。「もしかすると私は［一九九五年の段階にふさわしかった認識よりも］楽観的にすぎたかもしれません。私はLHCの前に立ちはだかる技術的課題を一部知りませんでした(14)」。計画を台無しにしうる技術障壁はいくらでも考えられ、LHCは概念から設計を経て着工まで結局二〇年を要していた。なかでも、結果を記録するためには世界中の科学者や技術者が舟ほどの大きさの検出器を組み立てなければならなかった――すべては一秒の一〇億分の一の一〇億分の一秒も生き永らえないヒッグスボゾンをより分けて取り出すためである。

## 量子のジェットコースター

ＬＥＰが一九九〇年代を通じてデータを蓄積し続け、結果の精度が向上するにつれ、理論的な予想と実験結果とのあいだにごくわずかな不一致の兆しが見られ始めた。この驚きの結果は、基盤となる理論が間違っていることの証明ではなく、それどころか未発見の未知のクォーク――「トップクォーク」――が雪上に残した新たな足跡の最初の気配だった。電弱理論の成功と標準モデルからは、レプトンとクォークには種類が同数あることが示唆されていた。レプトンは六種類が知られており、荷電粒子の電子、ミューオン、タウに、それぞれ中性のパートナーとしてニュートリノがあった（タウニュートリノの存在は示唆されてはいたが、直接観測されるのは二〇〇〇年七月である）。クォークの場合、アップとダウン、ストレンジとチャームの二組は一九七六年から知られていた。一九七七年にボトムクォークが発見されると、物理学者はそのパートナーであるトップクォークが存在するに違いないと考え、二〇年近く探し続けていた。トップクォークは重すぎてＬＥＰでは生成できなかったが、量子効果のおかげでその存在は明らかにされていた。エネルギーは日常的な時間の尺度では保存されるが、量子論によると、エネルギー収支にはつかの間の借り越しが効く。なので、$Z^0$が一時的に「仮想の」トップクォークと反クォークに変わり、それらが一瞬の生涯ののちに合体して$Z^0$に戻る、という現象が起こりうる。こうした量子揺らぎが痕跡を残し、実験での測定に表れる。明け方の白んだ空が日の出の近いことを告げるように、このような量子効果は今到達できるエネルギーの地平線の向こうで何が起こっているのかを予見させる。その効果の大きさが、トップクォークを出現させるのにあとどれほどのエネルギーが必要か——日の出のたとえで言えば、太陽の縁が直接見えるのはいつか——を示しており、それをもとにトップクォークの質量は一六〇〜一九〇GeVのあいだと推定された。

その後、トップクォークは一九九五年にフェルミラボのテバトロンで、この予想と合致する一七五GeVほどで生成された。発見までにこうも時間がかかったのは質量があまりに大きく、陽子と中性子を二〇〇個近く含む金の原子核と同じくらいあったからだ。既知だった基本粒子のうちそれまで最も重かったWボゾンやZボゾンよりも、トップクォークは二倍近く重い。

この発見は、量子不確定性がヒッグスボゾンへの入り口をもたらしうる、というフランク・ウィルチェックが一九七七年に得た洞察に途方もなく大きなはずみを与えた。彼の発想の要は、陽子をつなぎとめている強い場がつかの間揺らいで重いクォークや反クォークに変わる可能性があり、すると今度はこのペアが融合してヒッグスボゾンを作ることだ。ヒッグスボゾンは重い粒子との親和性が強いので、こうしたはかない粒子の質量が重いほど、ヒッグスボゾンのできる確率は高い。ウィルチェックがこの発想を初めて唱えた頃、最も重い既知の粒子はチャームクォークとボトムクォークだった。だが、格段に重いトップクォークが発見されたことで、トップクォークと反トップクォークを仲立ちにヒッグスボゾンを作ることが現実的に見えてきた[15]。

LEPでの実験の精度は向上し続け、二〇世紀の終わりには一万分の一を超えた。その頃、トップクォークは発見済みで質量が正確に知られており、その値を量子計算に盛り込めた。すると、LEP

のデータと理論的な予想とのあいだに再び微妙な食い違いが現れだした。ここでもやはり量子揺らぎが、私たちの手に届いていなかった新たな現象を予見させていた。そして、ヒッグスボゾンの兆しが実験的に初めて得られた可能性が浮上して、興奮が湧き起こった。ヒッグスボゾンに本格的な関心が初めて抱かれ始めた一九七六年頃は、〝ヒッグスボゾンは陽子よりも最大一〇〇〇倍重く、現実的に見通せる将来の実験では手が出ない〟という可能性を大勢が恐れていた。それが今度はもっと軽い可能性があるかのように見え始めたことから、誰もが胸をなでおろし、そして大いに興奮した。ヒッグスはこう振り返る。「あれほど軽いとは驚きの事実と言ってよさそうでした[16]」

Ｚボゾンの性質を高精度で測定し、それを量子フレーバー力学の式を使って分析して、質量が既知となった一過性のトップクォークに関連する量子揺らぎを盛り込んだ結果、ヒッグスボゾンの質量は一一〇〜一三〇ＧｅＶと予想された。実験施設でのヒッグスボゾン生成は、どうやらＬＥＰにはあと一歩のところで手が届かなさそうだったが、ＬＨＣには達成できそうだった。

ＬＥＰは当初、ビームの衝突によって質量九〇ＧｅＶのＺ粒子が生成されるように、各ビームのエネルギーが四五ＧｅＶで設計されていた。だが、一九九九年五月までに新たな加速機能がＬＥＰに導入されて、各ビームのエネルギーは一〇〇ＧｅＶ近くにまで倍増した。

ＬＥＰの運用は、同じ地下トンネルを占有する予定のＬＨＣを建設するために、二〇〇〇年に終了することになっていた。だが、加速器の技術者たちがビーム当たりのエネルギーを一〇四ＧｅＶにまで上げることに成功し、ＬＥＰの生涯に手に汗握るクライマックスが訪れた。ある実験に携わっていた科学者らが、あのボゾンを目撃した可能性があると考えて、その追求のために運用期間の延長を求めたのだ。ＣＥＲＮの上層部は大きな決断を迫られた。ヒッグスボゾンの存在が確かめられることを期待して、ＬＥＰをこの極端なエネルギーでもう数カ月運用し続けるべきか？　それとも、ＬＥＰの運用を終了するという合意済みの計画に従い、ＬＨＣの建設を始めるべきか？

この究極の選択については、決断を迫られた者にとどまらず、世界中の物理学者がコーヒー片手に議論した。韓国で開かれてスティーヴン・ホーキングやアメリカの素粒子物理学者ゴードン・ケインらが出席した物理学の会合でも話題になった。ケインによると、彼が晩餐会の大きな円卓でホーキングの隣に座ったとき、ＬＥＰの運用継続が話題にのぼった。物理学のこの分野について、ケインはその場にいた誰よりもよく知っていたので、居合わせた人たちに議論の内容を説明したのだが、その途中でホーキングが発言した。「私は君を相手にヒッグスボゾンがないほうに一〇〇ドル賭けよう」。ケインによると、「私はその賭にすぐ乗りました」。彼とホーキングは賭の条件についてひとしきり話し合った。ホーキングが賭けていたのは、ヒッグスボゾンがＬＥＰで発見されないことではなく、ヒッグスボゾンがそもそも存在しないことだった(17)。

賭の対象がＬＥＰでの発見ではなかったことは、ケインにとって幸運だった。というのも、ＣＥＲＮの上層部は自問自答を重ねた末、ＬＥＰの運用を停止してＬＨＣの建設をスタートさせるという当初の計画の堅持を決めたからだ。これは賢明な決断だった。目撃した可能性は、のちに偽陽性だったと判明したのである。

弱い力と電磁気力の理論——量子フレーバー力学——の成功に対し、トホーフトとヴェルトマンは一九九九年にノーベル賞を受賞した。ＬＥＰはトップクォークを予想どおりに発見して二人の理論を証明した。その理論の構築にはヒッグスら六人衆の機構が用いられており、それも暗に立証された。ＬＥＰの定量的な精度と量子フレーバー力学の応用から、ヒッグスボゾンの発見とモデル全体の検証に向けた道しるべが見つかった。ＬＥＰが稼動を停止してＬＨＣに道を譲ったことでようやく、ヒッグスボゾンを発見する現実的なチャンスが初めて巡ってきた。

# 第一二章　神の粒子の父

　ＬＨＣが稼動を始めるまでの長い準備期間中、メディアの関心は途切れ途切れだった。思えば、ヒッグスの名がメディアに知られるようになったきっかけは、ＬＥＰが稼動を開始した一九八〇年代後半に《オブザーバー》紙のロビン・マキーが行なったヒッグス初のインタビューだったが、このときは翌週号が出たとたん、一部関係者からは別として忘れ去られた（《オブザーバー》紙は毎週日曜発行）。ＬＥＰはわくわくするような物理現象を引き起こしたが、それらにヒッグスボゾンとの直接の関わりは少なくとも当初はなかった。十数年後にＬＥＰをＬＨＣに置き換えるという計画の機は熟していたが、専門誌以外ではほとんど触れられていなかった。それが一九九〇年代の中頃、無関係に起こった三つの出来事により、ヒッグスボゾンが最優先課題に挙げられ、没交渉のあの学者にスポットライトが当てられた。

　アメリカのスーパーコライダーことＳＳＣの中止は一大事だった。その政治や科学への影響は甚大で、ボゾン探しがままならなくなりかねないと世界中の素粒子物理学者が危惧したが、世間一般へのインパクトが大きいニュースではなかった。イギリスでは、ウィリアム・ウォルドグレーヴの課題がヒッグスボゾンの知名度を上げ、その生みの親である自国民の名を初めて知らしめた。世界的に見てヒッグスボゾンへの注目を最も大きく集めたのは、ノーベル賞受賞者のアメリカ人物理学者レオン・レーダーマンが著した『神の粒子』〔邦題は『神がつくった究極の素粒子』〕という一般向け科学書だ(1)。この表現を物理学者はほぼ一様に忌み嫌い、無神論者のピーター・ヒッグスはたいそう不満に思っていた。メディアはもちろん飛びついた。あのボゾンは三〇年後の今もなお「神の粒子」と呼ばれることがある。

素粒子物理学界にとって重要な瞬間は、一九九五年三月にやってきた。フェルミラボがトップクォークという——少なくとも理論的には——最後となる六種類目のクォークを発見したのだ。一〇〇年近く前の一八九七年に、ケンブリッジ大学教授J・J・トムソンが本書原書の一ページ分よりも短い公式書状で電子の発見を発表して始まった物質の基本要素探しが、ここに完結した。物質を構成する基本要素のなかで、今ではレプトンと呼ばれている——フェルミオンのうち強い力を感じない——一群のうち、電子は最初に見つかった類いだ。強い相互作用をする六つ組の最後の一種であるトップクォークが発見されたとき、その発表論文は一五〇ページに及んだ。電子からトップクォークまでの道のりは、糊のきいた襟を立てて卓上で仕事をするヴィクトリア朝時代の孤高の紳士から、協力して巨大な加速器に携わる世界中から集まった男女数百名へという、ここ一世紀における科学の進展を物語っている。幸運にも、トップクォーク発見の知らせは、ヨーロッパの各国政府がLHC計画について協議するわずかひと月前に見出しを飾った。重いトップクォーク——一世紀にわたる探求の最後のピース——が発見されたうえ、理論の要を立証するための装置の建造が決まったばかりということもあって、ヒッグスが舞台の中央に押し出された。

一九九六年、ヒッグスはエディンバラ大学の終身在職教授の職を辞した。以降、彼の人生は、メディアや一般市民があのボゾンに抱いた関心とそれに伴う個人的名声の影響をいっそう大きく受けるようになった。翌年、彼は欧州物理学会の高エネルギー・素粒子賞を受賞している。一九九九年には、英国政府から翌年の勲章授与を打診された。だが、本人から聞いた話によると、彼は「その手の称号は何も欲しくなく」、いずれにせよ「その類いのものはすべて」時期尚早と感じており、辞退した。

本人も承知していたとおり、彼の人生最大のアイデアは未証明だった。また、LHCとその検出器には建造に大金がつぎ込まれて、ビッグバンのダイナミクスに迫れる望遠鏡に仕立てられようとしていたが、ヒッグスボゾンがその望遠鏡で見える景色の一部かどうかはまだ誰も知らなかった。それをよそに、報道合戦の焦点は「神の粒子」に絞られ、この企ての要はピーター・ヒッグスのアイデアだという印象を与えていた。だが、ヒッグスも知っていたとおり、LHCの目的はほかにもたくさんあったし、大きく取りあげられることのまずない真の英雄たちがいた。たとえば、装置の技術責任者のリン・エヴァンズ、二基の巨大な検出器の一方を考案したジム・ヴィルディー、LHCの共通目標に向かって世界中の大学や研究機関で働く何千何万という裏方のエンジニアたちだ。若手の研究生のなかには、LHCでしか働いたことのない者もいたかもしれない。装置の建造中だった最初の一〇年でソフトウェアプログラムの設計やテストに携わったのち、装置をなだめすかして運転を安定させた末、ようやく実験を行なってテラバイト単位のデータをため込み、その結果の分析に何年も費やしているのだ。もしも、データのどこにもヒッグスボゾンが現れなかったなら、ヒッグスの洞察が結局は自然の体系ではなかったなら、それはそれで仕方ない。彼がその生涯でなした仕事とその歴史的な位置付けは、今や他人の手中にあった。

**ヒッグス襲撃《ホーキング》**

世界中のメディアから関心が向く対象になりつつあることに、ピーター・ヒッグスは不安を感じていた。彼が生まれたのはラジオの時代、主な成果を上げたのはBBCテレビが二チャンネル放送に切り替わった頃だったが、あのボゾン探しのクライマックスはやたらと有名人を追いかける現代のインターネット時代にやって来た。ヒッグスはこの新時代のメディアのルールをまだ知らなかった。配慮に欠ける現実を彼が初めて思い知ったのは、二〇〇二年九月二日月曜日に新聞の一面で取り沙汰された物議において、ヒッグスの名が世界的に有名だった科学者スティーヴン・ホーキングと結び付けられたときだった。

同年、エディンバラ・フェスティバル・フリンジという芸術祭に呼ばれたジュネーブのダンスカンパニーが、ヒッグスの英雄、ポール・ディラックが考案した反物質という概念を軸に構成した演目を持ってきた。イギリスの助成団体である素粒子物理学・天文学研究協議会（PPARC）は、この公演をだしにCERNでの活動への関心をかきたてるとともに、ピーター・ヒッグスの知名度アップを図ろうと考え、チケットを買って何人かに配った。そのなかにはヒッグスのほかに、エディンバラで発行されている《スコッツマン》紙の科学記者も含まれていた。

二〇〇二年当時の同紙は買収とリストラの影響にあえいでおり、財務上の制約から科学と運輸の記者を兼任にしていた。二分野を掛け持ちしていたその記者を、ヒッグスはよく思っていなかった。「本格的な科学にはあまり興味がなく、運輸のほうに関心があったらしい」からだった。(2)

その晩の公演後、一同は市内の目抜き通りに面したレストランでのディナーに招かれた。ワインがふんだんに振る舞われ、会話はリラックスした雰囲気に変わっていった。だが、誰もが満足していたわけではなかった。ヒッグスによると、「その科学記者とやらの関心の的はスティーヴン・ホーキングのことだけでした。ホーキングは素粒子物理学に何の興味も持っていなかったのに」。ホーキングは文句なしに特筆すべき科学者であり、ブラックホールとそれへの量子論的な影響についての業績で有名だったが、素粒子物理学は専門外だった。にもかかわらず、素粒子物理学者のゴードン・ケインを相手にホーキングが〝ヒッグスボゾンはない〟ほうに賭けたことが広く知られており、その記者は感心していた。いらだってきたヒッグスはとうとう、「いいですか。スティーヴン・ホーキングの見解はすべて大の声であって絶対的な権威がある、と誰もが思っているわけではないことをあなたは知っておくべきだと思いますよ」と言い、さらに、「スティーヴン・ホーキングは本人が思っているほど素粒子物理学をわかっていません」と付け加えた。(3) ホーキングの計算結果に対するメディアの反応に、ヒッグスはかねて腹を立てていた。ホーキングによる計算はヒッグスボゾンが見つからないと示唆していそうに見えたのだが、ホーキングはこの理論の技術的な詳細を理解しないまま計算している、とヒッグスは説明した。世間知らずだったヒッグスは、自分が内々に話をしていると思っていた。

翌朝、《スコッツマン》紙がヒッグスのコメントを一面で報じた。すると、ロンドンの全国紙がその記事を取り上げ、たとえば《インディペンデント》紙は、ヒッグスが「音声合成器を介して話す車椅子の教授ホーキングに強烈な個人攻撃らしきものを仕掛けた」と報じた。そして、同紙が「理論物理学の重鎮による戦い」と形容したものにおいて、ヒッグスは「彼［ホーキング］と議論を交わすのはとても難しく、ほかの人にはありえない形で是非の判断を免れてきた」と言ったとしている。その記事によると、ホーキングは「他の人とは違い、有名人としての地位のおかげで、その発言はすぐに信頼される」というのがヒッグスの結論だった。(4)

この件はヒッグスにとって、メディア報道がどうエスカレートしうるかについての手厳しい個人指導となった。匿名の科学者数名によるヒッグスを支持するかのような発言は、図らずも話をあおっていた。ある宇宙論者はこう言ったとされている。「ホーキング批判はある意味ダイアナ妃批判と同じだ――とにかく人前でやるものではない」(5)

《インディペンデント》紙は、「ヒッグス教授はホーキング教授についてほかの大勢の科学者が陰で言っていることを口にしたにすぎず、新聞記事で大きく取りあげられたせいで、練られた個人攻撃のように見えているが、それはヒッグス教授の意図とは明らかに違う」と総括している。最後の部分はまさにそのとおりで、別の匿名の科学者も驚いて、「あれは［ヒッグスの］流儀ではまったくありません。物理学の世界にも恨みがましく、いけ好かないやからは大勢いますが、ヒッグスは違います」とコメントしている。だが、その匿名の情報源はこのコメントをもってヒッグスを図らずも、ホーキングの知名度を陰で批判しているがヒッグスのような知名度がないせいで声を上げられない「その他大勢の科学者」のスポークスマンに仕立てていた。熱に浮かれたような雰囲気のなか、別の科学者がその晩の劇場公演のテーマであるポール・ディラックを深い意味もなく引き合いに出しているが、それがまたホーキングをけなしているように読めた。「物理学への貢献はホーキングよりもポール・ディラックのほうがはるかに大きいのに、市民はディラックの名を一度も耳にしたことがない」。スティーヴン・ホーキング本人も巻き込まれており、《インディペンデント》紙には「ヒッグスの発言に見られる感情の強さに驚いている。科学上の問題については個人攻撃なしで議論できることを望みたい」という彼の発言が引用されている。

これはヒッグスにとって、自分の名前がホーキングの名前と同じくらい有名になりつつあった新時代になって初めてのメディアとの遭遇だった。この経験から、ヒッグスは警戒心を新たにした。一方で、ホーキングに当時の状況を説明する手紙を書き、最終的にこの件は丸く収まった。自分はホーキングの発言を否定しただけであり、そうするだけの確固たる科学的根拠があった、という説明をホーキングは受け入れた。この件で二人の個人的な関係が損なわれることはなかったが、以降、ヒッグスはメディアに対して神経質になり、自分のプライバシーを大事にするようになった。

一つ皮肉な結果として、このひと悶着がヒッグス熱を高め、彼に対する市民の関心をかき立てた。ホーキングに関するヒッグスの見解がメディアに大きく取り上げられたことで、二人に対する一般の認識がたちまち同格扱いとなった。ピーター・ヒッグスの話題は今やスティーヴン・ホーキングと同じ次元で語られていた。神の粒子は人類の手を相変わらずすり抜けていたが、その父は急速に科学神の一人となりつつあった。

**「これは一大事になるぞ」**

八年ほどのあいだに、ＬＥＰのインフラストラクチャーが地下トンネルから取り出され、ＬＨＣでエネルギー源となる陽子ビームを制御するための特注の磁石が据えられた。部品の設置がようやくすべて終わった二〇〇八年、関心があらためて急激に高まり、ヒッグスにスポットライトが当たった。ＬＨＣの落成式が差し迫った二〇〇八年四月の五日と六日の週末に、ＣＥＲＮがオープンハウスを開催した。私の後任としてＣＥＲＮの広報・公共教育部門の責任者を務めたジェイムズ・ギリーズによると、「あのオープン［ハウスは］『ＬＨＣがミニブラックホールを作って地球を破壊する』という陰謀論者の扇動が真っ盛りだった時期に催されました。案内役の多くが物理学者ではなく、トレーニングでは、心配そうな市民に安心してもらうためのいちばんシンプルな説明として、『宇宙線が作らないのだから、ＬＨＣが作ることはない』という文言を用意しました(6)」

エディンバラ大学では、ＣＥＲＮがオープンハウスを企画していると知ったヒッグスの同僚が、装置が稼動を始めて立ち入れなくなる前にＣＥＲＮ訪問をヒッグスに勧めてはどうかと考えた。大学で彼の補佐役を務めていた同僚のアラン・ウォーカーが、さっそくジョディーの助言を仰いだ。ヒッグスとジョディーは別居して何年も経っていたが、関係は良好だったのだ。彼女は、ピーターは行きたがらないかもしれないと思った。「大きな装置が嫌いだからだそうです。ですが、自分にできることはないか考えてみるとのことでした」。ウォーカーの記憶によると、「二〇分もしないうちにピーターから電話があり、訪問を終始『非公式』にするなら喜んで行くと言いました(7)」

ウォーカーと、エディンバラ大学の数理物理学講座テイト教授リチャード・ケンウェイに伴われて、ヒッグスはその言葉どおりＣＥＲＮを訪問した。ケンウェイによると、「あのＣＥＲＮ訪問で私たちは初めて、［ヒッグスとあのボゾンへの］関心が非常に大きく、大勢の市民の注目を集めることになりそうだと気づきました(8)」

その週末には五万人ほどがＣＥＲＮを訪れると予想されていた。ヒッグスと同僚は公式イベントには参加しなかった。ケンウェイによると、「私たちはそういうのを避けました。そもそもがピーターに、実験施設を見て、ボゾンを探している人たちと会って、何がなされているかを知ってもらうことが目的でしたから。とにかくピーターの私的訪問となるよう気を配りました。［実験施設に詰めていた］皆さんはこの趣旨を非常によく尊重してくれました」

四月四日金曜日の早い時間に、一行はジュネーブに飛んだ。到着するとレンタカーを借り、まず、ヒッグスボゾンを検出できるように設計されていた二箇所の主要実験施設を訪ねた。最初にＣＭＳ（コンパクト・ミューオン・ソレノイド）で二時間を過ごし、次にＡＴＬＡＳ《アトラス》（トロイダルＬＨＣ装置）で二時間を過ごした。ＡＴＬＡＳの直径は二五メートル、長さはエッフェル塔の高さの七分の一ほどに当たる四六メートルだ。ＣＭＳはコンパクトだが、それはＡＴＬＡＳに比べればの話で、直径は一五メートル、長さは二一メートルある。このクリケットのピッチほどの長さに一万四〇〇〇トン分の磁石と電子部品が収まっている〔野球のマウンドからホームまでは一八・四四メートル〕。

ケンウェイによると、技師たちは興奮していた。若手の物理学者は専門家の会議であの理論の生みの親を見慣れていたが、やはり関心を示した。ＣＥＲＮでは世界屈指の物理学者が来ていることは日常茶飯事だったが、ほぼ誰にとってもピーター・ヒッグスを直接目にするのはこのときが初めてだった。ヒッグスボゾンを発見するための装置の設計や建造に一〇年、二〇年と携わってきた技術者や工学研究者にとって、その名の由来となった科学者との対面はことさら記憶に残る経験だった。「実験区画を歩くあいだに、一対一の和やかな会話が何度か交わされていました。ヒッグスは何人かのヘルメットにサインしてましたよ」[9]

土曜日は、午前中にコントロールセンターのあるＣＥＲＮのフランス側の施設を、午後にＡＬＩＣＥ《アリス》（大型イオンコライダー実験装置）を訪ねた。ＡＬＩＣＥは、初期宇宙に近い超高エネルギー密度における強い相互作用をする物質の物理や重い原子核の相互作用を検証できるように設計されていた。これはＬＨＣの研究対象が広範だという好例であり、当時広がりつつあった〝ヒッグスボゾンの発見だけが目的〟という認識への反例だ。ＡＬＩＣＥの主目的はヒッグスボゾンの発見ではないが、うまく稼動すれば、ヒッグスボゾンを生成してＡＴＬＡＳとＣＭＳによる主実験の結果を補えることにもなっていた。

最終日となる日曜日は、ＣＥＲＮのオープンハウス史上最高の三万人が訪れると見込まれていた。エディンバラ大学の一行は実験施設は訪問済みだったことから、一般客に交じって会場内の各種の展示を見て回ることにしていた。ケンウェイによると、同行者らはこの日、ヒッグスをまさに圧倒しようとしていた有名人の味を初めて味わった。「一般開放日にすべてが変わりました〔土曜日はＣＥＲＮ関係者とその家族や友人が対象だった〕。学童の訪問があったのです。あの日の午後、私たちがＣＥＲＮのカフェテリアでビールを飲んでいると、アメリカ人の学童らがピーターを見つけて駆け寄ってきました。子どもたちは大声で『一緒に写真を撮ってください』と頼み込み、ピーターは仕方なく承知していました」[10]。ヒッグスによると、子どもたちはビデオカメラを手に、「手を振って『アメリカの皆さん、こんにちは』と言ってくれと頼んできました」[11]。ヒッグスボゾンの生みの親が会場のどこかにいる、といううわさが来場者のあいだで野火のごとく広がった。彼が展示を見ていると、来場者が彼を呼び止め、人が群がった。ヒッグスによると、自分がいるのを来場者に気づかれると「どこにも隠れようがありませんでした」。この状況は老いたロックスターの訪問を彷彿とさせた。ケンウェイはプレッシャーを感じ始めた。そもそも一行は「追われるように」カフェテリアを出ていた。「あのあとの私たちは、来場者が目を凝らして彼を探しているかのように感じていました。その大半は学童だったので『パパラッチ』と言うのは大げさですが、追い回されている気がしていました。このときですよ、物理学イベントどころではない大ごとなんだと私が気づきだしたのは。一般市民は関心を抱き、わくわくしていました」

世界中から来ていた新聞や雑誌がインタビューを求め、CERNの広報局に依頼が殺到した。ちょっとしたパニックに陥っていたヒッグスは、彼らを待たせることにした。「了承はしましたが、一般公開日はだめだと言いました」。翌日、エディンバラ大学が空港近くのホテルに記者会見の場を設け、ケンウェイが司会を務めた。一九九五年に初めて記者会見に臨んだとき、ヒッグスが述べたのは実質的に自分の仕事の技術的な要約だったが、一三年後の彼はもっと備えができており、プレゼンは「あのときよりも理解しやすく、手短」だった[12]。

ヒッグスボゾン探しには世界の素粒子物理学界が注目していた。あのボゾンは標準モデルの要石の役割を果たすので、発見されれば科学史上またとない重要な瞬間になると認識していたからだ。ピーター・ヒッグスをはじめ、エディンバラ大学の一行も同じ認識だった。それがCERNのオープンハウスで、ヒッグスボゾンがもたらす別の成り行きも明らかになったのである。「これは人類史レベルの一大事になるぞ[13]」

# 第一三章　「終末装置」

計画、設計、建造に一五年を費やしたのち、「ビッグバンの日」――LHCの始動――が二〇〇八年九月一〇日に定められた。エディンバラ大学教授リチャード・ケンウェイの予見的なビジョンはすでに現実になりつつあった。最初のビームが装置を周回するのを見届けようと、世界中のメディアがLHCの制御室に集まってきたのだ。

ビッグバンまでさかのぼる旅の始まりとも言える今回の始動は、科学的に言ってNASAによる宇宙船の発射と肩を並べるリスクを伴っていた。NASAは発射を生中継することで、市民から好意的な支持を多々得ている。CERNはスイッチをオンにする日を発表した際、あの一般公開日のヒッグスと似たような経験をした。世界中のメディアが電話してきて、「伺えますでしょうか?」ではなく「伺う予定です!」と言ったのだ。ジェイムズ・ギリーズは所長のロベール・エマールに、「彼らを閉め出すよりも招き入れたほうがいいでしょう」と助言した。エマールは同意した。「ものすごい数のメディアが来ましたよ(1)」

賢明な判断だった。CERNがメディアを施設から閉め出していたら、取材に来るメディアが少なくなって報道が限られるばかりか、ギリーズの予想では、「フェンスの外の者たちは『CERNが終末装置を稼動させようとしており、我々を中に入れるつもりはない』と言う側になっていたでしょう』。喜ばしいことに、CERNに招き入れられたメディアは「あれが終末装置ではなく、私たちがその稼動に尽力してきた途方もなく複雑な工学的成果であることを理解しました。また、後日のフィードバックから察するに、私たちが彼らをここへ招き入れたことを非常に勇気ある行為だと思ったようです。この手の物事は一発でうまくいくとは限りませんからね」[2]

アメリカのSSCの設計が「技術的恐竜」だったのに対し、LHCには大きなイノベーションが二つ盛り込まれている。[3]一つはツーインワンの磁石で、磁石のリング一本で陽子ビームの片方を時計回りに、もう片方を反時計回りに周回させることができる。もう一つは、超流動液体ヘリウムを使って、磁場を9テスラという、地球の磁場の三〇万倍にまで上げていることだ。

LHCが最終的にエネルギー全開になると、ビームどうしの衝突が、ビッグバン以来知られていなかった温度を瞬間的に作り出して、LHCをこの宇宙で最も熱い場所にする。皮肉なことに、そのためにはLHCの磁石を外宇宙よりも冷たくする必要がある。なぜなら、ビームを曲げている超伝導磁石がニオブとチタンでできており、それらを超伝導状態に保つために、絶対零度よりもわずか一・九K上というマイナス二七一・三℃ほどまで冷やさなければならないからだ。この温度が液体ヘリウムを使って達成され、周長二七キロのこのリングは世界最大の冷凍プラントとなった。産業技術や応用科学の実験施設ではさらに低い温度で小規模な実験が行なわれているので、LHCは地球上でいちばん寒い場所にはならないが、ここで営めるようになる刺激的な物理学を思えばLHCは地球上で「いちばんクール《コールド》」な場所になるとギリーズは言っていた。[4]

ＬＨＣのエンジニアは超流動ヘリウムを使った長さ一〇〇メートルのテストセルを建造し、このテクノロジーが機能することを確かめた。実験科学の場合、液体ヘリウムは低温恒温装置《クライオスタット》に入れる小さなビーカーほどの量でほとんどの実験用途に十分だが、相手がＬＨＣとなると一〇〇トンが必要だ。

家の中に電流を引き込むには、ブレーカーのスイッチをオンにすれば事足りる。だが、陽子の強烈な流れをＬＨＣで周回させるには、それどころではない仕掛けが必要だ。個々の陽子の旅は、圧縮水素ガスの入った何の変哲もない瓶から始まる。その大きさは消火器ほどで、ＬＨＣが関わる両極端のスケールを象徴している。本稼動したときのＬＨＣは、ビームに含まれる約五〇〇兆個の陽子を周回させる。これがどの程度の数かと言うと、個々の陽子が差し渡し一〇〇マイクロの砂粒だったなら、この数の砂粒でオリンピック規格の水泳プールが半分埋まる。ずいぶんな数に思えるかもしれないが、日常的な物品に含まれている陽子の数に比べればごくわずかだ。ちなみに、圧縮ガスの瓶に入っている水素原子の数はサハラ砂漠にある砂粒の数よりも多く、ＬＨＣの需要を何世紀にもわたって余裕で満たせる（が、実際には安全上の理由から年に二回交換される）。水素原子はそれぞれＬＨＣ用の陽子一個になる。陽子は安上がりだ。お金がかかるのはそれを働かせる工程である――費用、知的労力、そして装置の面で。

できた陽子の一部にエネルギーを与え、灼熱のビッグバンを模せる強力なビームに絞るには、ＬＨＣの周長二七キロのリングのほかに、陽子を水素の瓶からＣＥＲＮの敷地内で五キロ離れたＬＨＣの入射口まで運ぶ手段が必要だ。そこを通るあいだに、コンピューター制御された段階的な準備が必要となる。何千何万という構成要素が連動して、磁石が切り替わるタイミングと陽子ひと塊《バンチ》りが通過するタイミングを一〇分の一ナノ秒未満の精度で同期させなければならないのだ。

まず、水素原子が瓶から線形加速器に、周到に制御された割合で供給される。個々の水素原子では、正に帯電した陽子一個の周りを、負に帯電した電子一個が回っている。強力な電場が原子を電気的に中性にしている電子を各原子の陽子から剝ぎ取り、正に帯電した陽子のバンチを光速の三分の一ほどにまで加速する。これは、車で言えばギアを一速に入れることに当たる。注意深い監視によって、所定の数の陽子がバンチに集まったことが確認されると、装置は自動でギアを一段上げる。ＣＥＲＮでは、ギアを二速に入れるのに「ブースター」加速器を使う。

この第二段階の目標は、陽子を光速の九〇パーセントを少し超えたところまで加速することだ。直線での加速は現実的ではないので、陽子を磁石で周長一六〇メートルほどの円軌道に押し込み、電場を一定の間隔で発生させてそれらを加速する。ブランコに乗った子どもを繰り返し押すような感じだ。

バンチが圧縮され、陽子の流れの強さが増す。ＣＥＲＮではギアを三速に入れるべく、バンチを周長約六三〇メートルの陽子シンクロトロンに入射する。バンチはそこを一秒ほど周回し、光速の九九・九九パーセントに達する。何ものも光速の壁は突破できず、自然の制限速度にこうも近づいた陽子にそれ以上いくらエネルギーを与えても、速度は上がらず質量が増えるように見える。アインシュタインの特殊相対性理論で説明されている現象だ。

シンクロトロンを出た陽子は、静止時よりも二七倍ほど重くなった状態で、次はスーパー陽子シンクロトロン（ＳＰＳ）に入る。一九八三年にカルロ・ルッビアがＷおよびＺボゾンを発見して、電弱理論と標準モデルに対する物理学者の信頼を揺るぎないものにしたときに使っていたのがこの装置なのだが、今ではＬＨＣ本体の入射口に向けて最後の加速を行なう陽子の発射台でしかない。ＳＰＳは、陽子が静止時よりも五〇〇倍近く重くなるまでエネルギーを加える。これでようやく、陽子をＬＨＣに入射する用意が調う。線源から直線距離にして五キロしか離れていないところまで行く途中で、陽子は前段の加速器を何百万回と周回しているので、ここまでの総移動距離は約三〇〇万キロと、月までの五往復分に達している。

ＬＨＣには真空にされた管が二本ある。対向して周回するビームがそれらを一本ずつ使い、それぞれに専用の入射口がある。目標は、最終的に二八〇〇個超の陽子バンチを三〇分のうちに特殊なゲート経由で装置の時計回りと反時計回りの管に誘導し、ＬＨＣでエネルギーを加えて個々の陽子を静止状態の最大七〇〇〇倍まで重くすることだ。これが達成されたときのスピードは光速に非常に近く、バンチは周長二七キロのリングを毎秒一万一〇〇〇回も周る。この状態で、巨大な検出器が据えられたリング上の地下空間の四地点[5]で二本のビームの軌道を交差させたときに、対向周回するバンチがそこに両方向から同時に達して正面衝突するよう、バンチの流れの同期を取らなければならない。そのためには途轍もない精度が求められる。各ビームをなす陽子バンチは約七メートル間隔で並んでおり、それぞれ長さ約六〇センチ、細さは鉛筆ほどで、言い換えると管の大半はいつも空っぽである。対向して周回するこれらのバンチが一秒の一〇〇億分の一以上の精度で同じ瞬間に衝突点に達するよう電子機器を微調整しなければならないのである。その結果起こる衝突のエネルギーは、対向している陽子それぞれのエネルギーの二倍になる。この衝突で生じる破片を記録するのが検出器の目的で、たまにヒッグスボゾンを検出することが期待されている。

以上はすべて今後の展望だ。二〇〇八年九月一〇日の大きな目標は、設計、検証、製作、組み立ての済んだ各部をつなぎ合わせてできる装置それぞれが、そしてそれらを結んだ複合施設としてのLHC全体——史上最大の科学装置——が、実際に機能するのを確かめることだった。私たちは至る所に広がるヒッグス場に浸っているのか？　それをはっきりさせるのに、SSCが中止されて久しかった当時の世界ではLHCがいちばんの望みだった。設計に見落としがあり、装置が機能しなかったなら、ヒッグスボゾン探しは終わりとなり、何十億ユーロという資金と、中止されたSSCに使われたドルが無駄になる。目下の課題は、陽子のパケットがLHCに達し、まずは時計回りに一周するのを、次に反時計回りに一周するのを確かめることだった。

LHCは、長さ二・四五キロの八分円（アーク部）八つと長さ五四五メートルの直線部八つで構成されている。段取りとしては、ビームを八分円一つずつに入射しては、円弧に沿って誘導し、その終端でビームライン上に置かれた銅の塊にぶつける。この塊の役目は、ビームを吸収して、リングでその先にある磁石を保護することだった。一回目の試行は午前七時に予定されており、CERNはメディアセンターに報道陣を六時までに招き入れる必要があった。報道陣はLHCの制御室の様子を映し出すテレビ画面に見入った。制御室では所長のエマールが、集まった技師や上級科学アドバイザーの「幸《ボン・シャンス》運」を祈った。

少年のような笑みの陰で神経を高ぶらせていた計画責任者リン・エヴァンズにとって、ここが正念場だった。科学者が行なったコンピューターシミュレーションはすべて、装置は稼動するはずだと太鼓判を押していたが、エヴァンズが最初の試験を始めるまで、絶対的な確信は誰も持てずにいた。だが、エヴァンズは自信を持っていた。彼のチームには粒子加速、磁石、低温の技術にかけて世界屈指という専門家が何人もいたのだ。

エヴァンズは早朝に出勤したときのことをこう振り返っている。「CERNに着いたとき、テレビ局の中継トラックの台数に度肝を抜かれました。制御室に入ってみると、カメラがずらりと並んでいました。BBCのクルーもいて、レポーターを務めるアンドリュー・マー〔BBCの看板キャスターの一人だった〕が部屋の片隅で何やら絵を描いていました」。三〇年前の経験とは何もかもが劇的に違っていた。あのときは、彼とカルロ・ルッビアがほかに誰もいない深夜に陽子・反陽子コライダーを調整した。彼はこの対比をこう表現する。「今回のLHCとは状況が違うにしても、あれほどの報道態勢は予想していませんでした(6)」

エヴァンズは歌うかのような抑揚で、部屋の人だかりに向かってこれからの予定を説明した。その声は自信にあふれていたが、確証はなかった。うまくいくかもしれなかったし、いかないかもしれなかった。だが、すべての確認が終わっており、ビームを入射する用意は調っていた。最初の陽子パルスがLHCに入射され、測定地点で記録された。それがコンピューター画面に示されると、歓声が沸き起こった。

ナレーターが、メディアセンターの科学者たちがモニターで今何を見ているのかを説明する。「私たちは今、初めての陽子ビーム入射プロセスの第一段階にいます」。中継画面が切り替わり、エヴァンズが世界中の視聴者に向けて、制御室のモニターに映し出されている像について解説する。白い点が、目印のあいだで微妙に揺れている。これはビームの断面で、その形状と、軌道を制御している磁石に対する位置を示している。「これを見ると真空槽の中心に対するビームの位置が分かります。表示範囲はプラスまたはマイナス一〇ミリで、ビームは振動していますが、あれでＬＨＣの入射口から三キロ移動してきたあとです」。言い換えると、一つ目の八分円をうまく通り抜けたのだ。ナレーターが、これは非常に大きな進捗だと告げる。「ビームが時計回りの軌道に入りました。午前中の、それも予想よりもかなり早いうちにです」。エヴァンズが補足する。「私たちは順を追って、ＬＨＣ装置の八セクターすべてを確認しています」。最初の八分円の終端に置かれていた銅の塊が取り除かれ、ビームが次の段階へ進み続けられるようになる。このプロセスが繰り返され、ビームが八分円を次々と順調に進み、そのたび歓声と拍手が起こる。ビームが半周する地点に達すると、大きな拍手と歓声が沸く。まだ午前一〇時だ。

オーケストラを完璧なハーモニーへと導く指揮者のように、エヴァンズ配下の技師たちがビームを絞り、曲げる磁場を注意深く調節して、装置を微調整していく。半周地点に達して三〇分もしないうちに、進捗を記録してビームの到達位置を示すコンピューターグラフィックスが、陽子ビームが八セクターのうち七つまで誘導されたことを示す。ついに、その日の最初のゴールが見えてくる。ＬＨＣにビームを入射することは、車のドアを開けて乗り込めるのを確認していることに、そしてビームを各セクションに誘導することは、イグニッションキーが回るのを確認していることに当たり、エンジンがかかって回転し続けることの確認にはまだなっていない。さあ、ビームを完全に一周させ、そのまま周回させ続けられるか？　それができて初めて、装置が機能していることを確信できる。

ＬＨＣの陽子の通り道には小さな膜が置かれており、それが制御室のモニター上で小さなインジケーターを光らせてビームの通過を知らせる。午前中のここまではある一点が繰り返し光って、ビームがLHCにうまく入っていることを示していた。すべてが順調に進んできた今、ビームがLHCを一周すれば、陽子が九〇マイクロ秒後にこの膜に再び当たるはずだ。この間隔での点滅は肉眼で見極めるにはあまりに短いので、エヴァンズのチームはビームが一周した場合の二回目で別のインジケーターが光るように設計していた。別の位置が光ってLHCが機能していることを証明するのを、誰もが固唾を呑んで見守っている。

エヴァンズのウェールズなまりの流麗なテノールがカウントダウンを始める。パルスがSPSでさらなるエネルギーを得てLHCに送られて——うまくいけば——初めて一周する。「ファイブ！　フォー！　スリー！　ツー！　ワン！」だが、訪れたのはLHC稼動開始のクライマックスではなく、静寂だった。しばらく黙っていたエヴァンズが、穏やかな、だがぎこちない笑みを浮かべて言った。「えー……何も起こりませんね」

エレベーターに乗っていてこんな経験をしたことはないだろうか。降りる階に着いたと思ったら、ドアがなかなか開かず、一瞬でも〝まさか閉じ込められた？〟と思ったことが。経験があるなら、あのときCERNの制御室を覆った雰囲気を想像できる。半世紀にも及ぶヒッグスボゾン探しの旅を成就させる装置の建造という一五年の努力が、最後の最後に破局を迎えたかのように見えたのだ。「OK、もう一回やってみよう」とエヴァンズが言い、急に全員が動き出す。「イエス！　オー・イエス！」と彼は声を上げる。

午前一〇時二八分、作業を始めてわずか三時間半後、ナレーターが心底興奮しているような声でメディアセンターから視聴者にこう告げる。「ビームがとうとうLHC《エルエイチシー》を一周しました」。自動生成字幕は最初それを「銀河《ギャラクシー》を一周しました」と誤訳したが、制御室にいた者たちの表情やしぐさから読み取れる幸福感をふまえると、図らずもぴったりなたとえになっていた。

後日、メディアからギリーズに好意的なメッセージがいくつも寄せられた。彼によると、メディアにとってあれは「何かの現場を目の当たりにした新鮮な機会」だったようだ。「あれはリハーサルなしでした。文句なしの実況であり、彼らは進行中の出来事の興奮を体験しました」。CERNは来る者を誰も拒まず、メディアセンターがいっぱいになると、出遅れたメディアを物理学者のいた大ホールに案内していた。後日、ギリーズは彼らからあそこは「最高の席」だったと言われた。「モニターが光ってビームが装置を一周したことを示したときの物理学者の興奮を目の前で見られたから」だった(7)。

時計回りはうまくいったが、同じことを今度は反時計回りのビームであらためて試みる必要があった。ビームがまる一周できることは装置が稼動していることの証明にはなるが、車で言えばエンジンの微調整はまだ済んでいない。追加試験をいくつか行ない、ビームがさらに精度良く曲がるよう磁場を修正してから、彼らは逆回りのビームを午後二時過ぎに放った。ビームはLHCのリングを午前中と同様の管理下で進み、質を高めるためにさまざまな段階で停止された。午後の半ば頃、時計回りと反時計回りの周回がどちらも成功裏に完了した。お祝いらしいお祝いが午後四時半に始まった。CERNでアルコール禁止令が解除されたのだ。

実験検出器が据えられた四箇所の地下空間をビームが通過する際には、その通過が検出され、検出器のタイミング機構が適切に働いていることが確かめられていた。エヴァンズは宣言した。「私たちはこれから夜通しで、そして明日はCERNの公休日ですがやはり終日、作業を続けます。私たちは全速力で突き進み、この装置のエネルギーを設計レベルまで引き上げて衝突を実現して、科学計画を一刻も早くスタートできるようにします」。大きな問題がなかったとしても、LHCの設計者たちが満足するほどビームが強く安定するまでにはまだ何日もかかり、対向する二本のビームが正面衝突すると請け合えるまでにはまだ何週間もかかる。

知の最前線を行く物理学実験をLHCで営むのは、しばらく無理だった。ではあったが、ヒッグスボゾン探しの旅は大勢の心のなかでこの日に始まった。エヴァンズは後日、市民の関心の大きさを知った。「ユーロビジョンによると、あの日は視聴者数が合わせて一〇億人という時間があったそうです。私たちがこの宇宙を吹き飛ばそうとしていると思っていたからかもしれません」(8)

## ホーキング、波風を立てる

一〇億人がテレビを観ていたほかにも、おびただしい数の市民がラジオに耳を傾けていた。ヒッグスボゾンに我が事のような関心を抱いていたイギリスでは、BBCのラジオ4が「ビッグバンの日」を特別なイベントに仕立てて、ヒッグスボゾン探しをアポロの月着陸に匹敵するイギリスの試みであるかのように盛り上げていた。その先陣を切って放送されたのが、朝六時から九時までの看板報道・

時事番組『トゥデイ』での特番だった。ＢＢＣはＬＨＣの壮大な目的を誇らしげに告げ、ヒッグスボゾンについて簡単に触れたのだが、番組に出演したのはヒッグスではなくスティーヴン・ホーキングで、メディアを操る特異な才能に恵まれていた彼はリスナーの注意をしっかり引いた。ホーキングは事前収録のインタビューで『トゥデイ』の大勢のリスナーにこう語りかけた。「ＬＨＣにより、素粒子の相互作用を調べるのに使えるエネルギーの大きさが四倍に増えます。現在考えられているところでは、ヒッグス粒子と呼ばれる、ほかのすべての粒子に質量を与えている粒子が、それで十分発見できるはずです」。ここまではいい。だがホーキングはこのあと、六年前に自分とヒッグスとのあいだで起こったひと悶着を蒸し返すような話を持ち出した。「私が思うに、ヒッグス粒子が見つからないほうが断然エキサイティングです。見つからなかったとしたら、それは何かが間違っているということであり、私たちは考え直さなければなりません。私はヒッグス粒子が見つからないほうに一〇〇ドル賭けています」

続いて、もっと注意を引こうとＳＦじみた領域へと話を進め、ＬＨＣが多宇宙や並行世界への入り口である隠れた次元の存在を明らかにする可能性に言及した。彼はまた、ＬＨＣがミニブラックホールも生成するという可能性にも胸を躍らせていた。そしてこちらに絡めて、自分が一九七四年に、ビッグバンのさなかに作られた原始ブラックホールが「ホーキング放射」と呼ばれる理論上のプロセスによって「蒸発」し、その過程で物質の粒子が放たれると主張したことを紹介して、こう付け加えた。「ＬＨＣが小さなブラックホールを生成した場合、それらが私の予想どおりの性質を示したなら、私のノーベル賞受賞は間違いないと思います」

ミニチュアブラックホールが生成される可能性に関するホーキングの臆測は、この計画に携わっている大勢の神経を逆なでした。最初は「ミニチュア」だったブラックホールが成長して地球をむさぼり食うかもしれない、と一部メディアが騒ぎ立てていたのだ。ミニチュアブラックホールがＬＨＣで生成されるという、そもそもありえなさそうなことが起こったとしても、それが地球をむさぼり食うことなど理論的にありえないのだが、ＣＥＲＮが終末装置を建造していると信じ込んでいる人たちは、そう聞いたところで落ち着かなかった。だが、当のホーキングはＳＦの領域から実世界に戻ってこう言い添えている。「ですが、ブラックホールを作れるほどのエネルギーがＬＨＣにある確率は一パーセントもないと私は考えており、したがって固唾を呑んで見守ったりはしていません」

メディアは当然、あのボゾンに対するホーキングの見方についてヒッグスにコメントを求めた。ヒッグスは求めに応じた。翌日、その内容は「世界で最も有名な科学者二人による言い争い」として大きく取り上げられ、「世界最高の科学装置が稼動を開始したというのに、その祝福ムードに水を差そうとしている」と報じられた(9)。

ＬＨＣの順調な滑り出しを祝うとともに、今後の展望──特に、ヒッグスボゾンの確認が現実的に期待できるようになるまで数年かかりそうなこと──をメディアに伝えることを目的として、エディンバラ大学で記者会見が開かれたが、その場でもヒッグスボゾンが見つからない可能性に関する質問が出た。ヒッグスはホーキングのコメントについてこう述べた。「私はかつて理論的な問題を解いて……質量のない粒子が質量を持つ粒子に変わる仕組みを示しました。これはやや驚きではありましたが重要な変化でした」

これはそのとおりで、センセーショナルでもなんでもない。だが、《タイムズ》紙は、同紙が「辛辣な攻撃」と形容したものにおいて、ヒッグスボゾンは存在しないというホーキングの主張の元となっている仕事をヒッグスは「同世代のなかで最高の物理学者だと一般に見られている人物」の見方を退けたうえ、「不十分」だとして「同世代のなかで最高の物理学者だと一般に見られている人物」の見方を退けたうえ、ホーキングのアプローチを正しいと見そうな素粒子物理学者はほかにはいないとも発言したと書いている。「二人とも実験の成り行き次第ではノーベル賞候補になり、この論争はスウェーデンの科学アカデミーに衝撃をもたらしそうだ」と同紙は述べている。(10)

二〇〇二年、ヒッグスは非公式の晩餐会でヒッグスボゾンを軽んじるコメントに業を煮やした。その六年後、今度はホーキングによるものとして広く報じられた発言と向き合わされ、それについて公式の記者会見の場で質問されていた。いらだちをあらわに反応したのも無理はなかった。

ヒッグスによる実際の発言は、あの記事から受ける印象よりも慎重になされている。報道陣相手の気を遣った説明は次のとおりだ。

実を申しますと、私はスティーヴン・ホーキングがこの主張を展開した論文を読んだことがないのですが、彼が行なった類いの計算の根拠と思われる彼の論文は読みました。率直に申し上げて、彼のやり方では不十分だと思われます。私の理解では、彼は素粒子物理学の理論と重力とを、理論素粒子物理学者なら正しい理論だとは考えないやり方で統合しています。素粒子物理学と量子論の観点から見ると、一貫性のある理論を構築するには、重力のほかにもいろいろと理論に組み入れる必要があるのですが、スティーヴンがそうしているようには思えず、彼の計算はかなり疑わしいと考えています[11]。

この件について、ホーキングは何を主張しようとしていたのか？　場の量子論とアインシュタインの一般相対性理論を統一する壮大な理論はいまだ確立されていないが、その理論の定量的な側面のいくつかは一般に合意されている。ホーキングはその一つから出発していた。彼の前提では、エネルギーが極めて高く距離が極めて短いプランクスケールにおいて、時間と空間はもはや連続的ではなく、発生と消滅を繰り返す仮想ブラックホールの泡と化している。このことは、私たちの手が遠く及ばないこの極端な条件下での現象にとっては深遠な含意があるのだが、ホーキングの興味の対象は、それよりも格段に低い、ＬＨＣで調べているようなエネルギーレベルにおいて、その含意が何かしら表面化する可能性があるかどうかだった。

これは実に特筆すべき探求だ。なにしろ、プランクスケールでのエネルギーは、ＬＨＣで到達できる高エネルギーよりも一五桁――一〇〇万倍の一〇億倍――高い。たとえて言うと、ＬＨＣに手が届く最大エネルギーとプランクスケールのエネルギーとの違いは、ＬＨＣでの衝突のエネルギーとあなたが食べ物を消化するときに分子一個から放たれるエネルギーとの違いに当たる。分子生化学レベルのエネルギーから原子や原子核の物理のレベル、その上のＬＨＣで実現されるビッグバンの極限レベルまでのあいだでここ数世紀に発見されてきた現象の数々を思うと、現状の最前線からプランクスケールという極限までのあいだでこれらに負けない多彩な現象がその発見を待っていなかったなら驚きだ。だが、それがどのようなものでありうるのか、私たちには見当もつかないので、プランクスケールでの物理の兆しがＬＨＣで現れるのを期待するのは行き過ぎと言えよう。この検討の物理学的な妥当性は、ほかの物理学者からはたいてい疑わしいと見られており、理論物理学のある第一人者は「大幅に割り引いて聞く」ことを勧めている。(12)

とにかく、ホーキングが計算したところ、彼のモデルの範囲内では、量子力学の一部の基本的な特徴を、スピンのない粒子の振る舞いに影響するような形に——実質的にそのような粒子が存在しない形に——修正できた。当時はまだ仮想の粒子だったヒッグスボゾンはスピンのない粒子なので、ホーキングによる分析の対象だった。彼の結論はこうだ。「［スピンのない］素粒子は観測されていないし、観測されることは決してないだろうと私は考えている」(13)

ホーキングがこの論文を書いた一九九六年当時でさえ、彼はすぐさま経験上の問題に直面した。ヒッグスボゾンはまだ見つかっていなかったが、スピンのない粒子なら別なものが何年も前から、もっと言えば数十前から知られている。一九六〇年代に南部やヒッグスにひらめきを与えたパイ中間子もその一例だ。ただし、そうした粒子はどれも素粒子ではない。パイ中間子はクォークと反クォークからできており、それぞれスピンを持っているが、スピンが相殺するように組み合わされている。ホーキングは、自分の結論を回避できる可能性を指摘しており、「我々がヒッグス粒子を検出するとしたら、［スピンを持つ構成要素］の束縛状態だと判明するだろう」と言い添えている。(14)

というわけで、ホーキングはヒッグスボゾンが見つかるとは思っていないと公言し、その旨の賭をしていると大々的に言いふらして——この二つの行動でメディアの注目を集めて——いたが、発表した論文でそのような極端な主張はしていない。それどころか、スピンを持つ構成要素でできているならヒッグスボゾンは存在しうると結論付けている。ヒッグスボゾンがより深いレベルの構造でできているという可能性は、大勢の素粒子物理学者が嬉々として検討していた。何と言っても、素粒子物理学史では、基本的な構成要素だとある時代に信じられていたもの――原子、原子核、陽子――が複合的な構造をしていたとのちに判明する、という事態が繰り返されている。ヒッグスボゾンは発見されないだろうというホーキングの予想は、LHCにいた科学者ではなくメディアのあいだに興奮を巻き起こしていた。

## 大惨事

LHCの微調整は二〇〇八年九月末までに完了した。陽子ビームが周回を重ね、LHCのオペレーターが経験を積んでこの新しい装置への自信を深めたことから、加速系が始動され、エンジニアはビームどうしを衝突させられるのも近いと思っていた。ただし、研究プログラムが本格的に始まる前に、LHCでの実験に向けた測定・較正期間が設けられていた。それがすべて順調に進めば、結果が一年以内に出始めるはずだった。ヒッグスは、彼のボゾンの発見――あるいは反証――が時間の問題になることをようやく現実的に期待した。

そんなときに起こったのが、部品の壊滅的な損傷だった。加速器の磁石間をつなぐ電気接続の不良が原因で、機械的な破損が発生したのだ。ビームはSPSを出たときと同じエネルギーで入射されており、LHCでそのエネルギーを一桁上げるためには、磁石のパワーを最大にする必要があった。この操作は八分円の七つ目までは成功していたのだが、最後の八分円の試験準備が整ったとき、電気的な短絡が発見された。加速器の技師が電線の接続箇所のリスク分析を行なったところ、障害の発生確率は一万分の一と出た。問題は、ＬＨＣに接続箇所が合わせて一万箇所あったことだ。偶然の気まぐれが彼らにとって凶と出た。液体ヘリウムが漏れ始め、空気中ですぐさま蒸発した。温度が上昇し、磁石が超伝導ではなくなった。そのせいで電流が発生し、磁石がさらに熱くなって、ヘリウムの蒸発がいっそう速まり、システムの壊滅的な損傷に至ったのである。近くの重さ一〇トンの磁石が、ボルトで床に固定されていたアンカーから爆発的な力で剝ぎ取られていた。幸い、安全システムが期待どおりに働き、技師は誰も危険にさらされなかったが、トンネル内部は凍った水蒸気などの堆積物でできた鍾乳石や石筍だらけの地下洞窟と化した。

損傷の評価と修理を始められるよう、装置全体を室温に戻さなければならなくなった。一六〇〇基の磁石のうち、九〇基の交換が余儀なくされた。装置全体の品質管理基準が引き上げられた。破損は深刻で、復旧作業が終わるまで一年以上かかった。

ようやくすべてがうまく作動し、二〇〇九年一一月二〇日、陽子ビームがＬＨＣに戻ってきた。エンジニアはそれまでの期間を有効活用し、装置の制御システムの癖に関する情報を収集して、運転への理解を深めていた。三日と経たないうちに衝突が初めて成功し、その一週間後には陽子のエネルギーが高められ、ＬＨＣは史上最高エネルギーの加速器となった。

二〇一〇年になると、装置の実験準備が整った。あの破損のあと、ＬＨＣの技師は復旧までの期間を活かして運用システムを微調整し、物理学者は検出器ソフトウェアのテストを繰り返していた。そのおかげで、最初のデータが得られ始めたときには、結果分析を早々に始める用意がすっかり整っていた。三月までに、ＬＨＣはそれぞれビームで最大４ＴｅＶのエネルギーという当初の目標を達成し、ヒッグスは「自分の人生のありようが今まさに変わろうとしている」気がしていた。(15)

# 第一四章　「私たちはＣＥＲＮに行くべきだ」

ＬＨＣで二個の陽子が衝突するたび、量子力学の謎めいた振る舞いが表面化する。ヒッグスボゾンの正確な質量があらかじめわかっていたとしても、量子力学の本質である奇妙な不確定性のせいで、その生成に必要な条件は確約できない。

できるのは、陽子ビームどうしを繰り返し衝突させることくらいだ。ただし、そのうえで偶然ではなく確率を頼りにする。一方のビームの陽子がもう一方のビームの陽子と正面衝突した場合に何が起こるか、百発百中で当てることは不可能だ。ビリヤードのボールどうしなら、決まった方向にはね返るが、陽子ビームの場合、はね返る方向はばらつき、開口部を通って回折する波の山と谷のような疎密ができる。個々の衝突をとると、はね返る方向は不確実だが、そうした衝突数百万回分の分布は確実に予測できる。

少なくとも、陽子どうしが穏やかにはね返ればそうなる。ＬＨＣで衝突すると、おそらくは砕け散って新しい粒子が生まれる。そうしてできる粒子はたいてい光子、電子、パイ中間子といったおなじみの粒子だ。そうした大多数に混じって、たまにヒッグスボゾンが現れるかもしれない。だが、その寿命は非常に短く、光が原子一個の差し渡しを移動するのにかかる時間の一万分の一ほどしかないので、直接の目撃はかなわない[1]。せめてもの望みは、ヒッグスボゾンの最期のあがきで現れる粒子を捉え、そこからの逆算で短命な親の科学的証拠を導き出すことだ。ATLASやCMSなどの巨大な検出器の仕事は、こうした粒子の通過を記録することである。

話はまだ終わらない。記録された粒子の組み合わせが、本当にヒッグスボゾンの最期に由来していると、どうしたら確信できるか？　実はたまたま本物に見えるランダムな相関だったとしたらどうなる？　本当の証拠と単なる偶然とを区別するためには大量のサンプルが必要で、そのためにデータを何年もかけて集めることになる。

専門用語で言えば〝信号とノイズの区別を試みる〟わけだ。本物かもしれない信号が背景ノイズから突出する度合いは、「σ（シグマ）」と呼ばれる統計的尺度で記述する。ここでは、１σは偶然（言い換えればまったくのノイズ）、２σは関心の対象かもしれないという最初の兆し、３σになるとその可能性が増す、と知っていればいい。素粒子物理学者は５σを発見とみなす。

偶然と信号との違いやσの役割の何より分かりやすい例として、コインを投げたときに裏ではなく表が出る頻度について見てみよう。コインに磁化などの細工がされていなければ、表と裏が等しく出ると予想される。実際にぴったり等しくなるとは限らないにしても、半々との違いに意味があるかどうか――コインに細工がなされているかどうか――はどうしたら判断できるだろうか？　たとえば、表の回数が裏よりも三倍多かったとしよう。これは偶然か、それとも何か意味があるか？

その答えはそれまでコインを何回投げたかによって違ってくる。この簡単な例の場合、数学の確率論によると、１σの大きさは試行回数の平方根に等しい。表と裏の回数の差が１σなら単なる偶然だ。

この差がそれよりも大きいほど、本当の証拠という可能性は高い。この例なら、三対一が本当の証拠だという可能性は、試行回数が増えるほど高まる。具体的にどういうことかを理解するため、試行回数として四回から出発しよう。４の平方根は２なので、１σは２である。この場合、表に対する三倍の偏りは、表三回と裏一回だ。その差は２、言い換えると可能性は１σに等しい。つまり偶然である。

これが実際に偶然かどうかは簡単に確かめられる。二回投げたところで表が一回、裏が一回だったとしよう――これは偶然だ。次に投げた結果は表か裏だが、ここでは表だったとしよう。そして四回目。表と裏のどちらが出るかは無作為なので、表二回と裏二回になるか、表三回と裏一回になるかは偶然の結果だ。専門用語で言えば、これは１σで、有意ではない。だが、ここから投げる回数を増やしていくと、表へのこの偏りはいずれ均される――単なる偶然――か、それとも偏りが積み上がって信号だと示されるかを確かめられる。

たとえば、三六回投げたあとの三対一の違いは、表二七回と裏九回となる。この場合の１σは36の平方根、すなわち６である。表と裏の回数の差は27引く９の18で、これは１σの三倍だ。表二七回と裏九回という偏りはかなりありえなさそうに見えるものの、この偏りにひと財産を賭ける気になるかといえば私なら考えてしまう。これに対し、一〇〇回投げたあとの三対一の違いは表七五回と裏二五回で、こうなると合理的な人ならたいてい、コインにゆがみか何かがあるほうに賭ける気になるだろう。この場合の１σは１００の平方根、すなわち10、表と裏の回数の差は50、すなわち５σだ。この結果が偶然だという確率は、ルーレットのホイールで四回連続同じ数字が出る確率に近い（そのカジノが良心的なら！）

ＬＨＣでは、ビームは一秒間に一万一〇〇〇回周回し、二つの独立した物理学者チーム——ＡＴＬＡＳまたはＣＭＳ検出器に携わる数千人の協力者——がデータを蓄積できる。ＬＨＣの運転期間が長くなるほど、集められるデータが増え、信号とノイズの区別に確信が持てるようになる。だが、科学者が発表する気になるほど確信が持てるようになるのにどれくらいかかるのか？

運は早いうちに向いてきた。ＬＨＣの破損による遅れのあいだ、技師はビームの精度と安定性を高め、物理学者は検出器の試験と再較正を行なった。二〇〇九年一一月に稼動を再開したＬＨＣは、予想よりも効率よく機能した。二〇一〇年を通じ、そして二〇一一年に入っても、ＬＨＣは順調に稼動し、巨大な検出器での衝突のデータが蓄積され始めた。二〇一一年の春、息子がＡＴＬＡＳコラボレーションで働く上級科学者だというご近所からピーター・ヒッグスに連絡があった。実験で興味ある事象が見られているらしいといううわさが流れていたなか、そのご近所の息子さんが、ヒッグスは七月にグルノーブルで開かれる会議での「発表に注目すべき」という謎のメッセージを送ってきたのだった。実際には何の発表もなかったが、この話はあのボゾンをなんとしても見つけだそうとしていた物理学界の緊張感をよく表しており、こうしたうわさが次々と流れては希望を打ちくだいていた。

二〇一一年末までに、単なる偶然以上らしき信号の兆しがデータに見られていたが、確信を持つためにはさらなるデータが必要とされていた。故障が起こらずＬＨＣが順調に稼動すれば、早ければ二〇一二年の冬にははっきりした答えが出そうだった。

## ヒッグスを広める

発見のニュースは二〇一二年中に出そうだという見通しのもと、ヒッグスの創造物を本人にどう広めてもらうのがいちばんか、という課題が浮上した。ヒッグスは、代数を操り、方程式を解き、その意味を解釈して物理宇宙を記述するという才能に加えて、知的スタミナを持ち合わせており、与えられた問題に何カ月も、ことによると何年も集中できた。これは特別な才能ではあるが、専門家ではない聴衆を魅了するために必要なスキルとはかけ離れていた。一流の物理学研究者でこの両面に長けた者はほとんどおらず、わかりやすい説明で一般市民を楽しませることもできたノーベル賞受賞者リチャード・ファインマンはまれな例だ。ヒッグスは、最先端の理論物理学について学生や同業者を相手に講義するのはお手の物だったが、大ホールのステージに立って素人相手に話をした経験はまるでなかった。だがふたを開けてみれば、彼は喜んで壇上での対談に応じ、ときには個人的な逸話を披露してくれたし、話題を三つか四つに分けて自然な区切りをつくっては聴衆からの質問に答えて、話をうまくまとめたりもしてくれた。この年の六月一五日、メルローズでのボーダーズ・ブックフェスティバルで、私は彼と初めて一緒に登壇してこうして対談を進め、以降三年にわたって繰り返し共演を果たした。そして発見への期待やノーベル賞について語ったり、彼のノーベル賞受賞後は、いろいろな振り返りを通じてそれらが素粒子物理学の未来に対して持つ意味合いを探ったりした。

このフェスティバルには、国際問題で有名なコメンテーター、ジム・ノークティーも呼ばれていた。私は壇上で聞き手役を務めた経験がまったくなかったことから、世界各国の指導者へのインタビュー経験が豊富なノークティーに、ヒッグスボゾンの重要性を聴衆に理解してもらうためにはヒッグスとの議論にどうアプローチしたらいいものかと相談した。彼はしばらく思案したのち、「位置付けをはっきりさせることだね」と言った。その日は《タイムズ》紙が社説であのボゾンの発見の発表が近いという見通しを示していたのだが、ノークティーはそれに絡めてこんな問いかけをした。「この騒ぎは科学界やメディアがあおっているのか、それとも発見は人類文化にとって歴史的瞬間なのか？」後者なら、と彼は続けた。それは何を意味することになるのか？　これまで知られていなかったどのような根源的な重要性が明らかになるのか？　ノークティーはこの手短な指南で、ヒッグスボゾン探しの難しさとその類を見ない重要性をカバーしていた。

ヒッグスと私はこんな説明をした。ヒッグスの理論によれば、私たちはヒッグス場と呼ばれている謎めいた媒体に浸っている。ヒッグスボゾンとヒッグス場の関係は、光子と電磁場との関係のようなものだ。電磁場にエネルギーを加えると電磁波が生じ、場の量子論でその現れは粒子――この場合は光子――のほとばしりである。同様に、ヒッグス場を励起するとヒッグスボゾンが現れる。この二つの違いは、光子ならマッチを一本擦れば途方もない数が現れるが、ヒッグスボゾンの場合はたった一個を出現させるのにＬＨＣを要することである。

説明はさらに続く。誤解の多いところなのだが、ヒッグス場は万物の質量の源ではなく、ヒッグス場が質量の源となるのは最も基本的な粒子の場合に限られる。あなたの体重の約九九・五パーセントは、体に含まれる原子核の重さだ。原子核の質量の元は、それをなす陽子や中性子に含まれるクォークの持つ大きな運動エネルギーであり、それがアインシュタインの解いた質量とエネルギーの等価性どおりに質量として現れている。この話にヒッグス場は何の関係もない。ヒッグス場の役割は、原子を取り巻く電子のような素粒子に作用して構造を与えることだ。ヒッグス場はあなたの体重とはほとんど関係ないが、大きさとは大いに関係がある。量子力学において、原子の大きさは電子の質量に反比例している。言い換えると、電子の質量がゼロなら、水素原子の大きさは無限大となり、事実上存在しなくなる。言い換えると、電子の質量が有限であることが、原子に大きさを与え、分子や結晶、そしてこの日常世界のスケールを定めているのだ(2)。

電磁力の伝達粒子である光子が質量ゼロなのに対し、対応する弱い力の粒子――Ｗボゾン――の重要な特徴は質量を持っていることである。これは私たちにとって重要だ。何しろ、弱い力は太陽での核融合サイクルの第一段階を制御している。そこでは陽子が一連のプロセスを経てヘリウムを形成しており、そこで放たれたエネルギーが地球に生命を生んだのだ。弱い力は非常に微弱なので、あなたが太陽誕生時の陽子だったとすると、核融合をすでに経た可能性は五〇億年も経った今なお半々でしかない。Ｗが光子と同じく質量ゼロだったなら、太陽の内部で働いている「弱い」力の強さは電磁力と同程度だっただろう。水素からヘリウムへの変化という、太陽の核融合エンジンを動かし続けている重要なプロセスが、現状よりもはるかに速く進んで、太陽はあっという間に燃え尽きていただろう。したがって、知的生命が進化できたのは何はさておき太陽が何十億年と生き永らえたから、そしてそれはＷに質量があるからなのだ。私たちが存在しているのはヒッグス場があるからこそなのである。

ただし、この説明の大半が仮説であることは認めなければならない。ヒッグスの正しさが証明されるか、それともこの理論構造が破綻するかは、実験が行なわれて初めて決着がつく。ヒッグスは聴衆に、ＬＨＣのおかげでその答えはまもなく出ると請け合った。

私たちは二回ほど話を区切り、聴衆からヒッグスへの質問を受け付けた。最初の質問——「何がきっかけで科学者になったのですか?」——に対し、ヒッグスはコタム校の銘板でポール・ディラックの名を見たときの思い出を語った。彼によればそれを見て初めて、自分の学校がノーベル賞受賞者を輩出していたことを知った。

この対談の四週間前の五月一六日、ヒッグスは六〇年以上ぶりにコタム校に帰っていた。校長がこの特筆すべき卒業生をディラック‐ヒッグス科学センターの開設式に招いたのだ。やはり招かれていたディラックの伝記の著者グレアム・ファーメロは、ヒッグスは本当に謙虚だと感心していた。校長がヒッグスを招いたのは、センターの開設と二人の科学者の名前が記された銘板を式典で除幕してもらうためだった。彼は言われたとおりにしたが、「私にはディラックと同じ銘板に載る資格はありません」と語っていた。(3)

## 備え

二〇一二年四月、イギリスの素粒子物理学研究に資金を提供している科学技術施設会議(STFC)の、三七歳になる快活なメディア担当責任者ステファニー・ヒルズが、LHC実験に関わっている自国の大学の広報担当をロンドンに集めて会議を開いた。会議では同年後半に発見が発表された場合の方策の草案が作成された。目的は発見について最大限の周知を図ることで、そのためには実験結果がいつどこで公になりそうかを把握することが非常に重要だった。ヒルズらは向こう一年に開かれる大規模な素粒子物理学会議を網羅した一覧を用意した。なかでも重要な高エネルギー物理学国際会議（ＩＣＨＥＰ《アイチェップ》）が、オーストラリアのメルボルンで二〇一二年七月四～一一日に予定されていた。隔年開催のＩＣＨＥＰは、四〇年前の一九七二年にヒッグスの名が初めて知れ渡った会議である。ヒルズによると、「メルボルンでのＩＣＨＥＰは無条件に除外しました。時差が大きすぎるからです」。ヒッグスボゾン発見の発表は国際ニュースになるとは予想されたが、メルボルンでの会見はヨーロッパや北米では速報ニュース扱いにはならなさそうだった。発見の可能性と主要会議のスケジュールから、ＳＴＦＣの会議は「論理的に考えて、九月のポーランドのカトヴィツェでの会議が有力」と結論付けた。[4] 何の発見も夏まで発表されることはなさそうだというこの判断は、エディンバラ大学のピーター・ヒッグスの耳にも達した。これが、メルローズの壇上で対談した六月時点での彼の、そして私の予想の根拠だった。

　一方、ＩＣＨＥＰの主催者はメルボルンでの会議の日程を作成し、ＡＴＬＡＳとＣＭＳで得られた最新データについて発表と議論を行なう半日セッションを七月六日に設けた。七月が近づくと、発表間近というメディア報道やブログでのうわさが物理学実験の様相を呈してきた。同じうわさがさまざまな情報源から聞こえてきた場合、それは本物の信号か、それとも単なるノイズか？　ＬＨＣのＡＴＬＡＳ／ＣＭＳ実験でヒッグスボゾンの特徴を持つデータが見られているという話は一年以上前から知られていたが、それは標準モデルのほかのメカニズムによる結果だという可能性もあった。信号とノイズの区別は、市民にも物理学者にも同じように難しかった。

　ヒッグスがメルローズで登壇する少し前の二〇一二年六月三日、私はＣＥＲＮの所長ロルフ・ホイヤーと現状について議論した。そのとき彼から聞いた話では、ＬＨＣはその日までの半年間で、それ以前の合計よりも多くのデータを蓄積していた。この事実だけからでも、本物の信号があるならその統計上の有意性が四割ほど高まると見込まれた。実験そのものや考えられる背景ノイズなどについて、実験中には知見が決まって増えることをふまえると、さらなる向上が期待できた。単純に考えても、1だったσがうまくいけば4前後かそれ以上になる。前に見つかっていた信号が本物だったならそうなるはずだった。とはいえ、データを実際に目にするまで、確かなことは誰にも言えなかった。

六月一五日、一方の研究コラボレーションの実験担当者が結果を初めてざっと眺めた。目にしたものに彼らは息をのんだ。データファイルを前回、数カ月前に開いたとき、何か新しいもの——もしかするとヒッグスボゾン——の興味をそそるちょっとした兆しが質量一二五ＧｅＶあたりにあったのだが、その信号がまだそこにあったばかりか、大きくなっていたのだ。確かなことを言うには大がかりな分析が必要ではあったが、同実験の責任者グループは、この結果を内々に知らせるなかにＣＥＲＮの広報を率いていたジェイムズ・ギリーズを含めることで合意し、夏にもありうる発表に備えるよう彼に促した。ギリーズによると、ＣＥＲＮに近い自宅で庭いじりをしていたとき、一方の実験に携わっていた科学者の一人から電話があった。相手は電話の向こうで、「私がたった今見たものは消えそうにない」という予言的なことを言っていた(5)。

その日は偶然、ヒッグスと私がメルローズで壇上に立った日でもあったが、私たちはこのことをもちろん知らなかった。一方、実験家たちは最新の結果をメルボルンでのＩＣＨＥＰで報告する準備を進めていた。ギリーズは、ＣＥＲＮの科学者が進捗報告を聞けるよう、すべての発表をオーストラリアからＣＥＲＮのメインオーディトリアムに中継する計画を策定した。庭で受けた電話からは一方の実験現場での興奮がうかがわれたが、実際に発見したとＩＣＨＥＰで正式発表するには時間が足りなさそうだった。それに、ＡＴＬＡＳとＣＭＳとで実験結果が食い違っており、その兆しは偶然の気まぐれでしかなかったことが明らかになる、という可能性もあった。

ＣＥＲＮの最高意思決定機関であるＣＥＲＮ理事会は、参加二三カ国それぞれの代表で構成されている。その夏の定例会合が六月二一日と二二日に行なわれた。その会合で理事会は、ヒッグス探索の進捗報告は発見の有無によらず非常に重要であり、その第一報はメルボルンの会議からではなくＣＥＲＮから発するべきだと判断した。ギリーズはその旨のプレスリリースを「ＣＥＲＮがＩＣＨＥＰ会議に先立ちヒッグス探索の進捗報告へ」と題して六月二二日に発行した。発見を発表できるほどの信号が揃うかどうかはまだ誰にもわからなかったが、このプレスリリースとＣＥＲＮ理事会の役割が、発見の発表は近いという臆測を呼んだ。

成り行きはまだ誰にもわからなかったのだが、ギリーズは発見となる「可能性は非常に高いとあの時点で見ていました。両実験がもう一方とは無関係に――適切な手続きです――得られた結果を所長に見せていたからです」。一方の実験だけでは5σ（発見と見なすと合意されている統計的尺度）だと言えなかったとしても、所長のホイヤーだけは、両チームの結果の概要を知っていた。ギリーズの直感では、ホイヤーは見せられた結果で二組のデータを内々に評価し、発見があったと言うに十分だと判断したに違いなかった。そうでなければ、拍子抜けの結果のためにあれほど目立つ発表をお膳立てする理由がどこにある？

ブックフェスティバルからほどなく、私はピーター・ヒッグスと再会した。今回は、シチリア島西端の丘の上にある町、エーリチェで六月二五日から七月二日まで開かれていた物理学のサマーセミナー中だった。CERNが進捗報告を予定していたことは、その頃には周知の事実となっていた。ヒッグスは当然ながら不安そうで、自分のライフワークの立証を願っていた一方、本当に立証されればまたメディアの脚光を浴びることになると観念していた。私はヒッグスよりも数日前にエーリチェ入りして、新世代の若い素粒子物理学者を相手に講義をした。学生たちは期待に胸を膨らませていた。その多くが博士課程に在籍しながら、CERNであのボゾンを探している二つの大がかりな実験のどちらかに携わっていた。ピーター・ヒッグスのことは全員が聞き及んでいたが、誰も会ったことはなく、大半がその風采すら知らなかった。

## シチリア島の安息の地

CERNは進捗報告を七月四日に予定した。主要二実験のスポークスパーソンが同席でき、なおかつ七月六日にICHEPで話をする時刻に間に合うようメルボルンへ行ける、それが唯一の日程だった。素粒子物理学界の注目先が大きく変わり、メルボルンからCERNへ報告を中継するという従来の段取りは、CERNがジュネーブで行なうイベントの午前中のセッションを、その晩にメルボルンに到着する会議の代表者向けに中継することへと変更された。一方、各実験に近い物理学者は付き合いのあるメディアに、何か大きな発表があるかもしれない——が今回も何もないかもしれない——という思わせぶりなことを言って相手をじらしていた。

ヒッグスボゾンの誕生報告がなされるかもしれないといううわさが膨らんでいたとき、ヒッグスはエーリチェという安息の地にいた。そして、彼のボゾンが実在する可能性は非常に高いが、それが確認できたと言うにはまだ早いと思っていた。エーリチェは、彼に心の平和がもたらされる程度にメディアから遠かった一方、現状の把握に努められる程度にLHCの中心人物たちに近かった。シチリア島に着いたときの彼は、とうとう正しいと証明されるのを確信を持って心待ちにしつつ、平静を保っていた。

六月三〇日は焼けつくほどの猛暑で、エーリチェの細い路地に敷き詰められた白い石に真昼の陽光が反射して、あたりに容赦なく照りつけていた。住民のほとんどは、自宅の日の当たらない中庭に引きこもって昼寝をしていた。ヒッグスとあのボゾンのドキュメンタリーを撮っていたオランダの撮影クルーが三日間の予定でエーリチェまで来ており、ヒッグスと、ヨークシャー出身の魅力的な同僚アラン・ウォーカーを交えて、エアコンの効いたレストラン《ヴィーナス》で昼食を取っていた。エディンバラ大学を退官していた物理学者のウォーカーは、実質的にヒッグスの個人助手を務めており、ヒッグスへのさまざまな依頼をさばくのを手伝ったり、外国への訪問に同行したりしていた。ウォーカーはここ数日、七月四日のイベントがどの程度重要なものになりそうなのかを探っていた。ヒッグスはCERNには寄らず、スコットランドにまっすぐ帰る予定だったからだ。ウォーカーはその日の朝、CERNの広報局に「私たちはどうしたらいいでしょうか？」と電話で問い合わせていた。昼食のさなか、急に電話が鳴った。アラン・ウォーカーによると、「スイスを示す+41という国番号が見えたので、CERNの広報局からの折り返しだと思ったのですが、かけてきたのはジョン・エリスでした」(エリスは、一九七六年の共著論文でヒッグスボゾン探しに初めて命を吹き込んだCERNの古参理論家)。そこで、昼食の邪魔にならないよう席を立って窓際へ行き、電話を受けた。振り返ると、撮影スタッフが機材をセットして撮影していた。クルーから身振りで「自然にふるまい続けて」と指示されたので、「ピーターと会話を始めました――『ジョン・エリスだった。私たちはCERNに行くべきだと言ってるよ』」。ヒッグスは「ジョン・エリスがそう言うなら行かなければ」と応じた。(6)

ヒッグスがそうと知った瞬間があったとしたら、まさにこのときだった。その晩、講師や特別ゲストを交えた全体での夕食が終わると、アランが私を脇に連れ出し、昼食のときの出来事を教えてくれた。皆が食べ終わって三々五々帰ったあと、私たちはエーリチェの小さな広場の一つでピーター・ヒッグスと合流した。ヒッグスはグラスを片手に夜更けまで、私がそれまで見たこともなかったほどのびのびと想いを打ち明けた。普段よりも気楽で遠慮のなかった彼の言葉によれば、四八年待った末、CERNからお呼びがかかったとアランから聞いて、彼は安堵感を、そして勝利の気分さえも覚えたが、それはほんの一瞬のことで、すぐにうろたえた。「これまである意味、この機会を極度に恐れていましたし、これとの付き合い方を考えていましたから」。もうしばらく、二〇一三年になるまでは、あるいは早くても二〇一二年の冬まではないと考えて、彼はこの機会が来る可能性と距離を置いていた。だが、シチリア島の夜が日中の暑さを和らげるなか、彼はこの成り行きを受け入れた。「急に実感が湧いてきました。生きてこの事態に向き合わなければならないのだと。思っていたよりも数カ月早く」

ＡＴＬＡＳコラボレーションのなかで、データの最終状態を知っていたのは一握りの科学者に限られていた。ＣＭＳチームでも、実験全体としての結果に関わっていた科学者は少なく、その特権的なごくわずかさえ、もう一方のチームが至った結論の詳細については何一つ知らなかった。もう一方が発見していそうなことを耳にすると、それだけで無意識のバイアスがいとも簡単に生じうる。実験どうしのあいだに設けられたこの〝防火壁〟は、双方の分析がこの無意識のバイアスに左右されないようにするためだった。七月四日の発表まで、結果の秘密は完璧に守られることになっていた。当日になって初めて、双方がもう一方の得た証拠について知り、世界は最終的な結果をその目で確かめられるのだ。

七月四日にＣＥＲＮで何か大ごとが起こりそうだという明確なサインを受け取ってはいたものの、ヒッグスにはそれがどれほど確固たる内容なのか見当もついていなかった。報道をもとに大発表を楽しみにしていたら、実際には期待外れだったり、いろいろと但し書きだったり、重要な疑問が未解決のままだったりした例は枚挙に暇がない。とはいえ、本当に長いこと待ち続けた末の七月四日だったので、近づくにつれて緊張感が増しこそすれ和らぎはしなかった。ほかに手がかりはないものか？

どちらの実験にも何千人という科学研究者が携わっており、分析結果の信頼性について合意に達するには、それぞれチーム内で幅広い意見を集める必要があった。謎のメッセージを読み解こうとしている暗号研究者が、一見ささいに見える洞察をヒントにするように、実験に携わっていない私たちのような部外者にも、可能性の高い成り行きを探るのに役立つ手がかりがあった。うまいことに、ＣＥ

RNで実験に携わっていた学生の何人かがエーリチェに来ており、そのなかの二人が夕食前のバーでノートを見比べていた。あの時点での私は、昼どきの《ヴィーナス》での出来事をまだ知らずに、ATLASが決定的な5σに近い値の発表準備を調えたと学生から聞いて興奮した。その晩、私はこの話をヒッグスにした。「十分そうですね、CMSも多かれ少なかれ同じだったらですが」というのが彼の控え目な返事だった。[7] はたして、二つの実験の結果は一致しているだろうか？

この翌日に予定されていたCMSのリーダーのエーリチェ入りが、土壇場でキャンセルされた。これはいい兆候に思えた。彼がコンピュータープログラムにバグを見つけたという可能性は薄そうだった。そこで、ウォーカーはヒッグスと自分のフライトの予約を変更し、パレルモからローマ経由でジュネーブへ飛ぶことにした。本来はこの日にエディンバラへ帰る予定だったので、ヒッグスはスイスフランを持っておらず、旅行保険は切れかけていた。私はミラノ経由でイギリスに戻ることにしていた。メディアの嵐が押し寄せることを考え、ヒッグスをもう少しのあいだ守れればと、アラン・ウォーカーはヒッグスと私がチェックイン後に一緒にいる写真を撮ってソーシャルメディアに投稿した。その際、私たち二人が別便で帰ることに言及したうえで、ヒッグスはローマではなくミラノ経由でジュネーブに飛ぶかのような書き方をした。おかげでヒッグスはパパラッチを逃れてプライバシーをもう一日確保できた。七月四日から、すべてが変わった。

ピーター・ヒッグス（左）と著者（右）。2012年7月2日、パレルモ空港にて。
（写真：Courtesy Frank Close）

# 第一五章　七月四日

四月にイギリスで会議を開き、予想されるヒッグスボゾン発見の発表への対応を検討したステファニー・ヒルズは、あのあと英国のCERN駐在広報官に任命された。彼女の初日は七月二日月曜日だった。その日、CERNでは六〇人ほどの広報関係者全員が集まって、七月四日の殺到が見込まれるメディアへの対応を協議した。仕事の一つが、ピーター・ヒッグスを記者会見場までエスコートすること、そして訪問中の彼の面倒を見ることだった。誰かが「これは君がやることになる」と言うのを耳にした彼女が、「そんなおいしい仕事をやるのは誰なのかと左右を見回して」みたら、自分のことだった。彼女はCERNに着任したばかりで、「何がどこにあるのか、本当にわかっていませんでした」。だが、あれこそまさに彼女が引き受けた役割だった。「というわけで私に回ってきました」[1]

ヒッグスとアラン・ウォーカーは、七月二日にCERNに着いてすぐ昼食を取りにCERNのカフェテリアへ行ったときに、待ち受けている事態を思わせる状況をさっそく体験させられた。CERNはヨーロッパ中から選ばれた学部生向けにサマープログラムを実施しているのだが、その日はこの年のプログラムが始まったばかりだった。七月四日に大きな発表が予定されているのを一〇〇名以上の学生が知っていたところへ、ヒッグス本人が来たといううわさが広まり、大勢が彼の元へやってきて一緒の自撮りやサインを求めた。エディンバラ大学の二人にとって、これは同じカフェテリアで二〇〇八年の一般開放日に起こったことと気味が悪いほど似ていた。ヒルズがヒッグスと初めて顔を合わせたのは七月三日の午前、ヒッグスとウォーカーが英国連絡事務所長ジェーン・マッケンジーに会いに来たときだった。二人は興奮した学生や物理学者やメディアが殺到してヒッグスが身動きできなくなったりしないよう、CERNにどのような対応ができるかを尋ねた。

マッケンジーはこう振り返る。「ピーターのために何かしらの保護対策が必要なのは明らかでした」。カフェテリアでの反応が「ちょっと異常」だったからだ。(2) ヒッグスボゾン発見の秘密は関係者のあいだでは非常に良く守られていたが、CERNの誰もが成り行きを予想できていた。ヒッグスが来ていることだけでも、興奮を巻き起こすに十分だった。若い学生にとって、彼は「物理学界のロックスター」と化していた。(3)

CERNの広報チームは総出で対応した――広報局員も、アウトリーチ担当者も、その日は誰もが動員され、人混みの整理と誘導、マイクの動作チェック、写真撮影など、何かしらの仕事をした。事実上すべてが、六〇年のCERN史上最大のイベントの一つが円滑に進み、その記録が後世に残るようにするためだった。

エディンバラ大学の広報担当が二人、同日夕刻の便で来て、マッケンジーとヒルズが二日間のヒッグス訪問のスケジュールを考えるのを手伝った。同大広報の二人が、ヒッグスやCERNに詰めていたほかの同大所属の科学者を交えた外での昼食を望んだので、マッケンジーはCERNの施設のすぐ近くにあるレストラン《ル・スマッシ》に七月三日の予約を入れた。その日の晩、ヒッグスとウォーカーはCERNの理論家ジョン・エリスからディナーに招かれた。彼の自宅はジュネーブから北へ一二キロほどのヴォー州タネーにあり、マッケンジーが送迎を買って出た。かつてCERNで理論部門を率いていたエリスは、一九七六年にヒッグスボゾンの重要性に気づいてその探し方を提案する初めての概論を書いた三人の一人だった。イギリス出身のCERN所長経験者として唯一存命だったクリス・ルーウェリン・スミスも招かれた。彼は一九七三年の論文で、電弱理論を数学的に一貫したものにするためにはヒッグスボゾンが欠かせないことをはっきりさせていた。

この和やかな晩餐で、考えられる翌日の成り行きについてくすぶっていた疑念はすっかり解消された。ヒッグスは、CERNの所長ロルフ・ホイヤーが今回のイベントにルーウェリン・スミスら歴代の所長を招いていることを知った。また、CERNはフランソワ・アングレアをはじめ、存命だった六人衆をほかにも招待していた。そのうちトム・キッブルは発表をロンドンで観ることにしていたが、アングレア、ジェラルド・グラルニク、カール・ヘイゲンは来ることになっていた。エリスが六月三〇日に電話でウォーカーにヒッグスも来るべきだと言うことにしたのは、これも大きな理由の一つだった。アングレアが、故人となっていた同僚のロバート・ブラウトと質量機構を提唱して五六年、アングレアとヒッグスは一度も会ったことがなかったのだ。七月四日は物理学上のみならず個人的にも重要な日になりそうだった。

エリスとルーウェリン・スミスは、この晩餐で共有できるような内部情報を何か持っていたか？エリスは、信号の兆しがあるという前年末の発表のあと、データは何も見ていなかった。だが、後日私に語ったところによると、彼は翌日の発表について、「あの位置に何かがあることを疑っていませんでした」。彼はあの晩考えていたことをこう説明する。「上層部がヒッグスやアングレアらを招いたという事実が、何か非常に重要で前向きな結果が出ているに違いないことを物語っていました。ATLASやCMSのチームが『何も見えていません』と言うことになるなら、あるいは登壇して互いに違うことを言うことになるなら、彼らは招待されていませんよ。二つのコラボレーションによる結果が一致していなかったら、そもそもあのイベントは予定されなかったと思います[4]」。ルーウェリン・スミスも、あのとき最新の結果は何も見ていなかったが、彼の目にも「どうなるかは明らかでした。ロルフ［・ホイヤー］からあんな形で招待されたんですから。発見を発表する用意ができているに違いありませんでした[5]」

あれは楽しい一晩だった、とエリスは振り返る。一同は半世紀に及ぶ探索の終わりを予感していた。彼とルーウェリン・スミスは、ヒッグスのアイデアを形にするこの探索において一定の役割を果たしていた。会話は盛り上がったが、彼によると「つつましくシャンパンが一本空いただけでした」。後日、彼はロンドンの科学博物館からその空き瓶を寄贈してもらえないかと相談された。彼は応じ、空き瓶はしばらく展示されたのち、世界中で巡回展示され、シンガポールではそれをエリスの娘が目にしている。結婚式前夜に集まった親戚どうしのようだった彼らにとって、シャンパンの空き瓶は唯一の思い出の品だった。振り返っていたエリスがふと言葉を切ったかと思うと、急に声を上げた。「そういえば誰も瓶にサインしてないじゃないか！[6]」

## 一世代に一度

これがＣＥＲＮの全職員にとって一世代に一度の機会になることをホイヤーは意識していた。一九六〇年代、アメリカのケープ・カナベラルでは、ゴミ箱のゴミの回収員も含めて誰もが自分はアポロ計画の一員だと感じていた。ホイヤーは現代のＣＥＲＮで、二つの実験のリーダーが限られた物理学者を相手に結果を報告するのではなく、ＬＨＣや検出器の建造に携わった誰もが、そしてヒッグスボゾン発見という夢の実現を支えてきた誰もが、役職や業務に関係なく参加できるようにしたいと考えた。オーディトリアムに予約済みの席はあったがその数はわずかで、歴代の所長やデータ分析の責任者など、この探索の中心人物が座ることになっていた。その端緒となった仕事をした理論家のうち存命だった五人のなかでは、グラルニク、ヘイゲン、アングレア、ヒッグスが同席することになっていた。トム・キッブルはロンドンにとどまり、英国国会議事堂に近いセントラル・ホール・ウエストミンスターで開かれる、科学大臣とイギリスの科学メディアを対象とするＶＩＰセッションで、インターネット中継を観ることになっていた。ヒッグスとアングレアは、オーディトリアムの予約席で初めて対面することになっていた。以上の若干名のほかは先着順だった。

七月四日、ヒッグスとウォーカーはステファニー・ヒルズと会い、その他すべてが行なわれる場所から離れた会議室で静かに朝食を取りながら、その日の予定の手短な説明を受けることになっていた。ヒルズはＣＥＲＮに来てわずか四八時間後に体調を万全にする必要があったので、夜明けとともに起床した。「とてもわくわくしましたが、とても緊張もしました。どれだけの数の撮影クルーが来るのかわかっていましたから」。ＣＥＲＮに朝の六時頃に来てみると、その日起こる事態の予兆が目に飛び込んできた。

ＣＥＲＮのメインオーディトリアムには メインビルディングの中二階から入る。その前には「失わ《サル・》れた歩みの広間《デ・パ・ペルデュ》」と呼ばれる開けた空間があり、物理学研究者のオフィスがある迷宮への渡り廊下が架かっている。サル・デ・パ・ペルデュは大陸法由来の呼び名で、元は裁判所内で法律家と依頼人が打ち合わせをする中央広間のことである。ＣＥＲＮのサル・デ・パ・ペルデュは、普段は人が集まって周囲の会議室で行なわれているイベントについて議論する場で、両端には理事会の議場とメインオーディトリアムがある。だが、七月三日から四日にかけての夜、そこはたいへんなことになっていた。ヒルズによると、彼女が朝の六時に着いて「メインビルディングに入ったら、たくさんの人が床で寝ていました。中二階のオーディトリアム入り口脇には寝袋や掛け布団やブランケットがぎっしり並んでいて、そこにも人が寝ていました。彼らは夜通しそこにいたのです。中に入るための行列がもうできていました。並んでいたのは主にサマープログラムの学生でしたが、学生だけではありませんでした。三〇分か一時間くらいのうちに、列は中二階を突っ切って、階段をくだり、メインレストランまで延びました」。別の方向にも別の行列ができて、オーディトリアムと物理学者のオフィスとを結ぶ渡り廊下のほうへ延びていた。ロックのコンサートか、ロンドンのオックスフォード・ストリートでのセールか何かで、最高の場所を取ろうとしているかのような雰囲気だった。科学の時代の変わり目という歴史的瞬間に立ち会えるという期待に誰もが胸を躍らせていた。

## 歴史的瞬間

私はイングランドのオックスフォードシャーにあるラザフォード・アップルトン研究所で、大勢の物理学者と一緒にインターネット中継を観ていた。傍で好きなことを言っているだけの私たちでさえ、歴史的瞬間を生きていることを実感していた。カメラが捉え続けているピーター・ヒッグスの横には、フランソワ・アングレアがいた。共同研究者だったロバート・ブラウトは、残念ながら彼らの予想が立証されるのを生きて見届けられなかった。最前列にはCERNの所長ロルフ・ホイヤーと歴代の所長——ヘルヴィック・ショッパー、カルロ・ルッビア、クリス・ルーウェリン・スミス、ルチアーノ・マイアーニ、ロベール・エマール——が並んでいた。ルッビアによるWとZの発見からLEPの建造を経てLHCに至る壮大な企てを監督してきたのが彼らだ。これだけの顔ぶれが一堂に会したのが、期待外れの結果を目にするためのはずがない。

と思うのだが……

まず、CMSチームのスポークスパーソンを務めるジョー・インカンデラが、CMSでの二光子事象におけるヒッグスボゾン探索について説明した。その結果には一二五GeVに明確なピークが見られており、前年よりも鋭くなっていたが、発見と言うには不十分だった。彼は次に、荷電レプトン四個を含む事象のデータを示した。この事象は、Zボゾン二個に崩壊したヒッグスボゾンによって生じうる。ここでもやはり、一二五GeV前後に興味をそそるピークがあったが、確実と言うには不十分だった。三〇分ほどの丹念な分析ののち、彼はCMSチームがこの二組のデータを組み合わせたところ、ピークの有意性が目安となる5σを超えたことを明らかにした。CMSはとうとうヒッグスボゾンの確固たる証拠を得たのだ。

極度の緊張が解き放たれ、聴衆からの拍手がしばらく続いた。そして、ＡＴＬＡＳのスポークスパーソンを務めるファビオラ・ジャノッティが、ＡＴＬＡＳも同じ事象を独立に発見しており、同じ結論に至ったことを告げると、歓声が沸き起こった。落ち着いた風格の元所長たち――なかには八〇代もいる――が少年のように互いの背中をポンポンたたいた。というわけで、ジム・ノークティーによる問いかけへの答えが出た。私たちは人類文化にとって大きな意味を持つ瞬間を確かに目の当たりにしている。本当に長らく予想だったものがとうとう知識となり、人類が生き延びている限りは存在し続け、次の世代へと受け継がれていくのだ。今の私たちがアイザック・ニュートンをはじめとする昔の科学者の知見を教わってきたように。数学の謎めいた力が――紙切れに書かれた方程式で自然を理解できることが――再び確かめられたのである。

ＣＥＲＮ付きの写真家の望遠レンズが、ヒッグスやアングレアがハンカチで目頭を押さえている様子を捉えた。自分のアイデアは正しく、ボゾンはそこにあって発見を待っている、とヒッグスは信じ続けていたが、裏付けが取れたと言われた瞬間にほとばしったあふれんばかりの感情への心の準備はできていなかった。「本当に感動しました。涙があふれ出てきました。聴衆のあの反応、皆さんの嬉しそうな表情もあってのことです。ものすごい歓声でしたから(7)」

ヒッグスが目の当たりにしてきたとおり、遠い昔の七月の午後に書かれた方程式から、世界中の約一万人の科学者を巻き込み全員で共通の目標に向かって働く営みが生まれた。世界各国の納税者が彼らの活動への費用負担を引き受けてきた。もしも自然が彼の理論ではなく別の機構を選んでおり、あのボゾン探しが徒労に帰したとしても、ヒッグスが責められる筋合いはないのだが、それでもなお、裏付けが取れたことは彼に大きな安堵をもたらした。大勢の科学者がこの探求に二〇年専念してきた。ヒッグスは人生の半分以上のあいだ待ち続けていた。

この嵐の渦中にあってもピーター・ヒッグスは相変わらず謙虚だったが、世間の大騒ぎは避けられなかった。世界中のメディアがこのイベントを目撃しようと記者を送り込んでおり、ギリーズはそのうち一〇〇人以上を、サル・デ・パ・ペルデュの反対側の端にある理事会の議場に案内するとともに、発表の様子を中継した。ギリーズによると、あれだけ期待感が高まっていたなかでも、その日の早朝にオーディトリアムの扉が開いたときの会場入りは実に秩序正しくなされ、空港でオーバーブッキングされた便に乗ろうと搭乗客が殺到する様子とは大違いだった。実際に大変だったのは、そのあとヒッグスをサル・デ・パ・ペルデュを挟んで三〇メートルと離れていない理事会の議場までオーディトリアムから連れていくことだった。ステファニー・ヒルズとジェーン・マッケンジーがオーディトリアムの扉のところで待っていて、誘導を手伝った。ずらりと並んだメディアのカメラが彼らに向けられるなか、ギリーズは人を押しのけて通り道を確保した。大した距離ではなかったのだが「カメラクルーが四、五組いたはずです。そのほかに記者が何人いたかわかりません。彼らがそろってマイクをヒッグスの顔に向け、『ヒッグス先生、ヒッグス先生！』って叫ぶんです。みんな彼のコメントを欲しがっていました」(8)。ラッシュ時の人混みを押しのけて進むような感じだが、周りがみなマイクを先端に付けた伸縮自在のポールや強力なアーク灯を持っているのだ。テレビ局のカメラマンが完璧なアングルを争って押し合いへし合いしていた。

ヒッグスに言わせれば「まったくの狂乱」だった。[9] マッケンジーも同意見で、「耐えがたい」あの状況を「悪夢」だと形容した。メディアはあの発見が彼の名を冠したボゾンに間違いないという確証を欲しがり、「これで確定ですか、ヒッグス先生？」としつこく聞いてきた。ヒッグスは一貫してこう答えていた。「私はこの段階でコメントする立場にはありません。今回は両実験の成功を祝い、その関係者をねぎらう場です」。[10] 彼はそれ以上の発言を拒んだ。[11]

## 記者会見

オーディトリアムにいた物理学者は、素人にはよくわからないこぶやピークをグラフやヒストグラムに見つけて、あるいは「５σ」などの専門用語を耳にして、喜びを爆発させていた。理事会の議場では、ヨーロッパきっての科学担当記者らをはじめ、一〇〇人を超えるジャーナリストや写真家が、このニュースを世界に伝える役目を果たそうと待ち構えていた。彼らと相対するテーブルには、ＣＥＲＮ所長のロルフ・ホイヤー、ＣＭＳおよびＡＴＬＡＳコラボレーションのスポークスパーソンのジョー・インカンデラとファビオラ・ジャノッティ、ＣＥＲＮの研究・科学計算担当副所長のセルジオ・ベルトルッチ、加速器の責任者で研究技術部長のスティーヴ・マイヤーがついた。フランソワ・アングレアとピーター・ヒッグスは聴衆側の最前列に座った。アングレアは、はげあがった頭をやや前のめりに傾け、太ぶち眼鏡の奥からホイヤーらに鋭いまなざしを投げかけていた。ヒッグスは、疲れた様子で身体を背もたれにすっかり預けていた。メディアはアングレアの名を発表資料で知ってはいたが、やはり関心の的はあのボゾンにその名が冠されていたヒッグスで、質疑応答でも「これで確定ですか、ヒッグス先生?」と質問してヒッグスのコメントを引き出そうとする記者がいたが、ヒッグスはきまり悪そうに、今日は二つの実験を祝福する日なので自分はコメントする立場にはない、という答えを繰り返して椅子に身をうずめ、何を求められることもなく会見を傍聴していたいという意向をボディーランゲージではっきり示していた。

記者たちがまず知りたがったのは、何が発見されたのか、それはどういう意味を持つのか、そしてなぜ素粒子物理学者ではない誰もが関心を持つべきなのかだ。最初の質問はその点をストレートに突いていた。「全世界の六〇億人の素人に……それがどういうものかを簡潔に伝えるにはどう説明するのがいちばんでしょうか?」この難題にはホイヤーが巧みに対応した。一九九三年にウォルドグレーヴの課題で賞を取った回答を覚えておられるだろうか。そこでは質量機構を英国首相マーガレット・サッチャーが党員のひしめく部屋を通り抜けようとしている状況になぞらえていたが、ホイヤーは舞台を記者で埋め尽くされた議場に設定して、こんな例え話をした。記者たちに知られていない人物は、議場をあっという間に通り抜けられる。有名なら、大勢の記者が群がってくる——重くなるのだ。そしてこう言い添えた。「あなたはここへ入るときにその様子を見たでしょう。ピーター・ヒッグスはずいぶん重かった」。そしてこう続けた。「私がドアを開けて、中に向かってうわさをささやきます。すると記者が集まってきますね。その集まりがヒッグスボゾンです」

のちにロルフ・ホイヤーの後任としてCERNの所長になるファビオラ・ジャノッティは、この発見が彼女のチームにとって持つ意味合いを聞かれたときの回答で、科学者としての手腕と対人スキルをどちらも示した。「ここ数日は極度の緊張状態でした。仕事が山積みで、感情も高ぶって。ですが同時に、LHCから入ってくる膨大な量のデータを急ぎ分析できるよう、私たちはしっかり集中している必要がありました」。分析はぎりぎりまで続けられ、見落としがないことやすべてチェック済みであることが確かめられた。彼女は数千人規模の実験チームを有機体になぞらえ、データが発生し、分析され、解釈される過程を描いた。「これは本質的に極端なまでに複雑な一本の鎖で、地下空間の検出器から、トリガーデータの捕捉、データの較正、処理、ワールドワイドセンターへの配信へと続きます。センターに届いたデータは［世界中の大学や機関で］分析されて、やっとグラフやプロットが作られます。本当に長い鎖なんです」。これが「油が行き渡って摩擦のない状態で」完璧に機能する必要があった。彼女はこの達成を数千人一人ひとりが勤勉、献身、チーム精神に徹しつつ高い能力を発揮した結果だとまとめた。

ジョー・インカンデラは、発見を最初に告げたときの気持ちを聞かれて答えるなかで、聴衆の反応をこう形容した。「圧倒されました。皆さんのあんな反応を見られるなんて本当に素晴らしい、夢のような瞬間でした」。そして、彼もやはりこう指摘した。「信じがたい量の仕事が途方もない数の人によってなされました。傍からはわかりづらいと思いますが、どんな作業を要するのかはとうてい説明できるものではありません。ほんとうに複雑ですから」。全体を構成している非常に多くの部分が正しく機能しなければならない。チームは数百もの異なる領域で一つのミスも許されないことから、科学者はサブグループどうしで分析を照合および精査し合う。鎖はどこもかしこも機能しなければならない。関わる事象は数限りなくあり、それらに大量の処理がなされて、世界中に分配される。それらがすべてCMSのセントラルに入ってくる必要があり、すべてのファイルが揃わなければならない。彼は科学の人間的な側面も取り上げ、こう述べている。「実は今日まで実感が湧いていませんでした。なにしろ私たちは非常に集中している必要があり、やらなければならない仕事がたくさんあり、一緒に仕事をしている人が大勢いましたから。協力者の皆さんが成し遂げてきたことを思うと、私は彼らを本当に誇りに思います」

ホイヤーはこのことを強調して、これぞコーペティションの好例だと言った。「両実験の誰もが協力していますし、競争もしています。各実験では内輪で膨大な精査が行なわれています。ここでは幸い、二つの同じように優れた実験が隣り合わせで行なわれており、競争していますが協力もしています」。協力（cooperation）と競争（competition）、すなわちコーペティション（coopetition）だ。

このボゾンがなぜ単なる「別の粒子」ではなくそれほど特別なのか、という質問にはインカンデラが答えた。「これは実に奥の深いボゾンです。私たちはかつてないやり方でこの宇宙の構造に迫っています。このボゾンは宇宙の仕組みの鍵を握る何かについて私たちに語っています」。ある記者が質問のなかで「『神の粒子』という忌み嫌われている表現」を持ち出し、「皆さんが嫌っていることは皆承知していますが、この表現は一般市民のイマジネーションを捉えてきましたし、ある意味では実情を説明していると言えなくもありません」と指摘した。ホイヤーらはヒッグスボゾンが既知の粒子のなかで独特な位置付けにあることに同意し、インカンデラが「『神の粒子』というこの有名な表現は、存在しているその他すべての粒子の実体をあのボゾンが具現化していることに基づいています」と述べた。そして、あのボゾンとほかの粒子との関係をこう説明した。「そうした粒子は互いに切り離されてはいません。会話を交わしています。それらの特性はある枠組みの中で織り混ざっているので、ヒッグスボゾンが標準モデルの予想とは大きく違う特性を持っていたとしたら、提唱されているほかのモデルによる仮説を絞り込むうえで非常に大きな手がかりにもなります」

ヒッグスボゾンに関するこうした議論が一時間ほど、ヒッグス本人によるコメントが一切なしに続いたのだが、途中で《ネイチャー》誌のジェフ・ブラムフィールが手を上げ、疲れといらだちのにじんだ声でこんな質問をした。「ヒッグス先生、私たちが先生に質問できないことは承知しておりますが、何か一言お願いできませんでしょうか。何でも構わないんです！　先生のお名前は至る所の看板に載っています。私たち全員がロイターの仕事をしているわけではありません。一言いただければ大変ありがたいのですが。よろしくお願いします」。会場が一瞬静まった。注目されるなか、ヒッグスは目の前のマイクをオンにした。そして落ち着かない様子で、まるで仕事が確認されたのではなく論文が突き返されたかのように、ゆっくりと答えた。「ええ、いいですよ。ですが、再三申し上げているとおり、今回はこの議論をする場ではありません。ですので、どうか、本題について進めましょう」。なおも続いていた静寂をホイヤーが明るく破った。「というわけで、一言いただいたことはあなたも否定できませんね」

あのときCERNにいた誰も知らなかったことだが、このニュースはすでにロンドンのセントラル・ホール・ウエストミンスターから世界に発信されていた。最初に発表したのは、STFCの最高責任者を務めていたジョン・ウォマズリーだ。ウォマズリーは、このニュースはCERNで発表されるべきと判断したCERN理事会の会合に出席していた。「先走って記事にできそうなことをロルフ［・ホイヤー］は何も言わないよう注意していましたが、これがそうなることは明らかでした。私は余裕を持って知ったので、［セントラル・ホールを］予約して人を招くことができました」[12]。ホールには、六人衆の一人であるトム・キッブルを含む選ばれた名のある科学者と、イギリスの大勢の科学メディアが呼ばれていた。大学・科学大臣のデイヴィッド・ウィレッツはあまり長居できず、中継をいつまでも観てはいられなかったのだが、ジュネーブでは二つの専門的なプレゼンが行なわれており、まだ不確かだった結果とともに素粒子物理学の説明が続いていた。

メディア記事やプレスリリースはもちろん、科学論文にしても、普通は見出しで新発見を掲げ、主な事実の概要を述べてから、より正確な詳細を示していく。だが、CERNでのプレゼンはそうはならない――それどころかほぼ逆になる――と予想されていた。ウォマズリーには、科学に関する長話が二つ続くことがわかっていた。発表者はそれぞれ、法廷での弁護団のように言い分を順序立てて慎重に述べ、最後の最後にようやく「私たちはヒッグスボゾンと矛盾しない粒子を発見しました」と言うのだ。ウォマズリーによれば、最初の発表者がデータを見せ始めてヒストグラムだらけの図が表示されると、「大臣が見るからにそわそわしだしました」。政府高官がイギリス科学の大勝利を体験できるめったにない機会が失われつつあった。「大団円を迎えるまであと一時間くらいかかりそうだ」と気づいた彼は、「最初の発表者が『5σの有意性』とかを口にしたのを聞いてすぐ、私は『あれを聞きたかったんです。発表を主張できる段階まで来ましたので、ここからは私が解説しましょう、大臣』と言って、中継画面を切りました」。そして、大臣とVIPの聴衆に向けて、彼らが耳にしたこと――ヒッグスボゾンが確認されたこと――の重要性を手短に説明した。「私は政治的に必要だと判断しました。彼らをイベントのあいだじゅう黙って座らせておけるはずがありませんでしたから。ニュースにしたいなら、タイムリーでなければなりません[13]」

こうしてイギリス中のメディアが、ピーター・ヒッグスを含むほかの誰よりも先にこのニュースを得てインターネットに投稿した。加盟国の広報官が当日の記者会見後にプレスリリースを発表する、というCERNが周到に準備してきた計画は無に帰した。だが、CERNにいた誰もそのことに気づいていなかった。ジョー・インカンデラとファビオラ・ジャノッティの報告を夢中になって聞いていたからである。

## 私の生きているうちはないかと

ステファニー・ヒルズは、ピーター・ヒッグスをオーディトリアムから群衆をかきわけて記者会見場まで連れていった体験に圧倒されていた。理事会の議場で着席したときのヒッグスは不安そうだった。ヒルズは議場に残り、ジェーン・マッケンジーは、会見後に非公式の昼食会が開かれる近くの部屋まで二人でヒッグスをエスコートする際に、CERNの警備員に道をあけてもらう手はずを整えた。

マッケンジーはこう振り返る。「[会見場の]ドアが開いて彼が廊下に出たとたん、パパラッチがまた集まってきてフラッシュを浴びせました。ありがたいことに、警備員たちがすぐ私たちに付き添ってくれました」。あの騒ぎは「まるで彼が超がつくほどの有名人かティーンに大人気のアーティス

ァニーか誰かのようでした。カメラが私たちの目の前、顔の真正面に大きく立ち塞がりました。ステフ
「アニー」と私は『下がってもらえますか。道をあけてください』と言い続けました」[14]
ヒルズは警備員の付き添いに感謝していた。彼らは「宇宙まるごとが『ピーター、ピーター、どう思いますか？　コメントをいただけますか？』と叫んでいるみたいな雰囲気のなかで、［昼食会の］部屋の入り口まで連れていってくれました。私たちは押し込まれるようにして部屋に入りました。ピーターと私だけ」。外では警備員が一人残って警戒に当たり、マッケンジーはほかの招待客を探しにいった。[15]
扉が閉まり、平穏と静寂が少しばかり戻った。外の大騒ぎの音は聞こえたが、少しばかりくぐもっていた。ヒルズはふと思った。「これってすごい巡り合わせ！　こんな狂ったような日に、私はこの小部屋でピーター・ヒッグスと二人きり」。二人は向かい合ってテーブルの両端に座っていた。ピーターが「苦笑いを浮かべた」ので、ステファニーが「どうでしょう、彼らが見つけると予想していましたか？」と尋ねると、こんな答えが返ってきた。「私の生きているうちはないかと」。彼女は図らずもその日いちばんのコメントを引き出していた。[16]

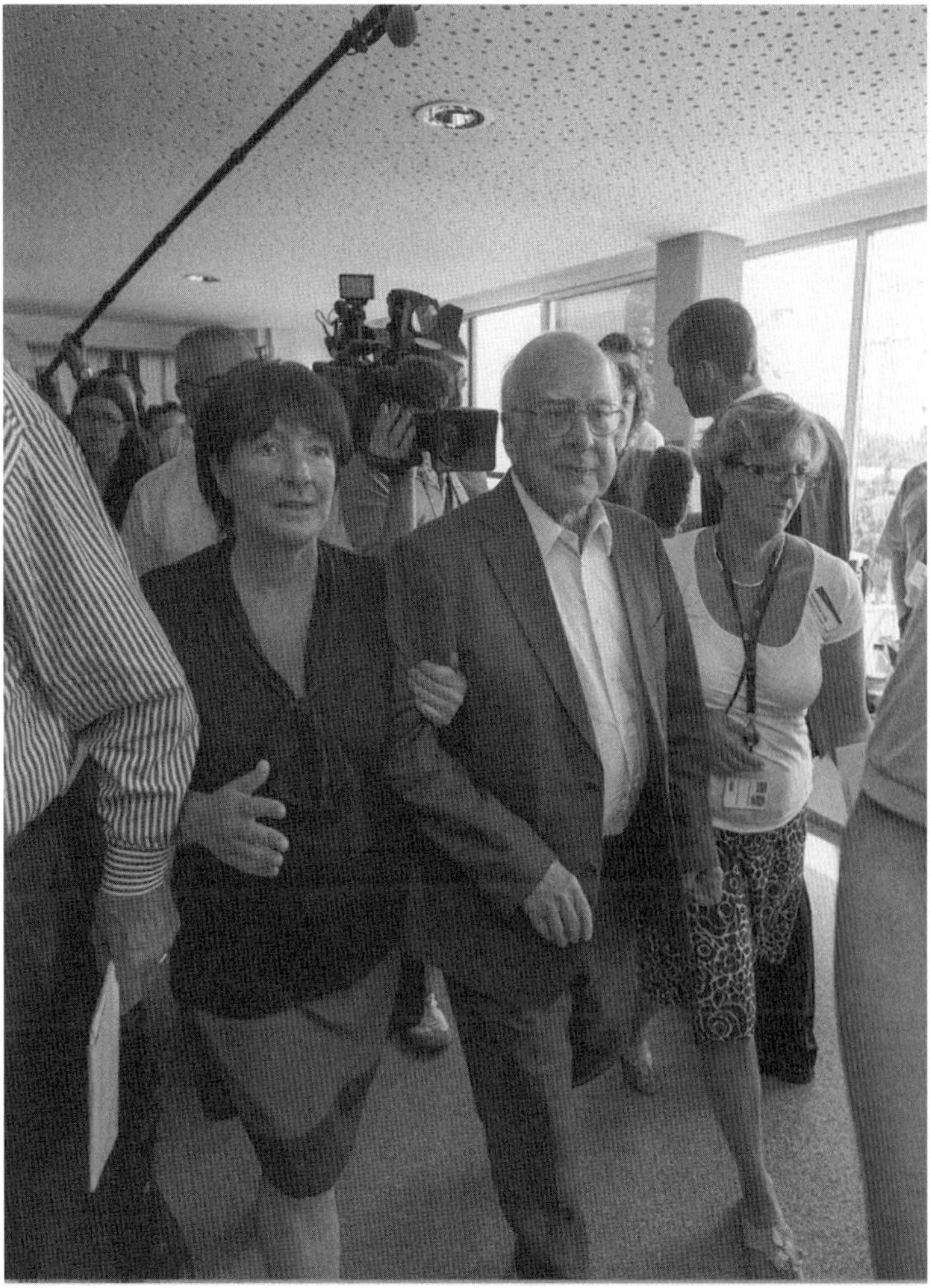

2012年7月4日、CERNのサル・デ・パ・ペルデュでピーター・ヒッグスをエスコートするジェーン・マッケンジー（左）とステファニー・ヒルズ（右）。
（写真：Courtesy Jane MacKenzie）

# 第三部

# 第一六章　逃避計画を考える頃合い

ピーター・ヒッグスはテレビのキャスターほどは顔を知られていなかったかもしれないが、地元エディンバラでは道でよく呼び止められていた。だが、あのボゾンがまだアイデアにすぎず、現実かどうかはわかっていなかった、二〇一二年六月のボーダーズ・ブックフェスティバルから、あのボゾンが確認されてわずか四週間後に私が彼の聞き手を務めた、同年八月のエディンバラ・ブックフェスティバルまでのあいだに、状況は一変していた。八月の聴衆の反応がそれを雄弁に物語っていた——あらゆる意味で。六月にヒッグスが壇上に立ったとき、誰もが大喜びし、拍手も大きかったが、例外的ではなかった。だが、八月にはめったにない光景が見られた。普通、イベントの始まりで拍手するときの聴衆は、頭の中に拍手をやめるタイミングを指示するタイマーでもあるかのように振る舞う。だが、あのときは違った。拍手は続いた——延々と。「街の英雄なんだ」と私は思った。「私たちは何も言わなくていい。ここに一時間立ち続け、好きなだけ拍手してもらえば、聴衆は喜んで帰るだろう」

あのボゾンの確証が取れたので当然ながら、二〇一二年のノーベル賞を巡る臆測が膨らんだ。物理学賞は以前から、一〇月のまる七日ある最初の週の火曜日正午前後にストックホルムで発表されている。その時期が近づくと、人をかなり選ぶ「ノーベル症」という病が流行する。これはノーベル賞が欲しくてたまらない科学者に見られる精神的な緊張状態のことだ。自尊心がひときわ強いと、願望が成就したあとも、自分はアインシュタインと並び称されるようになるだろうか、という別の恐怖にとらわれるかもしれない。あるいは、苦痛が一時的に和らいだとしても、翌年また新たな流行に苦しむかもしれない。

エディンバラ大学の当局は、二〇一二年の発見直後から注視し始めた。学長を務めて一四年になっていたティム・オシェイは、同大コンピューター科学科の特別研究員だったときに、隠れた対称性に関するヒッグスの講演を聴いていたので、二〇一二年には心の準備がよくできており、ヒッグスの発見をエディンバラ大学がどう活かせるかをすみやかに検討し始めた。広報の担当者はヒッグスがその年にノーベル賞を取りそうな印象を抱き、ヒッグスが署名する文書と学長が署名する文書の二通を用意した。だが、ヒッグスはこう助言した。「それは保管庫にしまっておきなさい。今年はないですから。私はノーベル賞委員会の段取りを知っています。二〇一二年の受賞者は今ごろもう決まっていることでしょう。来年ならあるかもしれません(1)」。この賢明な判断をよそに、可能性のある候補から最大三人がどう選ばれるかを巡って報道合戦が繰り広げられた。その焦点は「ピーター・ヒッグスは受賞するか？」ではなく、「共同受賞者は誰になるか？」に絞られていった。

ノーベル賞を共同受賞できるのは三人までだが、一九六四年というこの話が始まった古き良き時代にヒッグスと同じようなことを考えていた科学者は彼を含めて六人はいた。これだけでも厄介なところへ、あのボゾンを発見して仮説に実験的証拠をもたらしたのは世界中から集まった何千人という科学者のチームだったし、その彼らが一致団結して携わったCERNでの壮大な企てにおいては、使われた装置そのものが工学の粋であり、それはリン・エヴァンズ率いる数百名によって建造されたものだ。二〇一二年のノーベル物理学賞は一〇月九日火曜日に発表され、予想どおりほかの科学者に授けられた。この年は、フランスの実験家セルジュ・アロシュとアメリカの物理学者デイヴィッド・ワインランドが、量子コンピューターへの第一歩を踏み出したことを理由として受賞している。

その週の木曜日に当たる二〇一二年一〇月一一日、私はエディンバラ大学へ出向いた。皮肉なことに、私は同大の物理学科で行なわれるセミナーで、あのボゾンの歴史について講演することになっていたのだが、（おそらく広報担当者を除く）誰も同年の受賞を予想していなかったとはいえ、拍子抜けの感がまだ漂っていた。[2] セミナーの前にヒッグスとコーヒーを飲む時間が取れたので、少なくとも今年はあの時期が過ぎてどう思っているかを聞いてみた。偉大な物理学者リチャード・ファインマンはかつて〝賞は何も要らない、発見したこと自体によって十分報われる〟と言っていたが、ヒッグスも似たような意見だった。ここ数カ月引く手あまただった彼はこう言っていた。「おかげさまで平穏無事です。うちの電話はここ二日鳴っていません」[3]

## 確かなことは何も言えない

ＣＥＲＮから電話のあったあの日から一年後の二〇一三年六月三〇日、ヒッグスと私は再びシチリア島のエーリチェで同じレストランにいた。私は彼に、発見の現実は発見の期待とどう違うのかと聞いてみた。その頃には、あの粒子は理論的な予想どおり確かに質量の源だという証拠が積み上がっていた。多彩なクォークやレプトンに崩壊したり、ＷボゾンやＺボゾンに崩壊したりすることが、あの粒子にはどの素粒子とのあいだにもそれぞれの質量に比例する共通の親和性があることを示していた。二〇一二年に華々しく発見されたのが確かにヒッグスボゾンだったことには、二〇一三年の夏までに疑いの余地がなくなっていた。ヒッグスがノーベル賞候補になっている可能性も非常に高そうだったが、当のヒッグスはかつての経験から、ストックホルムの判断について確かなことは何も言えないとわかっていた。

さかのぼって一九八二年一〇月五日の夜明け頃、アメリカの東部と中西部の二大学三学科で祝杯の準備が進められていた。コーネル大学では、物理学科がケネス・ウィルソンを祝う瞬間を心待ちにし、化学科はマイケル・フィッシャーが有力だと信じていた。シカゴ大学では、レオ・カダノフが物理学科の英雄になると思われていた。

三人はその二年前、ノーベル賞をアカデミー賞とするなら科学界のゴールデングローブ賞に当たるウルフ賞を共同受賞していた。ほどなく、ノーベル賞の受賞は間近という臆測が飛び交い、一九八二年夏の終盤にはヒッグスの目に「ストックホルムからの時期尚早のリーク」と映ったものによってあおられていた。(4) 今年こそはという期待に胸を膨らませ、三人の科学者と同僚は正式発表を待っていた。

所定の時間になり、ストックホルムでノーベル賞委員会の委員長が受賞者を発表した。「一九八二年のノーベル物理学賞の受賞者は、ケネス・ウィルソン先生です。……」。そう聞いた瞬間もう驚いた人もいたかもしれない（名前は普通、姓のアルファベット順で呼ばれるからだ〔姓のイニシャルは、ウィルソンはW、フィッシャーはF、カダノフはK〕）。とにかく名前の発表はそれで終わって〝誰が？〟への答えは確定した。受賞者はウィルソンだけで、フィッシャーもカダノフも呼ばれなかった。

マイケル・フィッシャーの心の痛手はとりわけ大きかった。相転移に関する彼の経験と教えが、氷の融解や磁性の出現のような、物質の状態に見られる繊細な変化に光を当てて、五歳年下のウィルソンにひらめきを与えていたからだ。カダノフとフィッシャーが選に漏れたことは当時大きな物議を醸し、ノーベル賞絡みの謎の一つとして今なお関心を引いている。

フィッシャーの悲嘆をヒッグスはよく知っていた。なにしろ二人は、兄弟のようだった学部生時代から六〇年来の親友で、そのあいだずっと個人的にも学問上でも連絡を取り合っていた。一九六四年七月のあの日のヒッグスは、フィッシャーの影響を少なからず受けて、統計力学の発想を素粒子物理学に応用できないかと検討しており、そのときのひらめきが二一世紀の始まりに粒子と力の理論の要石になったのだ。

ヒッグスの場合、二〇〇四年にウルフ賞をフランソワ・アングレアおよびロバート・ブラウトと共同受賞していた。そして今、二〇一三年の一〇月が近づくにつれ、彼はノーベル物理学賞の受賞者、少なくとも共同受賞者の筆頭と目され、ブックメーカーは極端な勝ち目の賭しか受け付けていなかった。ピーター・ヒッグスとは違って、ブックメーカーはマイケル・フィッシャーがかつて経験した落胆を知らなかった。

二〇一三年、ノーベル賞委員会による決定の発表は一〇月八日だった。ヒッグスには前年の経験が備えに役立った。「二〇一二年にはもう発表時期の前後に地元メディアから注目されていました。本当に受賞した場合にどうなりそうか、前もって警告されたのです。二〇一二年は舞台稽古のようなものになりました。私は先を見越してちょっとした計画を立てました。発表があってメディアが玄関先に立つ時間に家にいないことにしたのです。どこかよそへ行くつもりでした」

ヒッグスは当初、ハイランド地方に姿をくらますつもりで、ウエストハイランド鉄道に乗り、スカイ島を経由して、北部の鉄道に乗り換え、途中で西岸のプロックトンかどこかに滞在する周遊旅行を考えていた。だが、一〇月初旬に決行するにはあまりいい計画ではないうえ、複雑すぎると判断した。「私はエディンバラで同じくらいうまく隠れられます。それなりに早い時間に市内のリースまで行けばいい。発表は一二時前後でしょうから、余裕を見て一一時過ぎには家を出て、一二時頃にリースで早めの昼食にするのです[5]」

数理物理学講座テイト教授で当時は大学の副学長の一人でもあったリチャード・ケンウェイが、この話を裏付けている。「ピーターは、あの日は発表前にハイランド地方へ発つもりだから連絡は取れなくなる、という話をうまいこと広めました。私たちは皆そう聞かされ、すっかり信用していました。実際に［ノーベル賞の］発表をテレビの前で待っていたときも、彼はハイランド地方のどこかへ姿をくらましたと思っていました[6]」

ヒッグスの同僚は誰も予定変更を知らなかった。ケンウェイによると、「私たちはそうとはつゆ知らず、皆が大学で発表の放送を見ていました。発表が遅れ、長いこと待たされました」。待たされていたのはエディンバラ大学の彼らだけではなかった。五大陸の科学者が――南極の極地研究基地にいた科学者まで――テレビやノートPCやスマホの画面でストックホルムからの生中継を観ていた。一世紀以上、その進行の正確さがスイス鉄道のそれを思わせていたイベントが、空港のモニターで遅延表示を眺める搭乗客におなじみの先行きの見えない状況に陥っていた。人目を避けることで有名な物理学者に、ノーベル賞委員会が連絡を取れずにいたのである。彼が長らく待ち望んでいた栄誉の発表が三〇分ほど遅れた段階で、委員会は〝これ以上待ってはいられない、発表しなければ〟と判断した。一方、電話を持たずにそうしたすべてを避け、大騒ぎになっているとはつゆ知らず、ヒッグスはリースのヘンダーソン・ストリートに面した《ザ・ヴィンテージ》というシーフードバーのお気に入りの席につき、リアルエールを一杯やりながら注文を考えていた。

私がオンラインで観ている前で委員会が受賞者を発表し、フランソワ・アングレアとピーター・ヒッグスが「亜原子粒子の質量の起源に関する理解に貢献した機構の理論的発見……」を理由に授与されることを無味乾燥な文言で告げた。ソーシャルメディアや私のメールの受信箱にメッセージがあふれたことから察するに、物理学界全体が注目していたようだ。一人を除いて。

そのほぼ直後から、エディンバラ大学の物理学科の電話が鳴りだした。ケンウェイによると、「私たちはどのジャーナリストにも『彼はいません！　ハイランド地方に身を隠したんです。彼がどこにいるか、私たちは知りません。こちらでは彼と連絡が取れないんです』と言いました。その意味で、あのハッタリは効きました――最初からそのつもりだったのかどうか、私にはわかりませんが。あの日の午後遅く自宅に戻ったところが目撃されるまで、彼がエディンバラにいたのを私たちは知りませんでした。私たちも欺かれたんです」[7]。このフェイクニュースを物理学科から聞いた新聞が何紙かあり、ヒッグスを探しにハイランド地方へ向かった記者もいた。

一方、昼食を食べ終えたがヒッグスは、自宅に戻るには早すぎる気がしたので、美術展に寄ることにした。三時頃、エディンバラのヘリオット・ロウを歩いて、その先の自宅へ向かっていたとき、クイーン・ストリート・ガーデンの近くで車が一台止まった。「六〇代のご婦人が、亡くなった高裁裁判官の奥様ですが、車から出るととても興奮した様子で道を渡ってきて、『娘がロンドンから電話をよこして、あの賞について教えてくれましたよ』と言うので、私は『何の賞ですか？』と聞き返しました。もちろん冗談でしたが、彼女はそうやって私の受賞を断言しました。私はそのまま自宅に向かいましたが、玄関先にたどりつくまで写真家一人の待ち伏せに会っただけで済みました」[8]。その日の午後遅くにようやく、彼はラジオのニュースで受賞者が自分とフランソワ・アングレアだったことを知った[9]。

私はエディンバラ大学の物理学科に再び招かれ、今回はヒッグスによる発見の重要性について一般講演をすることになっていた。各種ボゾンについて私が前回講演したのは、拍子抜けの感がまだ漂っていた二〇一二年の一〇月だったが、今回の講演日はノーベル賞発表の二日後に当たっていた。前回同様、私たちは事前に集まり、講堂に面したホールでコーヒーを飲んだのだが、その場にヒッグスはいなかった。それどころか、受賞の発表以降、ヒッグスは一人握りの同僚にしか目撃されていなかった。それが、始まる数分前、彼はいつのまにかそこにいた。奇術師のトリックのアシスタントのように、誰にも気づかれずに来ていたのだ。彼の名が冠されたボゾンの着想から発見まで五〇年かかったこと、そして成功の絶頂におけるヒッグスの失踪を思えば、講演のタイトルは決まっていたも同然だった。「ヒッグスを探す」である。

## アストゥリアス皇太子賞：ノーベル賞のリハーサル

二〇一三年六月、ヒッグスがアストゥリアス皇太子賞を科学技術研究部門でフランソワ・アングレアおよびCERNと共同受賞したという知らせが届いた(10)。授賞式は一〇月二九日に行なわれたのだが、この頃にはヒッグスとアングレアはノーベル賞の受賞も知っていた。このスペインの賞の対象は学問や芸術など多岐にわたっており、王族が臨席する荘厳な式典はノーベル賞の授賞式を思わせる。スペインのオビエドで行なわれるこの式典は、ヒッグスとアングレアにとって実質的に、一二月のストックホルムに向けた舞台稽古になりそうだった。

ノーベル賞の場合と同様、アストゥリアス皇太子賞でも受賞者は何人かを招待できる。内輪の結婚式にどこまで招くかの線引きに関する礼儀作法と比べ、こうした特別な行事に求められる判断基準は明確だ。ストックホルムの場合、招待できるのは一握りの近親者と、伝統的には自分の業績とは切っても切れない科学者ないし積年の同僚が数名である。ヒッグスはオビエドで、当地からそう遠くないところに住む友人数名というかなり異例な人選をした。まずはCERNで行なわれたあのボゾン発見の発表時に彼を支えたジェーン・マッケンジーで、彼女は西仏国境にまたがるピレネー山脈に近いフランスに住んでいた。そして、バルセロナを拠点とするリアルエールの醸造家が招かれた。

あの大発表のあと、スペインでリアルエールを売り出そうとしていたこの醸造家がヒッグスに連絡してきた。スペインのビールは昔からラガーなのだが、エールの人気が高まっており、その醸造家はヒッグスボゾンエールなるものを作る許可を求めていた。そもそも、ヒッグスボゾンとは何かを知っている、あるいは知りたがっている醸造家からして多くなかろう。ヒッグスは許可するとともに、その醸造家を式典に招いたのだった。さらにもう一人、スペインの物理学者が招かれた。

式典のあと、皇太子や皇太子妃も臨席する豪勢な歓迎会が催された。だが、公の機会でスポットライトを浴びるのはヒッグスの流儀ではない。そこで、自分が招いたスペイン人の客二人に、自分たちだけで行ける堅苦しくない場所を知らないかと尋ねたところ、醸造家が近くのバーに案内した。その店もリアルエールを出すので知っていたのだ。一行はそこで堅苦しい雰囲気を逃れて楽しいひとときを過ごしたが、その店へ向かう途中、オビエドの通りで、気がつくとマッケンジーはCERNでやったのと同じ役割を演じ、ヒッグスに人が近寄ってくるたび押しのけていた。スペインのメディアで顔写真が流れて顔が割れていたうえ、その晩がアストゥリアス皇太子賞の日だったからでもあったが、今やヒッグスは有名人であり、それは今後も変わらない、と再び念を押されたのだった。

# 第一七章　輝かしい賞

二〇一五年のある日の午後、ロンドンのカールトン・ハウス・テラスに入居している王立協会の豪華な館内で、すでに引退していた著名な素粒子物理学者二人が紅茶を飲んでいると、ピーター・ヒッグスが入ってきた。八六歳になるひよわそうな科学者がどうしてまたロンドンに、と思って聞いてみると、モーニングの仮縫いのためにモス・ブロス〔大衆向け紳士服ブランド大手の一つ〕へ行くところだった。自前の礼服をいまだ持っていなかったと知って二人は驚いた。

この頃のヒッグスは、生まれ故郷であるニューカッスルの名誉市民と、育った地であるブリストルの名誉市民になっていた。住んで六〇年になるエディンバラ市は、二〇一三年にエディンバラ賞をヒッグスに贈り、彼の手形を役所の建物の中庭にあるケースネス石に彫った。ヒッグスは、栄典制度が「時の政権によって政治目的で使われる」ことに昔から冷ややかで、第一二章でも触れたとおり、一九九九年には叙勲を辞退している。だが二〇一二年、彼はコンパニオン・オブ・オナー（the Companions of Honour）勲章を、これは女王ただ一人から授かるものということで受け取ることにした。これが授与されても爵位や序列は何も与えられないが、受勲者にはCHというポストノミナル・レターズの使用が認められる〔たとえばProfessor Peter Higgs *CH* のように〕（氏名の後ろに付加されるCHとは何の略かと聞かれると、彼は冗談で「スイスの名誉市民だという意味です」と答えている(1)。二〇一四年七月一日、彼はエディンバラ市内にあるホーリールードハウス宮殿で行なわれた叙勲式で女王から勲章を受け取った。

何と言っても、彼は二〇一三年一二月にノーベル賞を受け取るためにストックホルムへ赴いている。授賞式では服装規定の順守が必須だ。これを機にモーニングを買うことを彼は考えなかったのか？買う必要はなかった。主催者が受賞者に特別な服装を一式用意し、バックルで装飾されたエレガントな靴も含めて、仕立屋でサイズ合わせをするからである。だが、ヒッグスにとって正装することは、あの行事がストレスのたまる機会となった一因でしかなかった。緊張を強いられる事態がイギリスを出国する前から始まっていたのだ。

彼はストックホルムにエディンバラから直行したかったに違いないのだが、実際には同僚のアラン・ウォーカーとロンドンを経由した。発表後すぐ、スウェーデン大使から、イギリスのノーベル賞受賞者数名を交えた晩餐に招かれたからだ。二人はロンドンに一泊してから、翌日ストックホルムへ飛ぶことになった。すると、ロンドン滞在中の予定がほかにも増えて余裕がどんどんなくなり、しまいにはあわてて空港に駆け込む事態となって、二人がチェックインカウンターにたどりついたのは便にぎりぎり間に合う時刻だった。ヒッグスはあの二日間を「地獄」と形容した(2)。

少なくともストックホルムでの到着手続きはスムーズだった。受賞者にはそれぞれ面倒を見る世話人が付き、優先レーンでの入国が認められていた。ヒッグスを担当したのは元外交官で、その週の予定をとてもよく把握していた。初日の予定の一つが公認の仕立屋に寄ることだった。国王からの授与の場にふさわしい服装のサイズ合わせのためだった。

そのふさわしい服装とは、アルフレッド・ノーベルが生きた一九世紀のスタイルのモーニングスーツだ。ヒッグスによると、「シャツに袖を通すだけでもかなりのスキルが要ります。ほとんど位相幾《トポロ》何《ジー》学の問題のようでした」。仕立屋がやってみせたが無駄で、ヒッグスは緊張しており、手順が頭に入らなかった。それでも、式典の当日は幸い「なんとかなりました」。服のあとは、靴を試し履きした。一足目が小さすぎたので、大きめのを試したが、そちらもしっくりこなかった。彼はこう説明する。「問題は、一九世紀のドレスシューズが自分の足形に合わないことです。妙に尖っていました」。式典の当日、物理学賞受賞者のフランソワ・アングレアとヒッグスは二人とも靴を巡って危機にひんした。「アングレアが私の部屋に電話で、『私にこの靴は履けません。二人して自分のを履くことにしませんか？』と言ってきたのでそうしました。私たちは列の先頭でステージに出ていくことになっていたので、最前列の人たち――王室の方々やイギリスの科学大臣デイビッド・ウィレット――には私たちが正式な靴を履いていないのがはっきりわかったことでしょう(3)」

**スウェーデンの賞**

一二月一〇日の午後、一二人の受賞者がスウェーデン国王グスタフから賞を授与されるのを見届けようと、ストックホルム・コンサートホールは二〇〇〇人近い観衆で埋まっていた。受賞者は段取りや所作の説明をあらかじめひととおり受けていたが、当日になってホールの大観衆を前にすれば、一世一代の舞台の初日のような緊張感を味わうことだろう。物理学賞の受賞者であるフランソワ・アングレアとピーター・ヒッグスは最初に呼ばれて授与されるが、ほかの受賞者はそれを見て自分が呼ばれたときの段取りを確認できる。

客席後方の大勢の観衆は、テレビ画面を頼りにステージ上の細部を見る。そこにはネイビーブルーの絨毯が敷き詰められている。中央には直径一メートルほどの白い円。その中にはノーベル財団の記章である大文字の$N$が記されている。主役たちは自分の出番が回ってきたとき、これを立ち位置の目印にする。

背景、小道具、脇役たちはもう揃っている。ステージ上には、観衆から見て左手に赤いベルベットで覆われた空席の椅子がずらりと並んでおり、右手には青いベルベットで覆われた椅子がいくつか空席になっている。右手の空席には発表を行なうスウェーデン学士院の会員が、左手にずらりと並んだ一一席〔文学賞のアリス・マンローが体調不良により欠席し、代理の娘さんが二列目に着席済み〕には受賞者が着席することになっている。受賞者の背後にはもう三列ある。そこには燕尾服に身を包んだ受賞経験者も陣取っており、それぞれこの特別なクラブの一員であることを示す金のカフスボタンを誇らしげに身に付けている。そのなかには、WおよびZボゾンを発見して一九八四年に受賞したのち、あのボゾンを探す実験の着手に奔走したカルロ・ルッビア、ヒッグスの仕事を土台に弱い核力の理論的な記述を完成させて一九九九年に受賞したヘーラルト・トホーフト、受賞理由となった自身の仕事を活かして、ヒッグスボゾンが発見された二つの主要経路を特定した二〇〇四年の受賞者フランク・ウィルチェックもいる。

もう一つ、右手には人目を一段と引く椅子が四脚置かれている。青いベルベットと豪華な金箔の装飾が施された、背もたれの高いルイ一四世様式の肘掛け椅子だ。こちらには国王カール・グスタフ、王妃シルヴィア、息子のカール・フィリップ王子、義理の息子のダニエル王子が座る。

ステージ後方のバルコニーにしつらえられている演奏台の上から、壮大なパイプオルガンのパイプが高い天井まで延びているが、授賞式のこの日、オルガンはこの印象的な舞台背景の一部でしかなく、バルコニーにはオーケストラが控えている。ドラムロールが王室の入場を告げ、客席のざわめきがさっとやむ。王妃のきらびやかなえび茶色のイブニングドレスが絨毯に裾を引いている。全員が立ち上がり、オーケストラがスウェーデンの王室歌を演奏する。

モーツァルトの行進曲ニ長調が演奏されるなかでの受賞者の入場は、それ自体が一つの演出になっている。二列の人が完璧な鏡映対称をなして袖から舞台後方に入る。客席から見て右手からは各賞の選考委員会を率いた学士院会員、左手からは受賞者だ。受賞者はそろって燕尾服に身を包んでおり、老ペンギンの行列の体を成している。二列とも女性一人――優秀な女子学生――が先導している。こちらの二人は、スパゲティストラップの白いフルレングスドレスに、国章の色である青と黄色の飾り帯を右肩から左の腰へ掛けている。肘の上まである白いグローブをはめた姿は、ハリウッドのミュージカル映画を思わせるのだが、ただ一つ場違いなことに、つやのあるプラスチックでできた黒いつば付きの白いキャップをかぶっている。ヨットの上で見かけても違和感のなさそうな代物だ。

長い午後が始まって二〇分、ノーベル財団の理事長による一〇分の式辞と幕間の音楽――シベリウスのカレリア組曲からの抜粋で、国王は右足で拍子をとっていた――に続き、いよいよ最初の賞の時間になる。ノーベル委員会物理学部門の委員長ラーシュ・ブリンクが演台に進み出て、ヒッグスとアングレアによる受賞の背景を説明する。

ブリンクはひと月前に七〇歳の誕生日を迎えており、ドームのような頭ははげあがっているが、顔立ちは精悍、体つきはまるでアスリートで、背筋をぴんと伸ばして直立している。彼の発話は二〇〇〇人近い聴衆を前にした俳優のごとく明瞭なうえ、スピーチはスウェーデン語でなされるので、観衆の大半が理解できる。原稿の英語版がプログラムに載っており、受賞者は――ヒッグスを含めて――ヒッグスボゾンの要点を理解しようと努めているかのようにそれを追っている。

ブリンクによる七分ほどのスピーチが、ホールに詰めかけた一般大衆と、ほかの科学分野の受賞者を含む集まった学者をどちらも満足させるという、頭をかかえるほど難しい科学解説の一つを見事にやってのける。私たちが今祝っていることの重要性に疑いの余地はない、とブリンクは言う。「二〇一二年のヒッグスボゾンの発見をもって、物理学の標準モデルが完成しました。自然はブラウト、アングレア、ヒッグスが打ち立てた法則に正確に従っていると証明されたのです。これは科学の素晴らしい勝利です」。彼は続いて現代物理学の略史と、ヒッグス場とヒッグスボゾン発見の特筆すべき重要性について述べていく。

ブリンクはこのスピーチで、ヒッグスとアングレア――これから表彰される二人の受賞者――による一九六四年の成果を要約するだけではなく、もう一人の名、すなわちアングレアの協力者であるロバート・ブラウトの名も挙げた。こうすることで、本来なら故ロバート・ブラウトを加えた三人の共同受賞だったことをブリンクは明示的に認めている。正当な理由で受賞者に含められそうな候補者は数名いた――六人衆のほかの三人は当然として、あのボゾンを実験的に確認した主要メンバーの誰かも候補だったかもしれない。アングレアとヒッグスのほかにブラウトの名に言及したことは、その早すぎる死がなければ彼が三人目の受賞者だったことを示している。

ブリンクは略史を続ける。アングレアとヒッグスの仕事から七年後にようやく、彼らの理論が機能することを、「オランダの若い学生」ヘーラルト・トホーフトが「一九九九年のノーベル賞につながった非常に複雑な証明において」示した。一九七〇年代になると、物理学界はトホーフトの成果を受けて、「微小な世界で作用する力（強い力、電磁気力、弱い力）の統一理論をきわめて短期間に発展させました」。こうして「素粒子物理学の標準モデル」が生まれたのだ。このコア理論は新しい粒子を要請しており、それらはすみやかに発見されたが、ヒッグスが予想した新しい粒子、すなわち質量を持つすべての素粒子に質量を与えていると今では理解されている粒子は見つからなかった。一九八〇年代になると、物理学の標準モデル全体が、ヒッグス粒子の存在を土台としていた。「三〇年前、このヒッグス粒子以外は事実上すべて発見済みでした。ヒッグス粒子は本当に存在するのでしょうか？」

スピーチは山場に差し掛かる。一年半ほど前、ＬＨＣでの実験であのボゾンの実在が確認された。何十年と予想だった事柄が、永遠の知識として確定されたのだ。素粒子物理学の標準モデルの最後となるピースが見つかったのである。これで標準モデルは盤石となった。だが、私たちの物質宇宙を形作っている構造がなぜこうなのかについては今後の課題である。ブリンクはいよいよ、まずアングレアに、次いでヒッグスに、前へ進み出て賞を受け取るよう正式に促す。

「ヒッグス先生、あなたはアングレア先生およびブラウト先生とともに、素粒子の質量を理解するうえでの鍵を発見した優れた業績によってノーベル賞を受賞されました。ここに王立スウェーデン科学アカデミーを代表して心からお喜び申し上げます。それでは、国王陛下よりノーベル賞の授与がありますので、前にお進みください」

華麗な礼服に身を包み、履き慣れた自分の靴を履いて立ち上がっていたヒッグスが、ステージ中央へ進み出る。エベレスト登山にも例えられる営みに乗り出して四八年、ヒッグスはヒラリーステップと呼ばれる最後の難所を、二〇一二年七月四日、彼のボゾンの存在が確認されたことをもって実質的に征服していた。九歩進んで頂上に達するだけとなった今、あとは段取りを思い出すだけでいい。まず、カーペットに記されたノーベル財団の記章のところで止まる。次に、右手で国王と握手しながら左手でノーベル賞とその賞状を受け取る。そして、会釈を三回する。一回目は国王に、二回目はステージ後方に置かれたアルフレッド・ノーベルの銅像に、最後はホールの観衆に。

ヒッグスが段取りをそつなくこなし、賞を受け取る。トランペットのファンファーレが鳴り、観衆から盛大な拍手が送られる。ヒッグスが席に戻る。化学賞の選定委員会の委員長が演台に立ち、化学賞の受賞者を紹介し始める。ヒッグスはほっとする。スポットライトはもう自分には当たっていない。

## 世界のもの

ノーベル賞を受け取って四カ月ほど経った二〇一四年四月、私は再びヒッグスとの対談の聞き手役を、今回はエディンバラ科学フェスティバルで務めた。会場となったエディンバラのクイーンズ・ホールでは普通はコンサートが行なわれるのだが、同市にはなかなかいないタイプの有名人を一目見ようと、この晩は九〇〇人ほどの熱心な聴衆が詰めかけた。

ヒッグスへの大喝采が延々と続いたエディンバラ・ブックフェスティバルでの対談は、二〇一二年八月という、あのボゾンが発見されて一世一代の大仕事が立証された直後だったのに対し、今回はノーベル賞の受賞後初となる公開対談だった。拍手はやはり大きく、聴衆は熱烈だったが、場の雰囲気は公式行事のようだった。前回のエディンバラでは聴衆は喜びを爆発させ、誰もがあの達成を一家の誰かのお手柄かのように誇らしげにしていた。だが今回の聴衆にとって、目の前にいるノーベル賞受賞者は世界が誇る優れた業績を残した人物だった。ノーベル賞を受賞すると、自分に対する他人の反応が変わるのだ。

ヒッグスによると、彼は一九八〇年からノーベル賞受賞の期待に呪われ始めていた。彼はこの年、スウェーデン南西部のルンド在住で王立スウェーデン科学アカデミーとつながりのある友人から、自分が候補者になっていることを知らされた。当時は現実的な可能性がなく、自分の仕事が何らかのインパクトを残していると知って喜びはしたが、それで終わりだった。だが時が流れ、あのボゾンの発見が現実味を帯びてくると、「ノーベル賞が発表される毎年一〇月初めに緊張するようになりました」。そして、本当に受賞したという発表を二〇一三年に聞いたときは「ある意味ほっとしました――やっとこれで終わると」

いろいろな栄誉が次々と授けられ、それに伴いインタビューや公の場への出席が求められるうち、彼は人前に出ることを以前ほどは嫌がらなくなったが、スポットライトが当たることに平気でいられるようには決してならず、彼が出演に同意するのは、対談の相手が自分の知り合い、あるいは会場が自分の勝手知ったる場所、など彼が安心していられる場合に限られた。「普通の暮らしをいくらかでも取り戻す」のは難しそうだった。ときおり、行事への参加に同意したものの、思いがけない問題や変更によって心のバランスが乱れ、行事の形式が変わったりそもそも中止されたりすることもあった。

二〇一五年九月、私たちはスコットランド北岸沖の小規模な群島、オークニー諸島で開かれる科学フェスティバルで対談することになった。ヒッグスはメールを使わないし、携帯電話での連絡先を明かしていない。これでは夏休み中の八月に直接連絡する手段がないに等しく、私は万事順調かどうかを確かめるのにエディンバラ在住の知り合いを頼った。その一人だったアラン・ウォーカーは、オークニー行きについて楽観的だった。ヒッグスは以前から主催者に敬意を抱いていたし、当地まで行けば平穏な滞在が約束されていたからだ。

私はフェスティバルでほかにも講演の予定があったので、とにかく行くことにはしていたが、フェスティバルの目玉はもちろんヒッグスだった。ロンドンからオークニー島のカークウォールへ飛ぶ途中、私は経由地のエディンバラで接続便を待ちながら、彼が姿を見せるかどうか気をもんだが、エディンバラ空港のコンコースにやってきた大勢のなかに、彼の赤ら顔とはげあがったドーム形の頭が見えたときには、大きな安堵のため息が出た。彼は小振りのバックパックを持って私のほうに近づいてきて、開口一番、遠く離れたオークニー諸島への逃避が楽しみだと言った。

講演は翌日の夜に予定されていた。ヒッグスと私は対談当日の午前中、ありがたいことに主催者の手配でツアーに参加し、同諸島にいくつかある遺跡を巡った。その一つ、リング・オブ・ブロッガーは独特な余韻を漂わせていた。世界遺産に指定されているこの新石器時代の遺跡には、高さ四メートルほどの不揃いの石板が、直径一〇〇メートルほどの円をなして立っている。島の小高い丘に取り囲まれた二つの湖、ロッホ・オブ・ハリーとロッホ・オブ・ステネスを隔てる立木のない小さな丘の上に、これらは四〇〇〇年以上立ち続けているのだ。さわやかな北風が吹き抜ける吹きさらしの原野にいると、すぐにこんな疑問が思い浮かぶ。なぜこれが？　なぜここに？

私たちには明らかなことだったが、リング・オブ・ブロッガーはＣＥＲＮにある磁石のリングのメタファーになっている。私たちの文明の記録が失われたなら、四〇〇〇年後、レマン湖に近いジュラ山脈の中腹にたどりついた観光客は、私たちが大型ハドロンコライダーと呼んでいる地下の考古学遺跡に対して同じ疑問を抱くかもしれない。

カークウォールでの対談は、芸人なら今日はやりやすいと思いそうな聴衆を迎えて、とてもざっくばらんに行なわれた。オークニー諸島のようなイギリスのはずれでノーベル賞受賞者をステージに迎えることはめったになく、この対談は大きな呼び物になっていた。聴衆の大半は家族連れで、ティーンの若者が大勢いた。私たちはいつもの流れで話を三つに区切り、聴衆からの質問をあいだに挟んだが、対談の最後に一般的な質問を受け付けたところ、大勢が私たち自身について、それまで考えたこともなかったことを聞いてきた。

対談を重ねてきたなかで初という質問もあった。ヒッグス場は何でできているか？

これは今の私たちが直面している最も基本的な問いかもしれない。今の私たちにわかっていること

ノーベル賞の受賞を控えた
フランソワ・アングレア（左）とピーター・ヒッグス（右）。　（写真：Reuters）

は次のとおりだ。量子力学によると、ヒッグスボゾンの高温のガスが冷えると、凝縮して至る所に広がる普遍的なヒッグス場ができる。だが、このボゾンの凝縮がどのように起こるのかも、ヒッグス場が具体的にどのような性質を持っているのかも、わかっていない。それ自体が構造を持っていて動的な媒体をなしているのだが、その内部機構がわかっていないのだろうか？　それとも、特徴のないボゾンでできており、それらが水の分子のように一体となって、最初は滴に、やがて大海になるのだろうか？　現段階でわかっているのは作用だけだ。ヒッグス場は素粒子に作用してそれらに質量を与える。おかげで原子が形成され、恒星が輝き、やがて生命が誕生したのである。

# 第一八章　ジグザグ

二〇一五年のオークニー島カークウォールでのあの夜は、ヒッグスと私が壇上で行なった最後の対談となった。一連の対談では、本書に記した内容の大半を取り上げた。彼があの画期的な着想を得るまでの物語、世界中の物理学者が彼の着想に飛びついて発展させて確認した経緯、有名人にならざるをえなくなって損なわれた彼の後半生などだ。さらに、彼の画期的な着想が現実問題として自然を理解するうえで持つ意味を議論し、いまだ答えの出ていない大きな疑問をいくつか取り上げた。

聴衆はヒッグスの生涯やキャリアについての理解を深めたが、私はあとになってふと、当のヒッグスが自分の人生をどう総括するかを聞いていなかったことに思いあたった。そこである日、本書のリサーチの一環で電話をしていたとき、自分の伝記を書くとしたらどんな物語になるかと聞いてみた。

彼はしばらく沈黙し、ゆっくり考えた。思わぬ質問、あるいは聞かれたことのなかった質問だったに違いない。その場でさっと出せる答えの用意がなかったのだから。しばらくして、何度かの言い直しののち、彼は自分の経験を言葉にした。「私のキャリアは、ジグザグの変化が最終的に当時は想像もしなかった形でつながったもの。そう見ています。途中で学んだことがいくつも、やがて一つにまとまりました(1)」

カークウォールでのあの最後の夜について一つ忘れられないことがある。自分が生きているうちに起こった発見の話に心を奪われていた熱心な若者たちだ。彼らにとっては、教科書にまだ載っていない知識を直接得た初めての機会だったかもしれない。すごいと思ったことだろう。未来の教科書に載る知識を発見者本人から聞いたのだから。私は彼らに指摘した。取り上げたアイデアは半世紀以上も前に紙に書かれたものだが、ヒッグスボゾンを発見した実験に携わり、のちにその成果を教科書に載せるであろう科学者の多くが大学院生で、いちばん若いのは高校を卒業してまだ四年だ、と。二〇一五年のあの夜、話を聞いていたのは最終学年の高校生だったので、今ごろは学部をとうに卒業し、科学の最前線の実験で博士号の取得に取り組んでいておかしくない。

オークニーで感じた熱意は、その二年前にノーベル賞受賞者がストックホルムで対面した学生を彷彿とさせた。彼らの夢は世界共通らしく、オークニーでも、物理学やCERN、「あなたのボゾン」の発見の意味に関するさまざまな質問のあと、ある熱心な若者が大事な質問をした。初めて聞かれたのはストックホルムの学生からだったが、あれは科学者を志望する大勢の野望のようである。「ノーベル賞の取り方を教えてください」

ヒッグスの答えは「幸運に恵まれることだ！」[2]

運は確かに必要だが、それだけではとうてい足りない。達成の可能性が幸運の力で目の前に差し出されたとき、いいタイミングでいい場所にいたとしても、その機会を見て取れなければ、あるいはゴールテープを切る前に集中力を切らせば、何にもならない。ヒッグスの場合、数学と理論物理学のあいだでのジグザグ経験があったおかげで、解決すべき問題がそこにあると見て取れたわけだが、彼の幸運は、ゴールドストーンの定理を回避する方法に関するウォルター・ギルバートの論文を一九六四年に読み、ギルバートがゴールテープを切り損ねているとすぐに気づいたことだった。ヒッグスがその問題を数日で解決したことはいわゆる〝一パーセントのひらめき〟のほうで、〝努力〟のほうについてはすでに長年の積み上げがあった。一般相対論の研究経験を通じて複雑なゲージ不変性を扱う技量を身に付けていたし、ゲージ不変性を取り上げたあらゆる文献を読み込んでその奥深さを理解していたし、もちろん比喩的な意味でだが、頭を壁に打ちつけているうちに壁のほうを壊していた〔英語の beat one's head against the wall は「無駄なことを続ける」の意〕。だからこそ、ギルバートの見落としが目の前に差し出されたとき、彼はその機会を捉えることができたのだ。

だが、あの着想に至ったのは彼一人ではなく、ある数学定理を独立に証明して、のちに現代の場の量子論の大部分の土台を築いた科学者は合わせて六人いる。そのうちヒッグスだけが、この土台を物理的に検証可能な理論にすべく、証拠となるボゾンのいわば人相書きを作成した。こうして考案されたのが、彼の名を冠するボゾン――彼が生まれて初めて思いついた独創的なアイデアの産物――であり、それが半世紀にわたって熟成されていくうちに、彼の人生にどんどんまとわりついていったのだ。

今ではあのボゾンの存在に疑いの余地はないが、あれがいつどのような経緯で「ヒッグス」ボゾンと呼ばれるようになったのか、という問いに答えるのは難しい。仮にこことい う瞬間があったとしても、今では曖昧模糊とした各人の記憶のなかで失われている。確かなのは以下の事実だけだ。ヒッグスの全論文のなかであのボゾンは、一九六四年の第二論文において、方程式の形で記された目立たない代数記号一式として出現した。同論文には、この方程式は「その量子が質量……を持つような波を記述する」ものだというささやきと、素人には象形文字にしか見えないが専門家ならあのボゾンの質量計算に使える記号の羅列があるにすぎない。そのうえ、計算に使えるのは、真空中のエネルギーを最小化するためには至るところに広がる謎の場がどれくらい必要か、といった所定の量の値が既知ならばの話だ。その二年後、ヒッグスによる一九六六年の画期的な論文において、あのボゾンに「質量$m_0$の自由スカラーボゾン」というそのままの名前がつけられた。半世紀後、ヒッグスはそれを「私にちなんだ名前が付けられたボゾン」やアングレアと非公式に同意した「電弱モデルの有質量ボゾン」など、さまざまに表現している(3)。

ならば、「ヒッグスボゾン」という呼び名はいかにして現れたのか？　化学の場合、新元素の名前には国際純正応用化学連合（ＩＵＰＡＣ）がお墨付きを与えるが、物理学には新粒子の命名を行なう公式団体がなく、粒子の名前は一般的な使用というまったくもって民主的な形で決まる。彼が一九六七年にカクテルパーティーでベン・リーと交わした会話が、あの質量機構の発見におけるヒッグスの役割を最初に広く知らしめるのに一役買ったことは確かだが、「［ヒッグスという］名が至る所に貼り付けられた」とヒッグスの言う一九七二年の会議でリーが座長を務めたセッションが盛り上がったのは、ヘーラルト・トホーフトというオランダの若者があの質量機構を見事に応用したからこそだ。それから五年もしないうちに、トホーフトの成果は自然に関する理解に革命を起こし、標準モデルの種を蒔き、新粒子の存在を予想した。その粒子こそ、モデル全体の要石となる、質量を持つボゾンだった。

そのボゾンは複数の理論家による仕事で暗黙のうちに予想されており、ジェフリー・ゴールドストーンの論文での予想は明示的でさえあったのだが、そのことはこの分野の歴史家やこの分野に何十年と携わっていた者以外にはほとんど知られていなかった。今日の物理学者がそれをヒッグスの名を冠して呼ぶのは、過去の論文でそう呼ばれているからである。

あのボゾンがヒッグスと結び付くよう仕向けた偶然が二つありそうだ。それらがなければ以降の歴史や感情はずいぶん違っていたかもしれない。一つは一九六七年のカクテルパーティーでヒッグスがリーと会話を交わしたこと、もう一つは同年夏のブルックヘブンでヒッグスがスティーヴン・ワインバーグと議論したことだ。

ワインバーグは同年の冬に「レプトンの一モデル」と題した独創的な論文を書いて、標準モデル全体の鍵をこの質量機構が握っているだろうと——のちに明らかになったとおり正しく——予想した際、最初はヒッグスの名だけを挙げていた。あの質量機構に取り組んでいた研究者がほかにもいることにはあとから気づき、発表前に彼らの名も参考文献リストに加えはしたが、その位置はヒッグスの下だった。四年後、ワインバーグは同じテーマで大きな影響力を持つ論文を再び発表して、あの質量機構への本格的な関心を呼び起こしたが、そこでも参考文献リストに不注意による間違いがあり、全体的な優位性がヒッグスにあるかのような印象を与えた。(4) その後、世界中の理論家がこのテーマで論文を発表し始めたとき、ワインバーグの論文はすでに物理学のベストセラー入りを果たしており、「ヒッグスボゾン」は理論素粒子物理学の用語として定着していった。その後、「ヒッグスボゾンの現象論的な特徴」と題したエリス、ゲイラード、ナノプロスによる一九七六年の論文が、実験家の注目をヒッグスボゾンに集めた——読まれたのは論文タイトルだけだったかもしれないが。

ブラウトとアングレアは二重に不利だった。まず、二人の論文はあのボゾンに何も触れていない。彼らが答えようとしていた具体的な問題では何の役割も果たしていなかったからだ。凝縮系物理学の専門家だった二人も、何かしらのボゾンが存在するはずだとわかってはいた（たとえば一二〇ページの図6・1(c)を参照）。だが、素粒子物理学で理論を実験的に立証するうえでそのボゾンがいかに重要かを認識していなかった。彼らにとって、あれは初めての素粒子物理学論文だったうえに、凝縮系物理学者だった彼らは素粒子物理学界であまり知られていなかった。

　世界中の素粒子物理者にとって、ヒッグスボゾンはトンネルの出口から差す光、というか、ヒッグスボゾンを生成するためのテクノロジーを収容できるほど大きなトンネルに予算が付けばそうなるものだった。キャンペーンでは歯切れのいいスローガンが好まれる。メディアはレオン・レーダーマンが一九九三年に考案した「神の粒子」を好んだが、素粒子物理学者は「ヒッグスボゾン」を奨励した。世紀の変わり目になるとこの呼び名はブランドと化しており、カギに含まれるアナグラムとして暗号クロスワードの答えに採用されてさえいる："Gosh! Big's no way to describe it, though it's important in theory (5,5)"〔カギは「困った！　ビッグじゃとうてい表現できない。理論的に重要なのに」の意。答えはHIGGS BOSONで、"Gosh! Big's no"の部分のアナグラム[5]〕。アイデアよりも人物のほうが追いかけやすいこともあり、この探求のプロモーションに「ヒッグス」が使われることが増えていった。控え目な男が、実に奥の深い独創的なアイデアを一つ思いついたのち、有名人になり、何千人という科学者の目標の象徴となり、後半生の数十年で突如目の前に現れたソーシャルではないメディアから身を隠しているのである。

ヒッグスボゾンの一大サーガは、孤高の天才が人知の力で自然の秘密をひもとく、という典型的なイメージで始まった。自分がなしたブレークスルーが基本的にどういう性格のものか、ヒッグスにはすぐにわかった。だが誰にも、とりわけヒッグスには知る由もなかったことがある。彼がひらめきを得てからあの粒子を発見できる装置が造られるまで、半世紀ほどの年月と何度かのスタート失敗を要すること。そして、あのたった一つの「いいアイデア」のせいで、人目を忍ぶ内気な男が本人の望まない有名人に祭りあげられ、スーパーで赤の他人が近づいてきて呼び止められるようにまでなることだ。一方で、市民がヒッグスにかくも魅了されたのは、彼の姓が何とも普通だからだと唱える向きもいる。一音節で、つつましく、アングロサクソン族の勤勉さと謙虚さを象徴しており、ほかの六人衆の〝キッブル〟や〝アングレア〟などだったなら、あまり注目を集めなかったかもしれないというのである。

発見から九年後、二人であの頃を懐かしんでいたとき、ヒッグスがふと、あれは「私の人生を台無しにしました」と言うのを聞いて私は驚いた[6]。数学を介して自然を知ること、自分の理論が立証されるのを見届けること、同業者の喝采を浴び、ノーベル賞受賞者という誰でも入れるわけではないクラブの会員になること。いったいどうしたらこれらすべてと〝台無し〟がイコールになるのだ？　私は自分が誤解していないことを確かめようと、次の機会に再度尋ねてみた。彼はこう説明した。「私のわりと平穏な暮らしは終わりを告げました。私はこの手の知名度をありがたいとは思いません。一人で仕事をしてたまにいいアイデアを思いつくのが私のスタイルなんです[7]」

# エピローグ　平原を見晴らす眺め

「山での困難が
過去のものとなった
そのときにこそわかるのだ
平原での困難が始まると」
（ブレヒト）

ヒッグスボゾンの発見は、私たちの宇宙観やこれからの物理学にどのような影響を与えるのか？　ＬＨＣはヒッグスボゾンを発見するために作られた。そう一般には思われている。ならば、その発見は物理学にとって大成功か？　ヒッグスは慎重だ。「ＬＨＣはあのボゾンだけではなく、いろいろな物事を探るために造られたのですが、『よし、あの装置はもうとめていい。カネがかかるし、目的は果たした』などと思う人もいるかもしれません(1)」

素粒子物理学の目標はここ三〇年以上、電弱対称性の破れを引き起こすのが何かを突き止めることだった。一九七〇年代にこの分野に参入した誰にとっても、ヒッグスボゾンがそのキャリアを通じて灯台の役割を果たしていた。ヒッグスボゾンの発見は、標準モデルの最終確認でもあり、その先への扉でもあった。一九八三年にWおよびZボゾンが発見されると、場の量子論は有効だと、そして何かしらのヒッグス機構が必要で、ひいてはそれと関連のあるボゾンが存在するはずだと、筋金入りの懐疑派も認めざるをえなくなった。そのボゾンの発見がCERNの大型電子・陽電子衝突型加速器（LEP）の射程圏内かもしれないと期待された時期もあったが、そうではなかった。そのため、もっと高エネルギーの装置が求められた。テキサス州の超伝導超大型衝突型加速器（SSC）が期待を高めたが、中止の憂き目に遭った。結局、CERNのLHCで得られる答えにすべてが委ねられた――そして発見された。

今のヒッグスは、CERNはほかの活動の広報にもっと力を入れる必要があると感じている。彼に言わせればほかの活動も「同じくらい重要です。思うに、あれの発見は一つの章の終わりでしかありません」。だとすると、その章は半世紀かかって終わり、二〇一二年七月四日に「ポストヒッグス時代」という新たな章が始まった。一九六六年、彼が質量を持つあのボゾンに注目を集めたとき、標準モデルはまだ考案されていなかった。ヒッグスは知らないうちに、まだ誰もその存在に気づいていなかった山脈の最高点を特定していたのだ。山登りは、大変ではあるがその目標は明確だ。山頂がそこにあり、登り続けていればそこに近づいていることになる。私たちは二〇一二年にヒッグスボゾンの発見をもって標準モデルの山頂に立ち、それをコア理論として確立させた。そして、反対側へ下山し始めた。向こう五〇年、私たちは宇宙に関するこの新たな理解をどう活かしていけばいいのか？

平原は未来へと広がっているが、目印になりそうなものは何もない。素粒子物理学に明確な共通目標のあったここ四〇年とは実に対照的である。イギリスの科学技術施設会議（ＳＴＦＣ）の最高責任者だったジョン・ウォマズリーはこう見ている。「この分野は少々無気力になっているうえ、現段階では明確な日標がありません。頂上にヒッグス［ボゾン］のあったこの山を登っていたときとは違って、大きな目標にできる場所がどこにも見えないからです[2]」

ヒッグスボゾン探しの場合、理論家に好都合だったこととして、一ＴｅＶほどのエネルギーで新しいダイナミクスが何かしら起こるはずだと考える理由が非常に早い段階からあった。一九七〇年代にはもう、実質的に頂上の標高がわかっていたのだ。その後、ＷとＺが発見され、ＺはＬＥＰで、Ｗはフェルミラボでそれぞれ高精度に測定され、さらにはトップクォークも発見されると、場の量子論をもとに照準がすみやかに一一〇〜一三〇ＧｅＶの領域に定められた。要は、物理学者はどこを調べればいいのかわかっていたのである。

今日、平原の彼方に見える確かな目印はプランクエネルギーの領域だけで、そこでは私たちが時空と認識しているものの構造がばらばらになっている。この彼方の地で自然の法則が明らかになる可能性はある。もしそうなら、そこに何があるのかを、ビッグバンという極端な条件に至る途上でいろいろ推定できていることは驚きに値する。ＬＨＣは強力ではあるが、通常の環境条件からプランクエネルギーまでの道のりの――エネルギーの対数スケールで――半分にも達していない。この究極の目標はあまりに遠く、今日手に入る最高感度の実験ではもちろん、予見できる未来においても、あの領域を支配している物理原理を見極めることは不可能だ。水平線の向こう側でも現実的に手が届く範囲に重要な目印があるかもしれないが、だとしても、そこへたどりつくのにエネルギー的に言ってどこまで行く必要があるかはわかっていない。私たちはまさに平原での困難に直面しているわけだが、ＬＨＣはその地図を作って新たな風景を描き始めている。

ヒッグスボゾンの発見は、この宇宙が何かしらの場で満ちていることを立証した。この場が、あの質量機構を通じて電弱対称性を破り、生命のひな型である原子や分子の構造に欠かせない興味深い特徴の数々を生んでいるのだ。クォークやレプトン、ＷにＺに光子を、自然が上演する劇の役者だとするなら、ヒッグス場はその舞台だ。劇場がなければ、上演はできない。魚に水が必要なように、粒子が質量と種《たね》構造を獲得するにはヒッグス場が要る。

では、ＬＨＣにとっての次は何か？　ヒッグス場がそこにあることや、ヒッグス場が何をするか、そしてヒッグス場を照らしだすのに必要なエネルギーはわかっているが、ヒッグス場が何でできているかはいまだに謎だ。これはヒッグスボゾンが発見されたことでさっそく提起された謎と関係がある。至る所に広がる場を形作るのに、ヒッグスボゾンはどう凝縮するのか？　ヒッグスボゾンの発見をもって素粒子物理学が打ち止めになるなら、実質的にここ五〇年は珍しい切手を集めていたのと大差なかったことになる。現実の切手集めにおける英領ギアナ一セントマゼンタと同様、ヒッグスボゾンには唯一無二の重要性があるが、それに興味を示すのは珍しい粒子を集めている人に限られる。ＬＨＣには、物質宇宙の鍵を握る非対称性、すなわち電弱対称性の破れの性質を特定および理解することという、もっと野心的な目標――そしてこの分野の五〇年の背後にあった戦略――があり、ヒッグスボゾンはその前触れにすぎない。

「神の粒子」という呼び名に何らかの妥当性があるなら、その他すべてがそれに従う構造の創造主という意味においてだ。「光あれ。すると光があった」。猛烈に熱いビッグバンが起こった。一秒よりも想像を絶するほど短い最初の一瞬、ヒッグス場が基本粒子の種を用意した。姿形はあとから現れた。

私たちの物質宇宙が生まれたのは、質量ゼロの光子と質量を持つきょうだいであるWおよびZボゾンとを区別する、という自然の振る舞いのおかげだ。WとZの質量が大きいからこそ、元素を変える「弱い」力が弱まり、電磁気力は強いままになった。こうしてヒッグス場が基本要素を提供し、時の流れがそれらを練り上げて複雑な系を作った。宇宙が冷えるにつれ、数分のうちに、クォークが塊をなして陽子や中性子になり、そのうちの一握りが互いをしっかり捉えて最軽量の元素のコンパクトな原子核を形作った。原子核がこうして堅くまとまっているのはクォークに質量があるからであり、それはクォークがヒッグス場と相互作用するからだ。四〇万年ほど経つと、物質は十分冷え、動きが比較的緩慢な電子が原子核に捉えられて原子を形作った。この段階ではほとんどが水素とヘリウムだった。

一億五〇〇〇万年ほどのち、ガスの雲から初代星《ファーストスター》ができた。これを原動力として、炭素、酸素、鉄といった重めの元素の原子核が鍛造された。今から五〇億年ほど前、周期表に載っている多種多様な元素がごっそり融合して巨大な球になり、それが地球という惑星になった。太陽は手持ちの水素燃料をヘリウムの灰に変える反応をエネルギー源にしている。この反応がゆっくり進むのは「弱い力」が弱いせいであり、それもヒッグス場の影響だ。一方、質量ゼロの光子は空間を超えて流れ込んで地球を温めている。電弱対称性の破れによるこうした成り行きのおかげで太陽が長いこと燃えているからこそ、進化が原子の集まりを組織化して、自己認識する人間を作り出し、それが自然を理解する能力を持ったのである。

ヒッグスボゾンは素粒子の標準モデルにとって、そして素粒子を固めて複雑な物質を作る自然の力にとって重要だが、ヒッグスボゾンの確認にはそれをはるかに超える意味合いがある。ヒッグス現象には、この宇宙の誕生を支配していた可能性と終焉の引き金を引く可能性があるのだ。

一九八〇年頃、ビッグバン宇宙論の「インフレーション理論」が登場した。それによると、この宇宙の始まりはエネルギーの小さな熱いしみ、大きさが陽子の一〇〇〇億分の一の一〇億分の一という極小の種だった。つかの間、この状態が続いた。重力があまりに強く、私たちが時空と呼んでいるものはまだ意味を持っていなかった。現段階における最善の理論によると、突然、何もかもの大きさが膨らんだ。生まれたての宇宙が、三つの空間次元それぞれに一〇の二六乗倍も指数関数的に膨張したのだ――それも$10^{-32}$秒、すなわち一〇〇分の一の一〇〇〇分の一の一〇〇万分の一の一〇億分の一の一兆分の一秒のあいだに。この膨張のスケールは、そのあと一三八億年かけて起こったゆっくりした膨張のスケールとほとんど同じである。

この理論は、三〇年以上にわたる宇宙マイクロ波背景放射の測定結果を元に明らかにされた初期宇宙の構造を説明しており、宇宙論の標準モデルの一部となっている。だが、このモデルには欠けているものがある。このインフレーションの原動力は何か？

現状のなけなしの知識によると、その原因であるエネルギー場には方向感覚がない。この宇宙で観測されている大規模な一様性がその証しだ。場の量子論において、関連する粒子――インフラトン――にはスピンがない。この発想は理論家によって長年検討されてきたが、スピンゼロの素粒子は何も見つかっていなかった。そこへ二〇一五年の初頭、二年にわたる実験的研究の末、ヒッグスボゾンにスピンがないことが確認された。

ヒッグス場がインフラトンの役割を果たしている、という発想はとても魅力的だ。だが、標準モデルの枠内ではそうはなりえない。インフラトンには重力とのあいだに、時空の幾何学をかくも劇的に織りなせるほど強固な親和性があるはずだ。標準モデルのヒッグスボゾンに重力とそうした結び付きはないが、ヒッグスボゾンに軽い粒子との親和性を与える、ウィルチェックの機構に似た何かが働いている可能性はある。思い出していただきたいのだが、ウィルチェックが気づいたとおり、質量を持つ仮想粒子――トップクォーク――の直接的な役割は、軽量のクォークや質量ゼロのグルーオンとヒッグスボゾンとを結び付けるための入り口になれることだ。それに似た機構がヒッグスボゾンを重力と結び付ける可能性はあるが、この相互作用が宇宙のインフレーションの原動力だったと言えるほど強いためには、一時的な伝達粒子が未知のとても重い粒子でなければいけない。言い換えると、インフレーションの原動力はヒッグス場だけではなく、ヒッグス場とまだ知られていないほかの実体との組み合わせだと予想されるのである。これが自然のありようなのであれば、非常に重い粒子が平原のどこかでその発見を待っていることになるが、それを見つけるのにどこまで遠くへ行かなければならないかは見当もついていない。

トップクォークはヒッグス場を宇宙のインフレーションの原動力に昇華できるほど重くはないが、ヒッグス場の微小構造やダイナミクスにおいて奥の深い役割を担っていそうだ。場の量子論において、仮想粒子は不確定性原理で規定される時間の範囲内で泡のように出現と消滅を繰り返している。たとえば、電磁場は瞬間的に電子と陽電子に変わってすぐまた対消滅しうる。こうした「量子バブル」がヒッグス場のシンプルな描像に修正を迫る。量子電磁力学の場合、量子バブルは原子に含まれる電子の振る舞いに微妙な影響を及ぼし、そのことは実験で確かめられているが、ヒッグス場の大規模な性質全体はほとんど乱れない。

同様に、ヒッグス場が量子バブルを生成し、今度はその生成した量子バブルから影響を受けることがありうる。ただし、電磁気の場合とは様子が大きく異なる。量子揺らぎが仮想粒子の質量に比例して大きくなるからだ。仮想粒子が重いほどその影響が大きいことから、ヒッグス場は現状の地平線の向こう側への入り口となっている。ヒッグス場が泡立つと、知られているなかで最も重い粒子であるトップクォークとその反クォークになることがあり、それらはヒッグス場との親和性が最も高い。きわめて重い粒子が存在するなら、それらの相互作用は非常に強く、場の構造そのものをゆがめかねない。遠くからは穏やかに見える海も近づいてみると泡立っているように、LHCにできるよりも高エネルギーで探ればヒッグス場は豊かな構造を見せてくれそうだ。「ヒッグス場の微細構造はどうなっているか?」は、ポストヒッグス時代にまず取り組むべき「既知の未知」の一つである。

ヒッグス場の安定性は、そうした粒子との相互作用が実際にどれほど強いかに——言い換えると相手粒子の質量に——とても敏感であることがわかっている。場の量子論によれば、トップクォークとそれに次いで重いヒッグスボゾンの質量の測定結果からすると、ヒッグス場はこうした量子効果によって不安定になりかねない。ヒッグス場は私たちをなすあらゆる物質の原動力なので、その安定性には物質宇宙にとって大きな意味合いがある。

このことをふまえ、スティーヴン・ホーキングがヒッグスボゾンのサーガに再び割って入った。ヒッグスボゾンが発見されたことで、それが見つからないという彼の主張は誤りに違いないと示されていたわけだが、かの宇宙論者は再びメディアの注目を集めおおせた。ヒッグスボゾンはおそらく見つからないと公言していたLHCの稼動開始からほぼ六年後の二〇一四年、彼は今や確かなものとなった「神の粒子」がこの宇宙を破壊しかねないと主張して、再びメディアをにぎわせたのだ。一二五GeVというヒッグスボゾンの質量は、この宇宙を不安定になる寸前の状態にとどめ置くのにまさに必要な値であり、今の安定状態はやがて崩れかねない、とホーキングは警告した。

メディアはホーキングに焦点を当てた記事を書いたが、あのように考えたのは彼が初めてではない。量子物理の効果がヒッグス場を不安定にしかねない可能性には、一九七〇年代にまでさかのぼる長い歴史がある。この知見が大きく注目されたのは、ヒッグスボゾンとトップクォークが発見され、それぞれ質量が測定され、それを機に大勢の理論家がその意味合いについて考え始めたからだ。この件に関する場の量子論は数学的には複雑だが、そのエッセンスは地形の山と谷というおなじみのアナロジーで説明できる。

ギンツブルクとランダウ、そしてゴールドストーンやヒッグスによる元々のワインボトルないしメキシカンハットモデルにおいて、真空の状態——ヒッグス場——は二つの山並みにはさまれた谷間のようなものだ。水は山肌を谷に向かって流れ落ちる。自然は重力のポテンシャルエネルギーを最小化するものだからだ。ヒッグス場の強さは、比喩的な谷に落ち着くことで真空のエネルギーを最小化する。ここで、山の向こう側に別の谷があり、その谷底は今の位置よりも低いとしよう。そんな可能性が、トップクォークの質量が一七六ＧｅＶである宇宙に存在する質量一二五ＧｅＶのヒッグスボゾンの性質から理論的に示唆されるのだ。ヒッグス場がとにかくそのもっと低い谷へ達することができたなら、宇宙の量子真空はこの状態へと転がり落ちていく。水が最も低い位置を見つけたような状況だ。その結果生じる宇宙の地震は終末的となろう。

ただし、そこへ達するためには、邪魔立てする山の向こうへ私たちを持ち上げて運ぶためのエネルギーを供給する必要がある。その意味で、私たちは安全だ。というか、そのはずだが、量子不確定性によって、通常のエネルギー保存が一瞬保留され、実質的に山を通り抜けてしまうようなトンネルができれば話は別だ。このような量子揺らぎは、銀河間の真空のどこにでも生じて、より安定な形態の泡を作る可能性がある。すると、泡の周りの真空が、そのより安定な形態へ転げ落ちる。このより安定な状態が光速で広がり、やがてすべてを飲み込んでしまう。

これはいつ起こってもおかしくなく、どこかで起こっていても私たちにはわからない、とホーキングはもったいぶって告げた。抜け目のない彼は、今回はその可能性について何の賭もしなかった。彼の言うとおりだったとしても、勝ち分の回収は望めないからだ。この大惨事が起こる可能性は低いと彼は認めたが、ヒッグス場が不安定になる危険性は「無視するには甚大すぎる」と思わせぶりに警告した。

メディアはホーキングの終末論に乗ったが、実はこのイメージのひらめきの元となった論文は、この宇宙に脅威が差し迫っているとは言っていない。彼の警告では、ダークマター（詳しくはのちほど）の必要性や重力などの既知の現象が無視されている。もっと重い粒子がその発見を待っているなら、それらによるヒッグス場との相互作用はそれ相応に強く、場をいっそう安定させるだろう。差し迫った危機の脅威は理論上の可能性であって、現実味のある話ではない。

ヒッグスボゾンの発見によって、私たちがヒッグス場に浸っていることが確かめられたわけだが、ヒッグスボゾン研究最大の失望は今のところ、ヒッグス場の起源とダイナミクスに関する最も重要な問いへの答えについて、その手がかりになりそうな特異な性質が何もあらわになっていないことだ。わかったことはどれも、その原理を説明しようと六〇年前に打ち立てられた最もシンプルなモデルと矛盾していない。

ヒッグスボゾンはそのものが質量を持つので、ヘビがしっぽをかむようにして、二つ以上が互いに結合しうる。至る所に広がるヒッグス場の性質を実験的に理解するための第一歩は、ヒッグスボゾンの対《つい》を作り、それらの相互作用を観察することだ。個々の $H_2O$ 分子の存在は確認したが、本当の目標は水の性質を理解すること、というような話である。その場合、分子二個がどのように合体するかを調べることが手始めとなろう。ヒッグスボゾンの対が偶然に生成されることはＬＨＣでは非常にまれなので、これについて現状のＬＨＣで調べることはおそらく現実的ではないが、陽子ビームの強さとエネルギーを大きくすることで、この基本過程は射程内に入る。

今後の計画にはこの目標が念頭に置かれている。検討中のアイデアの一つが、周長二四〇キロほどという途方もなく大きな装置の設計だ。これができると、LHCに出せるエネルギーの最大一五倍で陽子どうしを衝突させられる。別のアイデアとして、精度の高い「ヒッグスファクトリー」の建造も検討されている。ヒッグスファクトリーは、電子と陽電子のビームを一二五GeVで対消滅させるヒッグスボゾンを作るように微調整されるのだ。一九九〇年代にZボゾンが生成されるように微調整されたLEPの現代版と言えよう。ほかにも、ヒッグスボゾンは重い粒子とより強く結合することをふまえて、陽電子と電子のビームではなく正電荷と負電荷のミューオンのビームを使うという革新的なアイデアも検討されている。ミューオンは電子よりも二〇七倍ほど重く、ヒッグスボゾンが生成される確率が格段に高まる。ただし、理解の進んでいる電子と陽電子の場合に比べ、ミューオンのビームを蓄積して衝突させる技術は未発達だ。こうした計画のいずれかが実際に行なわれるとしても、ヒッグスボゾンのアイデアが生まれてまる一世紀になる数十年後まで、物理学的な成果は上がらないだろう。目下の計画は、LHCのビームのルミノシティーを上げることだ。これによりヒッグスボゾン（とその他もろもろ）の生成率が向上する。この取り組みは二〇一八年に始まっており、高ルミノシティーLHCは二〇二七年の運用開始が期待されている。

平原のかなたのプランク領域に至る道のりには、避けて通れない別の山がある。そんな可能性を示す手がかりがいくつかある。なかでも明白な手がかりが「ダークマター」の性質だ。ダークマターは光らないが、その存在は、私たちに見えている恒星に作用する重力という引力の形で明らかになっている（長距離における重力の振る舞いに関する私たちの理解が不完全だったならその限りではないが、それならそれでいっそう奥の深い話になる）。コア理論の素粒子でできている物質は、あのボゾンが発見されたおかげで今やその存在について理解されだしているが、この宇宙の全質量のわずか五パーセントほどをなしているにすぎない。私たちはダークマターの海に漂う浮遊物でできているのだ。宇宙論者は、ダークマターは電気的に中性の粒子でできており、それらはおそらくヒッグスボゾンよりもさらに重い、と推測している。それが何であれ、ダーク粒子は既知の粒子リストには載っていない。標準モデルを超えた実体なのだ。平原のどこかに潜んでおり、非常に重いので、ヒッグス場のダイナミクスに大きな影響を及ぼしていることだろう。

　一九七〇年代、対称性を研究していた理論家が、「超対称性 SUperSYmmetry」（口語ではＳＵＳＹ《スージー》とも）によってフェルミオンとボゾンが統一される可能性に惹かれていった。ＳＵＳＹは理論的な出どころがしっかりしており、超弦理論の数学的な発展を下支えしているのだが、何しろ実験的な証拠がない。だが、ダークマターがＳＵＳＹ粒子でできているなら話は別だ。[3] 自然の枠組みにＳＵＳＹが一枚かんでいるなら、ヒッグスボゾンは一人っ子ではなく、今回見つかったヒッグスボゾンから見てフェルミオンのきょうだいに当たる「ヒッグシーノ」を一種類以上含む家族の一員だ。ヒッグスボゾンの質量は比較的軽く、電弱対称性の破れの「自然な」エネルギースケールとして特定されている一ＴｅＶ（一〇〇〇ＧｅＶ）を一二五ＧｅＶはかなり下回っていることから、超対称性もダークマターの謎への答えも現状の地平線のすぐ先にあるのでは、と考える理論家もいる。この結論の出どころは、ヒッグスボゾン自体がヒッグス場とどのように相互作用するかに関する場の量子論の計算だ。一九七〇年代の計算をもとにヒッグスボゾンの必要性が理論的に予想されたのは、一ＴｅＶを上回る域でも場の量子論が論理的に意味をなすようにするためだった。この計算を彷彿とさせる〝一二五ＧｅＶというヒッグスボゾンの質量は比較的軽い〟という今日の分析結果からは、その性質が超対称性理論と一致するようないっそう重い粒子の必要性がほのめかされている。

だが、ＳＵＳＹが現状のＬＨＣか計画中のさらに強力な後継装置の手が届く範囲内にある、という考えを強固に支持する議論はない。一九七〇年代の計算は、ヒッグスボゾン発見への道のりで成果が保証されているのは一ＴｅＶの山並みだと告げていたが、〝ＳＵＳＹは手が届く範囲にある〟と唱える議論がそこまで盤石ではないことは確かである。面白そうな物理はすべて、プランクスケールのエネルギーという、現在の理論が破綻して量子論と一般相対論を融合させられずにいる極端な領域に存在している可能性もある。そうであるなら、明らかになったのは私たちの手の届く範囲で表出した粒子や現象の類いに限られていることになる。ダーク粒子の謎が向こう数年で明らかになるのか、それとも今は新たな待ち時間の始まりで、ヒッグスと同じくらい長いこと待たされるのかは、わかっていない。

ヒッグスボゾンの発見をもって、素粒子物理の全体像は、数学的に一貫しているという意味ではとうとう内部的に完結した。これは、「標準モデル」という呼び名を、フランク・ウィルチェックが提唱している「コア理論」に格上げするに値する成果だ。(4)だが、標準モデルが私たちの世界を完全には説明していないことも事実である。内部的に完結していることは数学的な要件であり、自然哲学は身の回りの世界を説明することを要請している。量子重力理論がないことを別にしても、コア理論はダークマターを説明していない――宇宙スケールで見ると、ダークマターはプレヒッグス時代に私たちが発見して理解し始めていた物質よりもはるかに多いというのに。ヒッグス機構は質量が生じる仕組みを説明するが、なぜそういうものなのかについては何の手がかりも与えていない。コア理論は、基本的なレプトンやクォークの種類の数を説明していないし、「電子を電子たらしめているのは何か?」や「量子フレーバー力学の土台である〝フレーバー〟とはいったい何か?」といった問いに答えていない。

レプトンは基本粒子に見える。ミューオンは電子よりも二〇七倍ほど強くヒッグスボゾンと結び付き、それだけ重い。ミューオンが重い電子でしかないなら、その質量の二〇七分の二〇六に当たるエネルギーを光子の形で放出し、電子という安定な状態に転げ落ちることがあってよさそうなものだ。だがこれまで、この遷移の兆しすら観測されたことはない。ミューオンにも電子にもそれぞれ固有の何かがあり、それが保持されているに違いないのだ。これこそが「フレーバー」と呼ばれている性質である。フレーバーにはしっかりした実験的根拠があるのだが、そのおおもとが何かについてはまったく理解されていない。レプトン(やクォークやWおよびZボゾン)の質量の起源はヒッグスボゾンだけか? それともほかにも何かが寄与しているのか? 寄与しているなら、それを特定すればフレーバーの性質を説明できるのか? これらは、捉えがたい現象を明らかにしたいならヒッグスボゾン崩壊の高精度データが要る、という疑問の例だ。

ほかにも、重力、電弱力、強い力ですべてなのかどうかがわかっていない。ゲージ理論を支える数学構造を一般化し、ほかにも力が存在するという予想を導くことは難しくないが、自然がそうしているという証拠はない。質量機構が確立された今、こうした一般化におけるゲージボゾンが非常に重く、その結果生じる力が弱すぎて、今の私たちには見て取れない、という可能性はある。一方、基本的な力は確立済みの四種類ですべてだったなら、それはそれで「なぜ?」という疑問が残る。(5)

ヒッグスボゾンの確認により、隠れた対称性——安定性が対称性に勝る、対称性の自発的破れによる成り行き——が多岐にわたっており、自然の説明に欠かせない主な要素の一つであることが浮き彫りになった。この現象を最初に知らしめたのは超伝導で、その考え方を基本粒子の物理に応用したところ、この現象が標準モデルという体系全体にとって重要であることが明らかになった。あるいはほぼ全体にとってと言うべきかもしれない。なぜ弱い相互作用において鏡映対称性が覆されるのか——自然はなぜ左利きなのか——という根源的な問いへの答えがわかっていないのだから。

この謎は、私たちをこの一大サーガの冒頭に連れ戻す。質量を持つWおよびZボゾンの存在を予想した、グラショウによる一九六一年の論文は、弱い相互作用における鏡映対称性の破れにひらめきを得たものだ。だが、ヒッグスボゾンが発見されても、この根源的な非対称性の理由は謎のままである。その根源は平原のどこかに潜んでいると見られているが、その答えを特定できるかもしれないエネルギースケールは定かでないし、実験で検証したくなるような理論もない。

私たちはヒッグスボゾンをもっとよく理解しなければならない。ヒッグス場は何でできており、どのように形成されるのかを突き止めなければならない。それが達成されれば、標準モデルの先の物理学——本当の役者を明らかにし、コア理論は洞窟の壁に映る影だったと示すような物理学——への扉が開かれると期待できる。

二〇〇〇年以上前、古代ギリシャ人は物質の性質について思案を巡らせ始めた。ヒッグスが並外れた着想を得て半世紀が過ぎた今日、ヒッグスボゾンの発見により、私たちは終わりの始まりではなく始まりの終わりを迎えた。ダークマターは何でできているのか？　別の「ダークヒッグスボゾン」がその発見を待っているのか？　ヒッグス場がどのようにして形作られているのか？　こうした問いが未来に託されている。

# 謝辞

本書のためのリサーチ中、私はピーター・ヒッグスと延べ三〇時間を超えるインタビューを行なった。その多くは、コロナ禍で強いられた大規模なロックダウン中に電話でなされた。本文で紹介した彼の発言は、特に記載がない限り、これらのインタビューからの引用である。ほかにも大勢の同業者に、この一大サーガの記憶や、彼らがヒッグスをはじめとする中心人物と交わしたやり取りについてインタビューを行なった。出来事や成り行きに関する私自身の記憶は、当時の記録で、あるいはその場にいた人の記憶と照らし合わせて確認した。同じ経験をしても細かい——たとえば二〇一二年七月四日の発見の直前・直後に関する——記憶は人によって違うものなので、私は一貫性のある共通バージョンを見いだすよう努めた。発見の発表やＬＨＣの運転開始に関する動画や音声をＣＥＲＮが広範に記録しており、さらなる確認ができた。

以下の方々に心からの感謝を申し上げる。リチャード・ケンウェイとクリス・クイッグには、ヒッグスの論文について説明する箇所の最初の草稿にコメントをいただいたことに。トニー・ヘイには最初の草稿を読んでいただいたことに。リン・エヴァンズには加速器に関する知見に。チャールズ・サイフェ、マーティン・リーズ、マルコム・ペリー、デイヴィッド・トングには、ヒッグスボゾンを批判したホーキングの論文の読み解きをご支援いただいたことに。アラン・ウォーカー、ケン・ピーチ、リチャード・ケンウェイ、デイヴィッド・ウォレスには、エディンバラ大学などでのイベントに関する記憶をご教示いただいたことに。医学史家で医師のデイヴィッド・ボイドには、ヒッグスの大叔父ジョン・コグヒルとその祖父ジェイムズ・コグヒルに関する情報をご提供いただいたことに。ジェイムズ・ギリーズ、ステファニー・ヒルズ、ジェーン・マッケンジーには、彼らの記憶をご教示いただいたことと、二〇一二年七月四日の写真をご提供いただいたことに。そしてもちろんピーター・ヒッグスには、私がこのプロジェクトに備えて資料を集めていた二〇一九年一一月から二〇二〇年七月まで、そして最終稿を仕上げていた二〇二一年の四月から八月に再び、何時間も電話に付き合ってくれたことに。

ほかにも大勢の方々が、時間を割いてインタビューに応じたり、引用や技術的詳細の要点をチェックしたりしてくださった。特に、サイモン・アルトマン、ショーン・キャロル、ジョン・エリス、キース・エリス、グレアム・ファーメロ、サイモン・ハンズ、ロルフ・ホイヤー、ジョージ・カルマス、ピーター・カルマス、ゴードン・ケイン、クリス・ルーウェリン・スミス、デイヴィッド・ミラー、テリー・オコナー、スティーヴ・サイモン、フランク・ウィルチェック、ジョン・ウォマズリーに感謝する。

以下の方々にも大きな恩義を感じている。担当エージェントのパトリック・ウォルシュからは、この歴史をどのように提示するかについて助言をいただいた。ベーシック社のT・J・ケレハーとアラン・レイン社のスチュアート・プロフィットは、編集者としての深い見識を大いに発揮してくれた。

ロジャー・ラブリー、マデレイン・リー、エイミー・J・シュナイダー、メリッサ・ヴェロネッシには、この版の出版をお手伝いいただいた。私の妻は、二〇二〇年のロックダウンによる隔離中、最初の草稿の大半が書き上がってから数カ月、忍耐強く私の読者を務めてくれた。ピーター・ヒッグスは、最終稿の執筆への助力を申し出てくれた。ここに改めて深い謝意を表したい。原稿が仕上がった頃、ヒッグスは九二歳だった。腰骨の骨折が癒えたあと、彼は寛大にも二〇二一年の夏に本文の数セクションを読んで、間違いをいくつか正してくれた。彼の記憶がいまだ鮮明だとはっきり証明された件もあった。

# 付録4・1　ギンツブルクとランダウのメキシカンハット

ヒッグスとゴールドストーンの論文で中心的な役割を果たしているあのメキシカンハットの初出は、一九五〇年のギンツブルクとランダウのモデルのようだ。この象徴的な構造の理屈やこの構造が数学分析でよく見られる理由に特別なところはない。この付録は、その歴史や関連する物理学的な発想についてさらに知りたいという読者向けである。

ギンツブルクとランダウは、超伝導を示す物質が金属内部に存在する確率は未知の正の量だと単純に想定していた。値が必ず正かゼロになるように、その数を$x^2$としよう。二人のモデルにはのちにヒッグスの画期的成果の中心となる部分があり、隠れた対称性というテーマ全体のわかりやすい一例になっている。臨界温度を下回った超伝導体でのエネルギー密度に関する二人の数学モデルがそれだ。

超伝導を示す物質が金属内部に存在する確率は、内在する荷電粒子のポテンシャルエネルギーを最小化することで定まる。だが、ギンツブルクとランダウには金属を超伝導にするダイナミクスがまったくわかっていなかったので、臨界温度$T_c$などの性質の値を決定できなかった。だが、$T_c$に近い温度においてポテンシャルエネルギーはある一般的な特徴を持ち、おかげでかのロシア人二人はこの現象の大まかな特徴を記述できた。

二人の数学モデルの鍵を握っていたのが、温度が$T_c$に近いとき、超伝導を示す物質の$x^2$値が小さいことだった。するとこんな基本的な問いが浮かぶ。$x^2$が大きくなるにつれ、ポテンシャルエネルギーの量はどう変化するか？　一般的なことはわからないが、$x^2$が――この例のように――小さい場合については、真の答えに迫る優れた近似式を書ける。ポイントは、小さな数を自乗すると値がいっそう小さくなることだ。たとえば、½に½をかけると¼になる。よって、$x^2$がゼロに近いなら、$x^2$は$x^4$よりも大きく、このことはより高次の$x^6$、$x^8$、……についても言える。したがって、答えは$x^2$におおよそ比例し、もっと精度が要るなら$x^4$に比例する小さな補正値を足す。

二人は超伝導を示す物質のダイナミクスがまったくわかっていなかったので、値が大きくなるにつれて金属の総エネルギーは増えるか減るかのどちらかになりうる、と考えるしかなかった。このエネルギーの大きさをグラフの縦軸に、超伝導を示す物質の量を横軸に取ると、増えるなら$x^2$に、減るなら$-x^2$に比例することになる。$x^2$の曲線は谷の断面のような形になるのに対し、$-x^2$の断面は小山のような形になる（図のaとb）。二人のモデルにおいて、エネルギーは$x^2$に$(T-T_c)$を乗じた値に比例する。よって、温度が$T_c$を上回ると、この量は正になり、グラフは谷形になる一方、下回る温度では$(T-T_c)$が負になり、グラフは山形になる。

方程式や代数公式が何を表しているかについては、本職の物理学者も頭の中で思い描こうとするものであり、式を現実の中空のボウルや小山の断面としてイメージし、その表面にボールを置くとどうなるかを推論することは理解に役立つ。ボウルの中のボールは、ポテンシャルエネルギーを最小化しようとして、底に落ち着く。超伝導体の場合、これは$x^2=0$の場合に安定になること、すなわち超

付録4・1　ギンツブルクとランダウのメキシカンハット

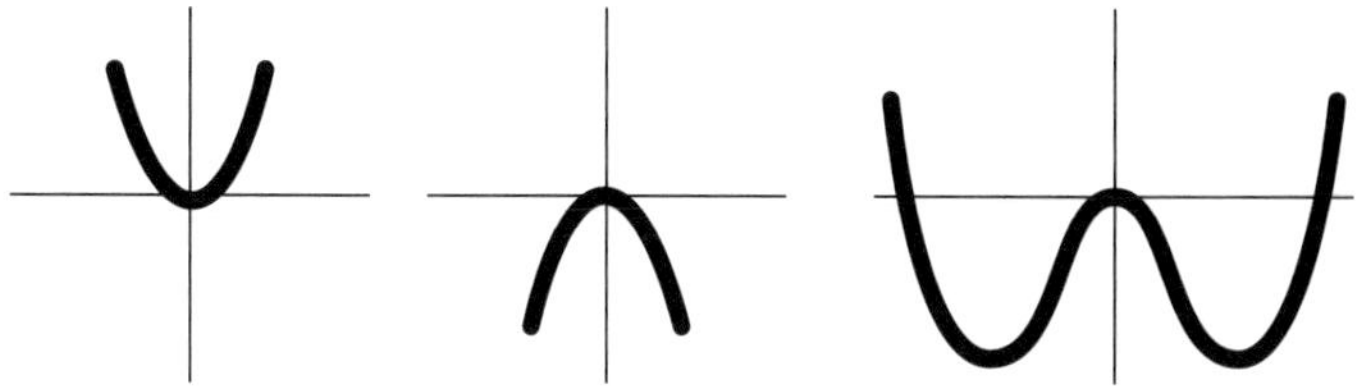

(a)　(b)　(c)

(a) と (b) ではそれぞれ $x^2$ と $-x^2$ の曲線が谷と山を与えている。(c) は $-x^2+x^4$ の曲線。

伝導を示す物質がまったく存在しないことに当たる。温度が$T_c$を上回っており、超伝導を示す物質が何もない場合についてはこれで終わりだ。温度がこの臨界値を下回り、$T-T_c$が負になると、ボウルが小山に変わる。小山の頂上のボールは不安定で、バランスが少しでも崩れると動きだし、坂を転げ落ちてどこかへ行ってしまう。超伝導体に寄せて言えば、超伝導を示す物質の量が多いほど――$x^2$が大きいほど――状態は安定する。そんな物質の量が無限大になれば超伝導体は飽和するが、現実には起こらない。このモデルが有効なのは$x^2$の値が小さい場合に限られるからだ。$x^4$に比例する次項を考慮した場合、その符号が正であれば、曲線はいずれまた上へ向かう。その形は今度はワインボトルの底ないしメキシカンハットの断面のようになり（図c）、ボールはくぼみのどちらかに落ち着く。この状態が有限の量だけ形成されると超伝導体は安定する。

　この図は隠れた対称性の数学的記述の理論的枠組みとなっている。これが一九六四年のヒッグスによる第二論文（付録5・2の三五八ページからの図）の出発点だ。ギンツブルクとランダウのモデルにおける現象の要は、ポテンシャルの形が臨界温度で急に変わって、断面がU字形からW字形になることだ。U字形の場合、ポテンシャルは中心点で最小となる鏡映対称なのに対し、W字形の場合に最小となるのは中心ではなく、当初の対称性が破られている。

メキシカンハットを三次元で描くと、隠れた対称性の威力がいっそうあらわになる。このとき、メキシカンハットは回転対称だ。代数上の違いは、$x$の代わりにギリシャ文字の$\varphi$（ファイ）が使われることで、これはページ上での距離に当たる$\varphi_1$（先ほどの例と同様）と、ページからの距離に当たる$\varphi_2$という二元数を表している。回転対称性は、$x^2$と$x^4$をそれぞれ$\varphi_1^2+\varphi_2^2$と$\varphi_1^4+\varphi_2^4$に置き換えることでもたらされる。

二人は$\varphi^2$と$\varphi^4$の寄与分がそれぞれどの程度重要なのかをわかっていなかったので、この二項の相対的な大きさが任意であるエネルギー密度式を書いた。そして、温度が臨界温度$T_c$を下回ると急に超伝導のスイッチが入ることから、第一項の大きさは数値的な差$T-T_c$に比例する——言い換えると、温かい温度では正で、温度が臨界温度を下回ると符号が変わって負になる——と考えた。

自然がエネルギーを最小化して安定を達成した場合について、このモデルの結果は温度に大きく依存する。エネルギー密度が最初のU字形に左右される場合、最小となるのは$\varphi_1$と$\varphi_2$の値がどちらも消える——超伝導を示す物質がない——場合だ。だが、温度が$T_c$を下回ると、第一項の符号が負になる。ポテンシャルエネルギー密度はワインボトルの底の形になり、それが最小になるのは$\varphi$がゼロではなくなった場合、言い換えると超伝導を示す物質が存在する場合である。

# 付録５・１　ヒッグスの第一論文を読み解く

ヒッグスの論文の数学的議論は、大半がギルバートによる議論のおさらいだ。二つの場$\varphi_1$と$\varphi_2$は、ギンツブルクとランダウによって導入された二元場$\varphi$（付録４・１）に当たり、これはゴールドストーンによっても用いられている。これらはゲージ不変で、式１の角度$a$は任意の値を取りえ、実験の結果はこの大きさに依存しえない。このことをイメージするため、回転対称の形状$\varphi$を想像してみよう。ここで、$\varphi_1$と$\varphi_2$はそれぞれ北向きまたは東向きの視点だ。視線をある角度$a$だけ回転させた場合、式１はあなたの相対的な視点での北と東がどうなるかを示している。式２は数学の言葉で次のように言っている。すなわち、角かっこ[]で囲まれた量は「交換子」の名で知られており、ゴールドストーンの定理の証明（ないし反証）は、この交換子を分析すると現れる代数パターン次第だ。

鍵となる数学操作は、この交換子の「フーリエ変換」として知られている。その結果は「四元ベクトル」、すなわち通常のベクトルの相対論における一般化で、三次元の空間と第四の次元である時間に沿った射影を持つ。ゴールドストーンは、相対論的な場の理論において、その答えが粒子の四次元運動量――そのエネルギーおよび空間の運動量――$\mathbf{k}^\mu$の向きを指すことを証明した。式２の六行下の式で、この$\mathbf{k}^\mu$のかかった$\delta(k^2)$と表記されている項は、物理的に質量がゼロという意味だ。これがゴールドストーンの定理のエッセンスである。項は一つしかなく、それが質量ゼロの粒子、すなわち「ゴールドストーンボゾン」に対応している。

ギルバートは、相対性抜きの理論において、答えは必ずしも $\mathbf{k}_m$ に沿った向きは指さないが、別の向き、すなわち式3において彼が $\mathbf{n}_m$ と呼んだベクトルの向きに沿った写像を持ちうること示していた。フーリエ変換はもはやあまり厳密には制限されない。ギルバートはその論文で、ゴールドストーンの分析に現れた独特な形態ではなく、三つの可能な量を含む最も一般的な形態を構築した（ヒッグスはギルバートの結果を式4に示している）。$\mathbf{n}_m$ を含む新たな項が存在することで、ゴールドストーンの定理は回避される。$\delta(k^2)$ がない――質量ゼロの粒子がない――からだ。

数学的にはこれで何の問題もないが、物理学で相対性を単純に無視するわけにはいかないことから、ギルバートは相対論的な理論において $\mathbf{n}_\mu$ への依存の余地はないと主張していた。ヒッグスは、量子電磁気学をクーロンゲージで数年研究していたことがあった。そして、その場合にはベクトル $\mathbf{n}^\mu$ が存在し、そうしたモデルが相対性理論のあらゆる要請を満たすことを知っていた。反証は一つあれば十分だ。ギルバートによる異議は間違っていたのである。

## BROKEN SYMMETRIES, MASSLESS PARTICLES AND GAUGE FIELDS

P. W. HIGGS
*Tait Institute of Mathematical Physics, University of Edinburgh, Scotland*

Received 27 July 1964

Recently a number of people have discussed the Goldstone theorem [1,2]: that any solution of a Lorentz-invariant theory which violates an internal symmetry operation of that theory must contain a massless scalar particle. Klein and Lee [3] showed that this theorem does not necessarily apply in non-relativistic theories and implied that their considerations would apply equally well to Lorentz-invariant field theories. Gilbert [4], however, gave a proof that the failure of the Goldstone theorem in the nonrelativistic case is of a type which cannot exist when Lorentz invariance is imposed on a theory. The purpose of this note is to show that Gilbert's argument fails for an important class of field theories, that in which the conserved currents are coupled to gauge fields.

Following the procedure used by Gilbert [4], let us consider a theory of two hermitian scalar fields



Volume 12, number 2　　PHYSICS LETTERS　　15 September 1964

$\varphi_1(x)$, $\varphi_2(x)$ which is invariant under the phase transformation

$$\varphi_1 \to \varphi_1 \cos\alpha + \varphi_2 \sin\alpha\ , \qquad \varphi_2 \to -\varphi_1 \sin\alpha + \varphi_2 \cos\alpha\ . \tag{1}$$

Then there is a conserved current $j_\mu$ such that

$$\mathrm{i}[\int \mathrm{d}^3x\, j_0(x),\ \varphi_1(y)] = \varphi_2(y). \tag{2}$$

We assume that the Lagrangian is such that symmetry is broken by the nonvanishing of the vacuum expectation value of $\varphi_2$. Goldstone's theorem is proved by showing that the Fourier transform of $\mathrm{i}\langle[j_\mu(x),\ \varphi_1(y)]\rangle$ contains a term $2\pi\langle\varphi_2\rangle\epsilon(k_0)k_\mu\,\delta(k^2)$, where $k_\mu$ is the momentum, as a consequence of Lorentz-covariance, the conservation law and eq. (2).

Klein and Lee [3] avoided this result in the nonrelativistic case by showing that the most general form of this Fourier transform is now, in Gilbert's notation,

$$\mathrm{F.T.} = k_\mu \rho_1(k^2, nk) + n_\mu \rho_2(k^2, nk) + C_3 n_\mu \delta^4(k)\ , \tag{3}$$

where $n_\mu$, which may be taken as (1, 0, 0, 0), picks out a special Lorentz frame. The conversation law then reduces eq. (3) to the less general form

$$\mathrm{F.T.} = k_\mu \delta(k^2)\rho_4(nk) + [k^2 n_\mu - k_\mu(nk)]\rho_5(k^2, nk) + C_3 n_\mu \delta^4(k)\ . \tag{4}$$

It turns out, on applying eq. (2), that all three terms in eq. (4) can contribute to $\langle\varphi_2\rangle$. Thus the Goldstone theorem fails if $\rho_4 = 0$, which is possible only if the other terms exist. Gilbert's remark that no special timelike vector $n_\mu$ is available in a Lorentz-covariant theory appears to rule out this possibility in such a theory.

There is however a class of relativistic field theories in which a vector $n_\mu$ does indeed play a part. This is the class of gauge theories, where an auxiliary unit timelike vector $n_\mu$ must be introduced in order to define a radiation gauge in which the vector gauge fields are well defined operators. Such theories are nevertheless Lorentz-covariant, as has been shown by Schwinger [5]. (This has, of course, long been known of the simplest such theory, quantum electrodynamics.) There seems to be no reason why the vector $n_\mu$ should not appear in the Fourier transform under consideration.

It is characteristic of gauge theories that the conservation laws hold in the strong sense, as a consequence of field equations of the form

$$j^\mu = \partial_\nu F'^{\mu\nu}, \qquad F_{\mu\nu}' = \partial_\mu A_\nu' - \partial_\nu A_\mu'\ . \tag{5}$$

Except in the case of abelian gauge theories, the fields $A_\mu'$, $F_{\mu\nu}'$ are not simply the gauge field variables $A_\mu$, $F_{\mu\nu}$, but contain additional terms with combinations of the structure constants of the group as coefficients. Now the structure of the Fourier transform of $\mathrm{i}\langle[A_\mu'(x),\ \varphi_1(y)]\rangle$ must be given by eq. (3). Applying eq. (5) to this commutator gives us as the Fourier transform of $\mathrm{i}\langle[j_\mu(x),\ \varphi_1(y)]\rangle$ the single term $[k^2 n_\mu - k_\mu(nk)]\rho(k^2, nk)$. We have thus exorcised both Goldstone's zero-mass bosons and the "spurion" state (at $k_\mu = 0$) proposed by Klein and Lee.

In a subsequent note it will be shown, by considering some classical field theories which display broken symmetries, that the introduction of gauge fields may be expected to produce qualitative changes in the nature of the particles described by such theories after quantization.

### *References*

1) J. Goldstone, Nuovo Cimento 19 (1961) 154.
2) J. Goldstone, A. Salam and S. Weinberg, Phys. Rev. 127 (1962) 965.
3) A. Klein and B. W. Lee, Phys. Rev. Letters 12 (1964) 266.
4) W. Gilbert, Phys. Rev. Letters 12 (1964) 713.
5) J. Schwinger, Phys. Rev. 127 (1962) 324.

* * * * *

ヒッグスの第1論文

$V$の重要な特徴は、メキシカンハットに似た形をしていることだ。このことは、左側の列の下から五行目、〝Let us suppose that……〟に続く二本の短い式に数学的に記述されていて、一本目は等価性を示しており、二本目はある量が正だと言っている。これは数学的に、ポテンシャルは場$\varphi$がゼロではなく、大きさが$\varphi_0$で最小になる、と言っていることに当たる。ゴールドストーンや二人のロシア人が用いていたメキシカンハットの形は、そうしたポテンシャルの具体例だ。

大文字の$F$にギリシャ文字の上付き／下付き文字が添えられた量は、以前から電場や磁場を電磁ポテンシャル$A$について表す数学上の略記法として用いられている（式1）。もう一つ、彼は$\varphi$場と電磁場が相互作用することを許しており、その結合の強さは未知の量に比例しており、彼はそれを$e$と表記している。$e$=0なら、この相互作用は消える。

式2aおよび2cにはそれぞれ$\varphi$と$A$のどちらも関わっている。この書き方では、本職の物理学者でさえ解釈するのは大変なのだが、ヒッグスは式3に巧みな数学トリックを施しており、新たな量$B$を定義して電磁場と$\varphi$場を融合させ、式2aと2cを式4に変形している。この式は物理的には、望ましからぬゴールドストーン粒子が電磁場に吸収されて魔法のように消える、という意味だ。その結果、光子は安定な真空におけるゴールドストーン場の強さ（ヒッグスの言う$\varphi$）と電荷$e$の大きさとの積に比例した質量――〝vector waves［with］……mass $e\varphi_0$〟――を得る。

# BROKEN SYMMETRIES AND THE MASSES OF GAUGE BOSONS

Peter W. Higgs
Tait Institute of Mathematical Physics, University of Edinburgh, Edinburgh, Scotland
(Received 31 August 1964)

In a recent note[1] it was shown that the Goldstone theorem,[2] that Lorentz-covariant field theories in which spontaneous breakdown of symmetry under an internal Lie group occurs contain zero-mass particles, fails if and only if the conserved currents associated with the internal group are coupled to gauge fields. The purpose of the present note is to report that, as a consequence of this coupling, the spin-one quanta of some of the gauge fields acquire mass; the longitudinal degrees of freedom of these particles (which would be absent if their mass were zero) go over into the Goldstone bosons when the coupling tends to zero. This phenomenon is just the relativistic analog of the plasmon phenomenon to which Anderson[3] has drawn attention: that the scalar zero-mass excitations of a superconducting neutral Fermi gas become longitudinal plasmon modes of finite mass when the gas is charged.

The simplest theory which exhibits this behavior is a gauge-invariant version of a model used by Goldstone[2] himself: Two real[4] scalar fields $\varphi_1$, $\varphi_2$ and a real vector field $A_\mu$ interact through the Lagrangian density

$$L = -\tfrac{1}{2}(\nabla\varphi_1)^2 - \tfrac{1}{2}(\nabla\varphi_2)^2 - V(\varphi_1^2+\varphi_2^2) - \tfrac{1}{4}F_{\mu\nu}F^{\mu\nu}, \quad (1)$$

where

$$\nabla_\mu\varphi_1 = \partial_\mu\varphi_1 - eA_\mu\varphi_2,$$

$$\nabla_\mu\varphi_2 = \partial_\mu\varphi_2 + eA_\mu\varphi_1,$$

$$F_{\mu\nu} = \partial_\mu A_\nu - \partial_\nu A_\mu,$$

$e$ is a dimensionless coupling constant, and the metric is taken as $-+++$. $L$ is invariant under simultaneous gauge transformations of the first kind on $\varphi_1 \pm i\varphi_2$ and of the second kind on $A_\mu$. Let us suppose that $V'(\varphi_0^2)=0$, $V''(\varphi_0^2)>0$; then spontaneous breakdown of U(1) symmetry occurs. Consider the equations [derived from (1) by treating $\Delta\varphi_1$, $\Delta\varphi_2$, and $A_\mu$ as small quantities] governing the propagation of small oscillations about the "vacuum" solution $\varphi_1(x)=0$, $\varphi_2(x)=\varphi_0$:

$$\partial^\mu\{\partial_\mu(\Delta\varphi_1) - e\varphi_0 A_\mu\} = 0, \quad (2a)$$

$$\{\partial^2 - 4\varphi_0^2 V''(\varphi_0^2)\}(\Delta\varphi_2) = 0, \quad (2b)$$

$$\partial_\nu F^{\mu\nu} = e\varphi_0\{\partial^\mu(\Delta\varphi_1) - e\varphi_0 A^\mu\}. \quad (2c)$$

Equation (2b) describes waves whose quanta have (bare) mass $2\varphi_0\{V''(\varphi_0^2)\}^{1/2}$; Eqs. (2a) and (2c) may be transformed, by the introduction of new variables

$$B_\mu = A_\mu - (e\varphi_0)^{-1}\partial_\mu(\Delta\varphi_1),$$
$$G_{\mu\nu} = \partial_\mu B_\nu - \partial_\nu B_\mu = F_{\mu\nu}, \quad (3)$$

into the form

$$\partial_\mu B^\mu = 0, \quad \partial_\nu G^{\mu\nu} + e^2\varphi_0^2 B^\mu = 0. \quad (4)$$

Equation (4) describes vector waves whose quanta have (bare) mass $e\varphi_0$. In the absence of the gauge field coupling ($e=0$) the situation is quite different: Equations (2a) and (2c) describe zero-mass scalar and vector bosons, respectively. In passing, we note that the right-hand side of (2c) is just the linear approximation to the conserved current: It is linear in the vector potential, gauge invariance being maintained by the presence of the gradient term.[5]

When one considers theoretical models in which spontaneous breakdown of symmetry under a semisimple group occurs, one encounters a variety of possible situations corresponding to the various distinct irreducible representations to which the scalar fields may belong; the gauge field always belongs to the adjoint representation.[6] The model of the most immediate interest is that in which the scalar fields form an octet under SU(3): Here one finds the possibility of two nonvanishing vacuum expectation values, which may be chosen to be the two $Y=0$, $I_3=0$ members of the octet.[7] There are two massive scalar bosons with just these quantum numbers; the remaining six components of the scalar octet combine with the corresponding components of the gauge-field octet to describe

VOLUME 13, NUMBER 16　PHYSICAL REVIEW LETTERS　19 OCTOBER 1964

massive vector bosons. There are two $I=\frac{1}{2}$ vector doublets, degenerate in mass between $Y=\pm1$ but with an electromagnetic mass splitting between $I_3=\pm\frac{1}{2}$, and the $I_3=\pm1$ components of a $Y=0$, $I=1$ triplet whose mass is entirely electromagnetic. The two $Y=0$, $I=0$ gauge fields remain massless: This is associated with the residual unbroken symmetry under the Abelian group generated by $Y$ and $I_3$. It may be expected that when a further mechanism (presumably related to the weak interactions) is introduced in order to break $Y$ conservation, one of these gauge fields will acquire mass, leaving the photon as the only massless vector particle. A detailed discussion of these questions will be presented elsewhere.

It is worth noting that an essential feature of the type of theory which has been described in this note is the prediction of incomplete multiplets of scalar and vector bosons.[8] It is to be expected that this feature will appear also in theories in which the symmetry-breaking scalar fields are not elementary dynamic variables but bilinear combinations of Fermi fields.[9]

---

[1] P. W. Higgs, to be published.

[2] J. Goldstone, Nuovo Cimento 19, 154 (1961); J. Goldstone, A. Salam, and S. Weinberg, Phys. Rev. 127, 965 (1962).

[3] P. W. Anderson, Phys. Rev. 130, 439 (1963).

[4] In the present note the model is discussed mainly in classical terms; nothing is proved about the quantized theory. It should be understood, therefore, that the conclusions which are presented concerning the masses of particles are conjectures based on the quantization of linearized classical field equations. However, essentially the same conclusions have been reached independently by F. Englert and R. Brout, Phys. Rev. Letters 13, 321 (1964): These authors discuss the same model quantum mechanically in lowest order perturbation theory about the self-consistent vacuum.

[5] In the theory of superconductivity such a term arises from collective excitations of the Fermi gas.

[6] See, for example, S. L. Glashow and M. Gell-Mann, Ann. Phys. (N.Y.) 15, 437 (1961).

[7] These are just the parameters which, if the scalar octet interacts with baryons and mesons, lead to the Gell-Mann–Okubo and electromagnetic mass splittings: See S. Coleman and S. L. Glashow, Phys. Rev. 134, B671 (1964).

[8] Tentative proposals that incomplete SU(3) octets of scalar particles exist have been made by a number of people. Such a rôle, as an isolated $Y=\pm1$, $I=\frac{1}{2}$ state, was proposed for the $\kappa$ meson (725 MeV) by Y. Nambu and J. J. Sakurai, Phys. Rev. Letters 11, 42 (1963). More recently the possibility that the $\sigma$ meson (385 MeV) may be the $Y=I=0$ member of an incomplete octet has been considered by L. M. Brown, Phys. Rev. Letters 13, 42 (1964).

[9] In the theory of superconductivity the scalar fields are associated with fermion pairs; the doubly charged excitation responsible for the quantization of magnetic flux is then the surviving member of a U(1) doublet.

ヒッグスの第2論文

# 解説

東京工業大学理学院教授
陣内 修

「ヒッグス」――この言葉は高エネルギー素粒子実験を生業としている我々研究者の間では、既に人物名としての認識からは大きく離れ、一般名詞、もしくは形容詞として使われている。ヒッグス粒子を筆頭に、ヒッグス機構、ヒッグス結合、ヒッグス場、そしてヒッグス・ポテンシャル、ヒッグス・ポータル（扉）といった具合だ。国際共同研究を進める中ではありとあらゆる場所でＨｉｇｇｓの文字が並び、グループの名前からファイルの名前まで、「ヒッグス」という単語を聞かない日はないと言っても過言ではない。

そのくらいヒッグス機構とヒッグス粒子の発案、そして発見は素粒子物理分野に革命的な変化をもたらしているのだが、もしこれがアインシュタインの相対性理論のように、一人の研究者が独創的かつ他の追随を許さずに生み出したアイデアであれば、話としてはシンプルである。しかし、何人もの研究者が同じような時期に多発的に提案した場合、しかも人によって提案の内容が違う場合は面倒なことになる。どちらかというと引っ込み思案な性格のピーター・ヒッグス氏の名前が一人勝ちしてしまい、微妙な人間関係のまま数十年の時が経過していくヒューマン・ドラマが本書を貫くメインストーリーの一つである。

実際、ヒッグス粒子の存在の兆候がいよいよ見え始めた二〇一二年初頭には、今一度名称の見直しが行なわれ、提唱者三名の名前の頭文字を元にＢＥＨ（Ｂｒｏｕｔ‐Ｅｎｇｌｅｒｔ‐Ｈｉｇｇｓ）という新しい単語が提案された。また二〇一二年三月にフランス・パリで行なわれたモリオン会議という素粒子物理学界の主要な国際会議では、やや政治的ではあるが主催者側から登壇者に対してヒッグス粒子やヒッグス機構という名称を使わないようにというお達しが届いた。理論研究者から、国際共同実験を代表する発表者に至るまで、ＢＥＨ粒子やＢＥＨボゾン、ＢＥＨ機構という名称を発表プレゼンのスライドや、当日の口頭説明にまで使うようにという縛りができたほどだ。しかし、容易に想像がつくように、人工的に作り出した名称は、やはり慣れ親しんだ「ヒッグス」というなんとも発音しやすい・聞きとりやすい響きには勝てなかった。ほどなく誰もが「ヒッグス」へと自然と戻り、国際標準の慣用語となった。

本書『宇宙に質量を与えた男　ピーター・ヒッグス』は科学史に燦然と輝く今世紀の大発見となるヒッグス粒子の観測に関して、粒子の存在を提唱し、その名前の由来にもなったピーター・ヒッグス氏を、その生い立ちからノーベル物理学賞受賞に至るまで追い続けたドキュメンタリーである。

著者のフランク・クローズ氏は元オックスフォード大学の理論物理学教授で、現在は同大学の名誉フェローでもある研究者だ。大学で研究・教育に携わりながら、これまでに多数の有名な著書を執筆してきており、最先端の素粒子物理学を一般向けに易しく解説することに長《た》けている。また世紀の科学発見にまつわる秘話、人間ドラマを物語仕立てで語り上げる独特のスタイルには多くのファンがいる。かくいう私自身も、四半世紀も前に大学学部時代に初めて受けた輪講ゼミで『宇宙という名の玉ねぎ（原題：*The Cosmic Onion*）（吉岡書店）』というインパクトの強い題名の本が使われたことを明瞭に覚えているのだが、実はこの本がクローズ氏による二冊めの著書であったことがわかり今更ながらに驚いている。

本書を手に取っている方々は主に二つのグループに分かれていると思われる。まず科学の内容も好きだがそれ以上に史実を詳細に知りたい科学史が大好きな方々、そしてもう一つのグループは世界の偉人たちがその人生の岐路に立ったときに何を考え、そして何を実行し成功したのか、人生の教訓本としての期待や興味から読まれている方々だ。

この本はどちらのグループの方々も十分に満足させる内容に違いない。特に後者の、ノーベル物理学賞受賞者の人生そのものに興味がある方にとっては、ヒッグス氏の人生はかなり意外かもしれない。ノーベル物理学賞をとるような偉人は、幼い頃から神童で、一般人の理解を超えた世界に住んでいるスーパーエリートだと思われがちだ。多くの場合その生い立ちを知っても普通の人が真似できるものではない。ところが、ヒッグス氏の場合、確かに常人にはない仕事に対する徹底ぶりや、一度専念すると一番になってしまう優秀さはあるのだが、どうやら我々の想像するノーベル賞受賞者とは〝かなり〟違うようである。

ここから先は本文に詳細が書かれており、もしまだ本文を読まれていない方にはネタバレになってしまうので、是非とも先に本文を読んで頂きたい。

ヒッグス氏は大学の学部前半こそ素粒子理論を志していたものの、運命のいたずらで生物物理学分野に転向し、修士論文研究ではＤＮＡ分子構造の解析をしていたのである（ＤＮＡの二重らせん構造発見に多大な寄与をしたロザリンド・フランクリン女史とも交流があったのは興味深い）。そして博士の学位も分子分光学で取っているのである。それが一九五四年のことである。世紀の大発見につながる論文を発表し、まだ誰も見たことのなかった景色にヒッグス氏が出会うのが一九六四年七月なのだから、運命の年の一〇年前まで畑違いの研究をしていたわけだ。

博士号取得後ようやくヒッグス氏は念願の理論素粒子物理学の門戸を叩くこととなる。さて、ヒッグス氏はこの一〇年間に脇目も振らずに理論研究に邁進《まいしん》するのかと思いきや、一九五八年には核軍縮運動（ＣＮＤ）の科学委員会の事務局長代理になってしまったり、諸大学サマースクールでは給仕長役を命じられ、ワインの責任者として調達や給仕をしていたりと、どうやら頼まれると断れない性格の人らしい。大学業務の一環として自分の専門でもない委員や役職を任されて研究の時間を奪われている日本の大学教員のようで、何とも親近感が湧くのは私だけだろうか。

しかしながら、一見なすすべもなく人間関係に翻弄されているだけのように見えるヒッグス氏の人生だが、最終的にヒッグス機構の発案へつながる伏線のような出会いや経験がちりばめられており、もちろん当時の御本人は気づいていなかったようだが、まるで巧みに伏線を回収する人生の脚本があるかのように運命の一九六四年に向かっていく。

さて、ヒッグス粒子やヒッグス場について少しおさらいをしておこう。科学史の詳細は本文に譲るが、素粒子の標準模型というものについての簡単な解説をしようと思う。ヒッグス粒子に限らず、そもそも素粒子とは素粒子場と呼ばれる宇宙に一様に広がって存在するものに対して、エネルギーが与えられることで生じる振動のことである。振動が局所的になるため、そういったものを波束《はそく》と呼ぶこともある。この素粒子場が震えることで素粒子が存在するのであり、逆に言うと、振動がなければ素粒子は存在しないが、素粒子場自体は存在する。エネルギーをもった素粒子が飛び交うというのは、この振動の波束が真空中を伝播することに相当する。クォークが六種類、レプトンが六種類。力を伝えるゲージ粒子が四種類、そしてヒッグス粒子が一種類、計一七種類となる。つまり我々の周りの真空だと思われている空間には常に一七種類の「素粒子場」が存在し、それぞれの場の中の振動が別の種類の場に対して、その振動（エネルギー）を伝え合うことで、素粒子同士が力を伝え合ったり、生成や崩壊の反応が起こるという仕組みである。

たとえば、我々の身体を構成する様々な種類の原子は原子核と電子でできているが、原子核を構成する核子（陽子、中性子）は三つのクォークからなり、電子は荷電したレプトンの一種である。光は光子と呼ばれる電磁気力を伝えるゲージ粒子である。その他に、日常でも我々の周りに存在するミュー粒子やニュートリノはそれぞれ荷電、中性レプトンである（そんなものは日常にいないと思うかもしれないが、指先くらいの面積にミュー粒子は一分間に一個、ニュートリノは一秒間に七〇〇億個降り注いでいる）。これらは皆、素粒子だが、どの素粒子場も伝搬速度は光の速さである。実際宇宙誕生直後はそうであった。ところが、本書のヒッグス機構の要でもある、電弱相転移というものが起きて真空の構造が大きく変わった。ヒッグス場の上に振動は生じていないのだが、場自体が宇宙中一斉にある量（真空期待値）で存在するようになったのである。たとえとして正確ではないが空間中に撒き散らされたスプレー状の霧のように、真空中のいたるところにヒッグス場が実在するようになったのである。素粒子はこのヒッグス場とそれぞれ異なる大きさで相互作用をするため、伝搬速度が光速ではなくなり、相互作用が大きいものは動きにくく質量が大きくなる。これにより各種の素粒子がそれぞれ異なる質量を持つことになる。ちなみに光子はヒッグス場と反応しないため、いまでも光速で伝搬し続けているのである。

このような絵に描いた餅のような話をどうやって実験的に検証するのか、鍵はヒッグス粒子と他の素粒子との結合である。これこそがヒッグス氏が提唱し、ご本人も「ヒッグス粒子」という名称だけは少なくとも自分の名前に帰してもよいと主張する理由となる。真空そのものであるヒッグス場を直接調べることはできないが、ヒッグス場にエネルギーを与えて作った振動であるヒッグス粒子を調べることで、ヒッグス場のことが分かる。ヒッグス粒子はヒッグス場と同じ性質をもっているので、ヒッグス粒子の生成と崩壊を調べることでそれぞれの素粒子とヒッグス粒子の相互作用の強さが検証でき、すなわち質量の謎に迫ることができるのである。問題はその調査対象のヒッグス粒子を作る、つまり局所的にエネルギーを集中し、ヒッグス場に振動を起こす必要があることだ。そのためにＣＥＲ《セル》Ｎ《ン》が建造した装置がＬＨＣ加速器である。

この解説を書いている私は素粒子物理実験の研究者である。本書でも取り上げられているヒッグス粒子を発見したＬＨＣ加速器の実験の一つ、アトラス国際共同実験グループには二〇〇五年から参画している。ＣＲＥＮには二〇〇九年までは現地常駐していたので、二〇〇八年のＬＨＣ事故のことは強く印象に残っている。いよいよ運転が始まるということで様々なキャンペーン・イベントも催され、

CRENはお祭り騒ぎとなっており、また日本からも多くの取材陣が訪れていた最中の事故でもあったので、ひどく落胆したものだ。

二〇一二年のヒッグス粒子発見に近づいていた時期には、あいにく私はヒッグス・グループではなく、超対称性粒子を探索するグループで活動していたので、ヒッグス・グループの内部情報には触れることはなかった。情報統制が厳しく、解析を実際にやっているコアの研究者と組織上層部から外には、最新の状況が伝わらないようになっていたのだ。コアの研究者として日本のグループからも若手研究者や大学院生が大きく貢献しており、一連のお祭り騒ぎが終わった後に聞いた話では、発見が間違いではないことを確認するための検証作業を何重にも昼夜を分かたず行なったため、強いプレッシャーと新粒子発見の興奮で大変であったそうだ。

二〇一二年七月四日、ヒッグス粒子発見はアトラス実験、CMS実験の両グループのスポークスパーソンがそれぞれの観測結果を持ちより発表した。我々アトラス実験グループの代表はファビオラ・ジャノッティさんだ。ファビオラさんは私が実験に参画し始めた二〇〇五年頃はまだ一般の研究者の一人で、日本にも何度か研究会で訪れたこともあり、その当時は気軽に話しかけても大丈夫なお方であった。ファビオラさんは検出器の運転、ソフトウェアの開発で活躍してきた研究者で、更にグループの組織力に優れた才能を発揮した方だった。その後、二〇〇九年にアトラス実験グループのスポークスパーソン選挙で当選し三年間務め上げ、また二〇一六年以降はCREN研究所の所長に就任し、いつの間にか雲の上の人になってしまった。発見会見から数カ月後にヒッグス粒子発見パーティーが行なわれ、三〇〇〇人近くの共同実験研究者が集った（それでもグループ全体の1／10にも満たない）。

ファビオラさんと久しぶりにお話しする機会もあり、恐れ多いことに写真を一緒に撮って頂いたりと、一生の思い出に残る機会となった。二〇一二年時点では、彼女はアトラス実験グループのスポークスパーソンであり、会見では我々のグループの代表として見事な発表をした。そのときにファビオラさんが使ったスライドのフォントがＣｏｍｉｃ　Ｓａｎｓという長年彼女が愛用してきた可愛らしいものので、我々は見慣れているので何も違和感がなかったのだが、グループ外の人々にとっては、このようなお堅い発見会見の場で？　と驚きだったらしく話題になっていた。後日、二〇一四年のエイプリル・フールにはＣＲＥＮのホームページが一斉にＣｏｍｉｃ　Ｓａｎｓに入れ替わり、今後ＣＲＥＮの公式メディアは全てＣｏｍｉｃ　Ｓａｎｓを使いますというジョークが流れることもあった。

さて、今後のヒッグス粒子についてであるが、この十年間に膨大な量のデータが溜まり、その性質が事細かに解明されてきた。現時点では標準模型が予言するヒッグス粒子そのままの結果が得られている。本文でも触れているが、インフレーションとの関係、暗黒物質との関係、真空の安定性との関係など、ヒッグス粒子やヒッグス場にはまだまだ我々の知らない深遠な物理が隠されていそうだ。二〇二九年から始まる高輝度ＬＨＣ実験や、将来の建造が計画されつつある新たな加速器施設が、これらの謎を明らかにしてくれるだろうことを期待している。

二〇二三年九月

# 原　注

### はじめに

1. ヒッグスとのインタビュー、2021年6月7日。
2. この金言はプレイヤーのおかげで有名になったが、アーノルド・パーマーも言っており、誰が最初だったかについては異論がある。

### プレリュード　教授失踪事件

1. ヒッグスとのインタビュー、2020年2月1日。

### 第1章　銘板で見た名前

1. ヒッグス（Higgs）という父方の姓は「ヒックス（Hicks）」の現地版で、リチャード――彼らのノルマン人支配者の名――の愛称だった。「ウェア・ヒッグス」は、1863年にピーターの曾祖父トーマス・ヒッグスとアン・ウェアとの結婚に端を発している。「ウェア・ヒッグス」は代々の長男であるピーターの祖父アルバート・ジョージ・ウェア・ヒッグス、そしてピーターの父トーマス（本文では「トム」）に受け継がれた（ヒッグスからの手紙、2021年6月29日付）。
2. 特に記載がない限り、本章におけるヒッグスの引用元は2019年11月17日、2019年11月24日、2020年1月9日、2021年7月19日のインタビューである。
3. 1840年代、ジョン・コグヒルはエディンバラのバンク・ストリート17番地、ロイヤル・マイルと呼ばれる通りに面したディーコン・ブロディーズ・タヴァーンの上階に住んでいた。ジョンは酒の商いをしており、旧市街で強い酒を貧しい人々を相手に売っていた――裕福な人々は新市街に移っていたのだ。コグヒルの商売は繁盛していたらしく、1844年には彼も新市街へ移り、ローズ・ストリート10番地に店を出した。ピーター・ヒッグスその人がのちに落ち着く場所から歩いてすぐのところである（住居に関する情報源は、ヒッグスからの手紙、2021年6月29日付、およびWikipediaの項目“John G. S. Coghill”、https://en.wikipedia.org/wiki/John_G._S._Coghill に挙げられているエディンバラ郵便局住所録1844年版）。
4. ジェイムズ・コグヒルはスコットランド民兵と騎兵隊の補助軍医を1861年から

1865年まで務めており、この間にロイヤル・スコッツ・グレイズの士官の娘ジェーン・ミルズと結婚した。彼は熱帯病に興味を持ち、1870年にイギリスの直轄植民地だったセイロンに移住した（D・ボイドからのメール、2021年6月28日付）。ジェイムズとジェーンは3人の子をもうけた。伝聞によるとジェーンはロウレイロ氏なる人物と不倫していたらしく、その名が離婚理由で言及されている（英国国立公文書館、“Divorce Court File”、https://discovery.nationalarchives.gov.uk/details/r/C7971192と、ヒッグスからの手紙、2021年7月13日付）。

5. 10代半ばのピーター・ヒッグスに母親が遠回しに言ったこと（ヒッグスからの手紙、2021年7月13日付）。
6. ヒッグスからの手紙、2021年7月13日付。
7. ヒッグスとのインタビュー、2019年11月24日と、ヒッグスからの手紙、2021年7月13日付。
8. ヒッグスとのインタビュー、2020年6月9日。
9. ヒッグスからの手紙、2021年7月13日付。
10. ヒッグスとのインタビュー、2019年11月24日、およびヒッグスからの手紙、2021年7月13日付。
11. ヒッグスからの手紙、2021年7月13日付。
12. ディラックの生涯についてはG. Farmelo, *The Strangest Man* (Faber, 2010)（邦訳　グレアム・ファーメロ『量子の海、ディラックの深淵——天才物理学者の華々しき業績と寡黙なる生涯』吉田三知世訳、早川書房、2010年）に詳しい。
13. ヒッグスとのインタビュー、2019年11月17日、およびヒッグスからの手紙、2021年7月13日付。
14. ヒッグスからの手紙、2021年7月13日付。
15.《ウエスタンデイリープレス》紙、1945年8月16日付。
16. 8月16日付のWestern Daily Pressに掲載された、モットによるブリストル・ロータリー・クラブでの講演の告知と、1945年8月21日付の《ウエスタンデイリープレス》紙に掲載された講演の報道。
17. 講演内容は、ヒッグスの記憶、2019年11月24日と2021年8月30日に行なわれたヒッグスとのインタビュー、2021年7月13日付のヒッグスからの手紙、《ウエスタンデイリープレス》紙の記事（日付なし）、および関連する物理を当時の一般聴衆に説明するのに必要となりそうな内容に関する私の分析に基づいている。
18. ヒッグスからの手紙、2021年7月13日付。

19. これはアメリカの物理学者イジドール・イザーク・ラービがコロンビア大学で昼食を取っていたときの発言とされているが、いつそう言ったのかについても、誰に言ったのかについても、確かな記録はない。
20. ヒッグスからの手紙、2021年7月13日付。
21. ヒッグスからの手紙、2021年7月13日付。
22. 教育者、歴史家、英国国教会派だったトーマス・アーノルド（1795～1842）がUCLを「ガワー・ストリートの神を信じない教育機関」と呼んだ。
23. ヒッグスとのインタビュー、2020年1月10日。

**第2章　一重らせん**

1. ヒッグスとのインタビュー、2019年11月24日。「答えとして無限大が出てくる」のは大きさ有限のデータに対してだ。以降の段落を参照。
2. 1947年、QEDの繰り込みはアメリカのジュリアン・シュウィンガーとリチャード・ファインマンによって独立に成し遂げられた。そのとき初めて、この技法が1943年に日本で朝永振一郎によってすでに考案されていたことが知られるようになった。3人は1965年にノーベル賞を共同受賞している。繰り込みという技法については、拙著F. Close, *The Infinity Puzzle* (Basic Books, 2011), p. 41ff（フランク・クローズ『ヒッグス粒子を追え――宇宙誕生の謎に挑んだ天才物理学者たちの物語』陣内修監訳、田中敦・棚橋志行・田村栄治訳、楓書店、2012年の55ページから）を参照。
3. ヒッグスとのインタビュー、2019年11月24日。
4. ヒッグスとのインタビュー、2020年6月12日。
5. J. Watson, *The Double Helix* (Weidenfeld and Watson, 1968).（邦訳　ジェームズ・D・ワトソン著、アレクサンダー・ガン、ジャン・ウィトコウスキー編『二重螺旋』青木薫訳、新潮社、2015年ほか）
6. ヒッグスとのインタビュー、2019年11月24日と2021年7月12日。ヒッグスの論文は、*Journal of Chemical Physics* で発表された “Perturbation Method for the Calculation of Molecular Vibration Frequencies,” (1955)：Part I, vol. 21, p. 1131、Part II, vol. 23, p. 1448、およびPart III, vol. 23, p. 1450。
7. ロンゲット＝ヒギンスは色覚障害だった。後年、彼とヒッグスがともにエディンバラ大学に在籍していたとき、色覚障害のある家主と訪問者のどちらにも魅力的に映るよう、ヒッグスの妻がロンゲット＝ヒギンスによる壁紙選びを手伝った。

8. ヒッグスとのインタビュー、2019年11月24日。
9. ヒッグスとのインタビュー、2019年11月24日と2021年6月7日。
10. ヒッグスとのインタビュー、2019年11月24日。
11. ヒッグスとのインタビュー、2021年7月2日および2021年7月12日。サイモン・アルトマンからのメール、2021年7月4日付。
12. ヒッグスとのインタビュー、2019年11月24日。
13. *Nuovo Cimento*, vol. 4, p. 1262 (1956) に発表されたヒッグスの論文。INSPIRE, "Peter W. Higgs," https://inspirehep.net/authors/1019617 によると3回しか引用されてない。
14. ヒッグスとのインタビュー、2019年11月27日。
15. "Integration of Secondary Constraints in Quantized General Relativity," *Physical Review Letters*, vol. 1, no. 373 (1958); erratum, *Physical Review Letters*, vol. 3, no. 66 (1959).
16. "Quadratic Lagrangians and General Relativity," *Nuovo Cimento*, vol. 11, no. 816 (1959). これはヒッグス本人からすると頭から追い払っていて「あまり話をすることのない論文」なのだが、「2010年にUCLからの名誉博士号をもたらしました」。それにしても、なぜこう何年も——正確には51年も——あとになって名誉博士号なのか？　ユニバーシティーカレッジの数学科教授ディミトリ・ヴァシリエフが、この論文の著者であるピーター・ヒッグスがヒッグスボゾンで名を上げたあのヒッグスであること、そしてヒッグスにはUCLの臨時講師を務めた実績があり、この論文を発表したのがUCLの在籍中だったことに気づいたのだった。ヒッグスは、名誉博士号の授与を提案したのが物理学科ではなく数学科だったことを面白がっていた。
17. ヒッグスとのインタビュー、2020年1月18日。
18. ヒッグスとのインタビュー、2019年12月7日。
19. ヒッグスとのインタビュー、2019年12月7日および2020年6月12日。

**第3章　粒子の爆発**

1. ヒッグスとのインタビュー、2019年11月27日。
2. ヒッグスとのインタビュー、2020年1月4日。
3. J. Schwinger, "On Quantum-Electrodynamics and the Magnetic Moment of the Electron," *Physical Review*, vol. 73, no. 416 (1948)、編集者が1947年12月30日に受け取ったバージョン。

4. グラショウのコメント。引用元：R. Crease and C. Mann, *The Second Creation* (Rutgers University Press, 1988), p. 218（邦訳　ロバート・P・クリース、チャールズ・C・マン『素粒子物理学をつくった人びと』鎮目恭夫・林一・小原洋二・岡村浩訳、ハヤカワ文庫 NF、2009 年、下巻 18 ページ。本書の本文訳は本書訳者による)。
5. フランク・ウィルチェックは、「標準モデル」は今や「コア理論」に格上げすべきだと力説している。F. Wilczek, *A Beautiful Question* (Allen Lane, 2015), p. 350 および *Lightness of Being* (Basic Books, 2008), p. 164（邦訳　フランク・ウィルチェック『物質のすべては光——現代物理学が明かす、力と質量の起源』吉田三知世訳、ハヤカワ文庫 NF、2012 年の 303 ページ）を参照。
6. ここ以降の引用の出典はヒッグスとのインタビュー、2019 年 11 月 27 日。
7. ヒッグスとのインタビュー、2020 年 6 月 19 日。
8. ヒッグスとのインタビュー、2020 年 6 月 19 日。
9. 1961 年、物理学科はロクスバラ・ストリートのテラスハウスの 1 番地と 3 番地を占めており、内部は改築されて一続きになっていた。ヒッグスのオフィスは 3 番地に当たる場所にあった。今日、ヒッグスの業績を称える青い銘板が誤って 5 番地の壁に掲げられている。銘板が取り付けられたのはテイト・インスティテュートの移転後で、テラスハウスは全体が大学によって転用されており、かつてテイト・インスティテュートがあったことは昔話だ。ロクスバラ・ストリートの番地は道を挟んで奇数と偶数に分かれているのだが、それを立案者たちが配慮しそこねたことが誤りの元のようである。銘板をかつての 3 番地に取り付けるつもりで、彼らは誤って同じ並びの 3 番目の建物を選んだ。だが、3 番目の奇数は 5 なので、銘板は誤った場所に取り付けられている。ヒッグスとのインタビュー、2021 年 7 月 19 日。

### 第 4 章　超伝導体

1. R・ブラウトからP・ヒッグスへ。ヒッグスへのインタビュー、2020年8月30日。
2. Y.Nambu,"Quasi-Particles and Gauge Invariance in the Theory of Superconductivity," *Physical Review*, vol. 117, p. 648 (1960). この論文は 1959 年 7 月 23 日に編集者に受理されている。Y. Nambu and G. Jona-Lasinio, "Dynamical Model of Elementary Particles Based on an Analogy with Superconductivity," *Physical Review*, vol. 122, p. 345 (1961).
3. J. Goldstone, "Field Theories with 'Superconductor' Solutions," *Nuovo Cimento*,

vol. 19, p. 154 (1961).

**第5章　ひらめきの訪れ**

1. この至宝の大枠は2人のロシア人理論家ギンツブルクとランダウが1950年代に構築していた超伝導のモデルに暗に示されていた（付録4.1）。このことには南部もゴールドストーンもヒッグスも気づいていなかったようだ。
2. ヒッグスとのインタビュー、2019年11月27日。
3. ヒッグスとのインタビュー、2020年2月1日。
4. ヒッグスとのインタビュー、2019年11月27日。
5. ゴールドストーンから著者へのメール、2010年7月12日付。
6. グラショウ。Crease and Mann, *The Second Creation*, p. 240（『素粒子物理学をつくった人びと』下巻65ページ）に引用。〔本書の本文訳は本書訳者による〕
7. J. Schwinger, "Gauge Invariance and Mass," *Physical Review*, vol. 125, p. 397 (1962).
8. ゴールドストーンは当初、本書で説明したようなソンブレロなどの例を挙げていたが、形式的な証明は載せていなかった。「証明」はのちの論文に載っている：J. Goldstone, A. Salam, and S. Weinberg, "Broken Symmetries," *Physical Review*, vol. 127, p. 965 (1962)。どの論文でも、電磁場の影響は考慮されていなかった。
9. P. Anderson, "Plasmons, Gauge Invariance, and Mass," *Physical Review*, vol. 130, p. 439 (1963).
10. P. Anderson, "A Helping Hand on Elementary Matters," *Nature*, vol. 405, p. 726 (2000).
11. ヒッグスの父親は十代だった頃にモールス符号受信機を自作しており、カナダからの信号を受信したことがある。
12. A. Klein and B. Lee, "Does Spontaneous Breakdown of Symmetry Imply Zero-Mass Particles?," *Physical Review Letters*, vol. 12, p. 266 (1964).
13. ヒッグスとのインタビュー、2020年1月18日。
14. ヒッグスとのインタビュー、2020年7月4日。
15. W. Gilbert, "Broken Symmetries and Massless Particles," *Physical Review Letters*, vol. 12, p. 713 (1964).
16. 2012年のチェルトナム・フェスティバル〔競馬の障害競走の祭典〕でのヒッグスのコメント。2013年12月8日付の《ガーディアン》紙に掲載されたダラ・

オブライエンの述懐による。

17. 7月24日は、ヒッグスの日記と2010年9月10日付の著者宛ての手紙による日付。7月27日は、発表された論文P. W. Higgs, "Broken Symmetries, Massless Particles and Gauge Fields," *Physics Letters*, vol. 12, no. 2 (1964) に記載されている受理日。

18. $\mathbf{n}_\mu$の下付きギリシャ文字は、ベクトル$\mathbf{n}$の自明な相対論的一般化であることを示している。

19. 70歳の誕生日を祝って1999年に催された晩餐会でのヒッグスのコメント。

**第6章　これで六人になった**

1. エネルギーを持たない粒子に質量はないが、その逆は真ではない。光子のような質量ゼロの粒子は、関連する電磁波の振動数に比例するエネルギーを運ぶ。周波数ゼロという下限、ないし無限大の波長は、エネルギーゼロに対応している。

2. このモデルがエネルギーを持つモード——「質量を持つボゾン」（図6.1c）——を含んでいることは2人も承知していた。2人はこれを「明らか」なことだと見なしていたので、ヒッグスボゾンについては何も言及しなかった。アングレアとのインタビュー、2010年2月2日。

3. R. Brout and F. Englert, "Broken Symmetry and the Mass of Gauge Vector Mesons," *Physical Review Letters*, vol. 13, p. 321 (1964).

4. シュウィンガーはのちに、彼が「あの可能性を見逃したことで自分をののしった」とヒッグスに語っている。南部の場合、家族が重病を患ったことで1962年に研究が一時止まっていた。そのせいで彼もこの発見を見逃したのかもしれない。ヒッグスとのインタビュー、2019年11月30日。

5. ヒッグスから著者宛ての手紙、2010年9月1日付。

6. G. Guralnik, C. Hagen, and T. Kibble, "Global Conservation Laws and Massless Particles," *Physical Review Letters*, vol. 13, p. 585 (1964).

7. キッブルとのインタビュー、2010年3月17日。

8. グラルニクとのインタビュー、2010年3月1日。

9. 光子を質量ゼロに保ちつつWボゾンやZボゾンなどの粒子に質量を持たせられる、という質量機構の数学的拡張はトム・キッブルによって"Asymmetry Breakdown in Non-Abelian Gauge Theories," *Physical Review*, vol. 155, p. 1554 (1967) でなされている。その機構の一部はヒッグスによって1967年の未完の論

文で独立に考案されていた（ヒッグスからの手紙、2021 年 7 月 15 日付）。159 ページの図 8.1 を参照。
10. ヒッグスとのインタビュー、2019 年 11 月 16 日。
11. ヒッグスとのインタビュー、2021 年 8 月 30 日。

**第 7 章　あるボソンの誕生**

1. INSPIRE, "Peter W. Higgs," https://inspirehep.net/authors/1019617.
2. ヒッグスとのインタビュー、2019 年 11 月 27 日。
3. ヒッグスとのインタビュー、2000 年 4 月 11 日。
4. B. Zumino, "Gauge Properties of Propagators in Quantum Electrodynamics," *Journal of Mathematical Physics*, vol. 1, p. 1 (1960).
5. ヒッグスとのインタビュー、2020 年 2 月 1 日。
6. ヒッグスとのインタビュー、2020 年 1 月 25 日。
7. 1966 年に関するヒッグスの記憶の出どころは 2019 年 12 月 7 日および 2020 年 7 月 4 日に行なわれたヒッグスとのインタビューである。
8. この栄誉を主張している大学は 3 校あるが、18 世紀に講義を行なって学生を卒業させた大学は UNC だけだ。
9. P. W. Higgs, "Spontaneous Symmetry Breakdown Without Massless Bosons," *Physical Review*, vol. 145, p. 1156 (1966).
10. ヒッグスとのインタビュー、2021 年 8 月 30 日。
11. 専門的に言うと、量子振幅において線形だ。この確率は「位相空間」と呼ばれる別の要因にも依存するが、質量に対する全体としての尋常ならざる依存関係はそれでもなお見られる。
12. B. Zumino, "Gauge Properties of Propagators in Quantum Electrodynamics," *Journal of Mathematical Physics*, vol. 1, p. 1, 1960. ヒッグスとのインタビュー、2021 年 8 月 30 日。
13. P. W. Higgs, "Spontaneous Symmetry Breakdown Without Massless Bosons," *Physical Review*, vol. 145, p. 1162 (1966).
14. ヒッグスとのインタビュー、2021 年 8 月 30 日。ヒッグスは 2012 年 7 月 12 日にスウォンジーでの学会で、ヒッグスボソンの 4 レプトン発見チャンネルが 2 個の Z ボソン――片方が実在で片方は仮想――を経る過程であること、そしてこの過程の進行にとって Z の質量が重要であることを知った。
15. ヒッグスとのインタビュー、2020 年 7 月 9 日。

16. ヒッグスとのインタビュー、2020年2月1日。
17. ヒッグスとのインタビュー、2020年2月1日。

**第8章　「ピーター——君は有名だぞ！」**

1. パイ中間子の質量はぴったりゼロではないが、相互作用の強いほかの粒子と比べれば軽い。このゼロからのずれは今日、それを構成するクォークの質量がヒッグス機構のおかげで小さいからだと理解されている。
2. ヒッグスからの手紙、2021年7月15日付。
3. ヒッグスとのインタビュー、2021年6月29日。
4. S. Weinberg, "A Model of Leptons," *Physical Review Letters*, vol. 19, p. 1264 (1967).
5. S. Weinberg, "Physical Processes in a Convergent Theory of Weak and Electromagnetic Interactions," *Physical Review Letters*, vol. 27, p. 1688 (1971) におけるこの発表順の誤りは、J. Ellis, M. Gaillard, and D. Nanopoulos, "A Phenomenological Profile of the Higgs Boson," *Nuclear Physics*, vol. 106, p. 292 (1976) という大がかりな現象論研究における参考文献6の記載によってさらに広まった。
6. S. Coleman, "The 1979 Nobel Prize in Physics," *Science*, vol. 206, p. 1290 (14 December 1979).
7. ウォレスからのメール、2021年7月20日付。
8. トホーフトの博士論文に盛り込まれていた重要な成果は "The Renormalization of Massless Yang-Mills Fields," *Nuclear Physics*, vol. B33, p. 173 (1971) と "Renormalizable Lagrangians for Massive Yang-Mills Fields," *Nuclear Physics*, vol. B35, p. 167 (1971) という2篇の論文になっている。
9. ヒッグスからの手紙、2021年7月15日付。
10. ヒッグスとのインタビュー、2021年7月19日。
11. ワインバーグとのインタビュー、2010年5月6日。
12. このセクションの引用は、2000年4月11日に行なわれたトホーフトとのインタビューと、2010年9月11日付のトホーフトからのメール。
13. B. W. Lee, "Development of Unified Gauge Theories: Retrospect," in *Gauge Theories and Neutrino Physics*, ed. M. Jacob (North-Holland, 1978), p. 147.
14. ヒッグスとのインタビュー、2019年11月16日。
15. デッカ・アトキンヘッドによるヒッグスとのインタビュー、《ガーディアン》

紙、2013年12月6日付。
16. ヒッグスからの手紙、2021年7月15日付。
17. ヒッグスとのインタビュー、2020年1月18日。
18. ヒッグスとのインタビュー、2019年12月7日。
19. ヒッグスとのインタビュー、2020年6月19日。
20. ヒッグスとのインタビュー、2020年6月19日。
21. ヒッグスからの手紙、2021年7月15日付。
22. ヒッグスとのインタビュー、2019年11月16日。

**第9章　一度目の失踪――1976年**

1. 私も同じサマースクールで講義をしたが、ヒッグスの講義とは日程がずれていたようだ。とにかく私は彼の講義を覚えていない。
2. エリスとのインタビュー、2020年9月21日。
3. ヒッグスとのインタビュー、2020年6月9日。
4. eV――電子ボルト――は、電子1個が1Vの電位差で加速されたときに得るエネルギーだ。GeV――ギガ電子ボルト――は10億eVに当たる。素粒子物理学において、エネルギーは伝統的にこの単位で与えられている。素粒子の質量はアインシュタインによる質量とエネルギーの等価性を基に、日常的にはeVの倍数を用いて、静止エネルギー $mc^2$ を「質量」と呼び、$m$ または $M$ と表記することで、大量に出現する本質的ではない $c^2$ を省いている。
5. チャーモニウムは1974年11月に発見された。チャームの証明は、1976年の春にチャーム粒子の発見とともになされた。
6. ヒッグスボゾンのミューオン対への崩壊は、今ではLHCで見られている。
7. Zボゾンとヒッグスボゾンの同時生成はLHCで見られている。
8. J. Ellis, M. Gaillard, and D. Nanopoulos, “A Phenomenological Profile of the Higgs Boson,” *Nuclear Physics*, vol. 106, p. 292 (1976).
9. ウィルチェックからの2020年12月28日付のメールは、これが1977年のことだと裏付けている。ショーン・キャロルからのメール、2020年12月15日付。S. Carroll, *The Particle at the End of the Universe* (Oneworld, 2013)（邦訳　ショーン・キャロル『ヒッグス――宇宙の最果ての粒子』谷本真幸訳、講談社、2013年）も参照。
10. ヒッグスとのインタビュー、2020年2月15日。
11. エリスとのインタビュー、2020年9月21日。

12. テイト教授職には、1967 年から 1970 年まで博士課程の院生としてヒッグスのもとにいたデイヴィッド・ウォレスが指名された。
13. 彼らの論文 "A Phenomenological Profile of the Higgs Boson," *Nuclear Physics*, vol. B106, p. 292 (1976) の参考文献 6 を参照。この論文では、ブラウトとアングレアの論文についても *Physical Review Letters*, vol 13 ではなく *Physics Letters*, vol. 13 と誤記されている。やはり 1964 年に発表されていたグラルニクらの論文も、1965 年と誤記されている。
14. たとえばヒッグスがそれを認めていることについては 147 ページを参照。
15. エリスとのインタビュー、2020 年 9 月 21 日。

**第 10 章　千里の道も一歩から**

1. このスーパー陽子・反陽子衝突型加速器は 1981 年から 1991 年まで運用されていた。
2. エヴァンズとのインタビュー、2020 年 11 月 30 日。
3. エヴァンズとのインタビュー、2020 年 11 月 30 日。
4. 物理学では、かねて静止エネルギー $mc^2$ を「質量」と呼び、$m$ ないし $M$ と表記して、$c^2$ を省いていることを思い出そう。
5. C. H. Llewellyn Smith, "High Energy Behaviour and Gauge Symmetry," *Physics Letters*, vol. 46B, p. 233 (1973); B. W. Lee, C. Quigg, and H. B. Thacker, "Weak Interactions at Very High Energies: The Role of the Higgs-Boson Mass," *Physical Review*, vol. D16, p. 1519 (1977).
6. C・H・ルーウェリン・スミスからのメール、2020 年 11 月 22 日付。

**第 11 章　1 TeV を目指す装置**

1. 第 9 章の 187 〜 190 ページを参照。
2. エヴァンズとのインタビュー、2020 年 11 月 30 日。
3. エヴァンズとのインタビュー、2020 年 11 月 30 日。
4. LEP はまだ建造中で、物理学を営む準備が整うのは 1989 年だった。LHC への参加表明は 21 世紀まで続く約束だった。
5. ヒッグスとのインタビュー、2019 年 11 月 16 日。マキーからのメール、2019 年 11 月 19 日付。
6. 「フレーバー」とは、さまざまな基本粒子の種類を分類する性質だ。たとえば、ミューオンは電子の重いバージョンというだけではない。どうやらミューオン

にも電子にも、ゆずれない固有の何かがあるようなのだ。物理学者はその性質を「フレーバー」と呼んでいる。量子フレーバー（香）力学の方程式を支える土台の１つである。
7. ヒッグスとのインタビュー、2019年11月17日。
8. フェルミラボ所長リチャード・ウィルソンが、1969年の原子力に関する上下両院合同委員会において、高エネルギー物理学の国防にとっての価値について質問されたときの供述。
9. ルーウェリン・スミスとのインタビュー、2010年3月11日。
10. ヒッグスとのインタビュー、2019年11月16日。
11. ミラーによる原文“A Quasi-political Explanation of the Higgs Boson; for Mr Waldegrave, UK Science Minister 1993”は www.hep.ucl.ac.uk/~djm/higgsa.html で読める。
12. ヒッグスとのインタビュー、2019年11月16日。
13. ケンウェイとのインタビュー、2020年9月22日。
14. ヒッグスとのインタビュー、2019年11月16日。
15. ウィルチェックは *A Beautiful Question* でこれを1976年としている。Carroll, *The Particle at the End of the Universe*（『ヒッグス』）では1977年だ。ウィルチェックは2020年12月28日付のメールで1977年だったと確認してくれた。
16. ヒッグスとのインタビュー、2019年11月16日。
17. ケインからのメール、2020年8月20日付。

**第12章　神の粒子の父**

1. L. Lederman, *The God Particle* (Dell, 1993).（邦訳　レオン・レーダーマン『神がつくった究極の素粒子』高橋健次訳、草思社）
2. ヒッグスとのインタビュー、2019年12月7日。ヒッグスが体験したことはアインシュタインの体験とよく似ている。1919年、王立天文学会でアインシュタインの一般相対性理論の立証に関する会合が開かれた際、《ニューヨークタイムズ》紙は取材にロンドン特派員ヘンリー・クラウチを送り込んだ。クラウチはゴルフ担当のスポーツ記者だったにもかかわらず、まっとうな仕事をした。彼による記事“Eclipse Showed Gravity Variation”は Times Machine で読める（https://timesmachine.nytimes.com/timesmachine/1919/11/09/118179089.pdf）。
3. ヒッグスとのインタビュー、2019年12月7日。

4.《インディペンデント》紙、2002年9月3日付。
5.《インディペンデント》紙、2002年9月3日付。
6. ギリーズの発言を補足しよう。地球の上層大気には、LHCで到達できるレベルさえも上回るエネルギーを持つ宇宙線が何十億年と降り注ぎ続けている。この砲撃にもかかわらず人類が長らく生き延びてきたという事実がすでに、「終末装置」での粒子衝突実験が黙示録的な成り行きを引き起こすことはない、という理論家による主張の正しさを実験的に保証している。ギリーズとのインタビュー、2020年10月5日。
7. 2010年11月24日にキングスカレッジ・ロンドンで行なわれたイベントでのウォーカーの発言。ジョディー・ヒッグスは、ウォーカーによる口利き後まもなく、CERNでのイベントの前に他界した。
8. ケンウェイとのインタビュー、2020年9月22日。
9. ケンウェイとのインタビュー、2020年9月22日。
10. ケンウェイとのインタビュー、2020年9月22日。
11. ヒッグスとのインタビュー、2019年11月16日。
12. ケンウェイとのインタビュー、2020年9月22日。
13. ケンウェイとのインタビュー、2020年9月22日。

## 第13章　「終末装置」

1. ギリーズとのインタビュー、2020年10月5日。
2. ギリーズとのインタビュー、2020年10月5日。
3. エヴァンズとのインタビュー、2020年11月30日。
4. 著者との会話でのギリーズのコメント、日付不明。
5. ATLAS、CMS、ALICEのほかに、第4の交差位置にある検出器LHCbは、ボトムクォークなどのハドロンの生成を検出するよう設計されている。
6. エヴァンズとのインタビュー、2020年11月30日。
7. ギリーズとのインタビュー、2020年10月5日。
8. エヴァンズとのインタビュー、2020年11月30日。
9. "Peter Higgs Launches Attack Against Nobel Rival Stephen Hawking," *The Times*, 11 September 2008.
10. "Peter Higgs Launches Attack," *The Times*, 11 September 2008.
11. ヒッグスの発言。"Peter Higgs Launches Attack," *The Times*, 11 September 2008からの引用。

12. 匿名のメール、2020年8月23日付。
13. S. Hawking, “Virtual Black Holes,” *Physical Review*, vol. D53, p. 3107 (March 1996).
14. S. Hawking, “Virtual Black Holes,” *Physical Review*, vol. D53, p. 3106 (March 1996).
15. 現在の標準である6.5 TeVの約半分だ。現在LHCはアップグレード中で、2027年以降、運用のエネルギーはこのままだが、衝突頻度（ルミノシティー）がそれまでよりも格段に高くなる。

## 第14章　「私たちはCERNへ行くべきだ」

1. LHCでの実験で生成されるヒッグスボゾンの存在時間は約$10^{-22}$秒だ。
2. ヒッグスにひらめきを与えた南部による元理論の基礎となる式によると、パイ中間子の質量がゼロではないのは、それを構成するクォークが質量を持っている結果だ。パイ中間子は原子核をなす陽子や中性子のあいだで強い力を伝える。この力の到達範囲はパイ中間子の質量に、ひいてはそれをなすクォークの質量に反比例する。クォークが質量を持っているから原子核はコンパクトなのである。
3. ファーメロとのインタビュー、2020年5月14日。
4. ヒルズとのインタビュー、2020年12月17日。
5. ギリーズとのインタビュー、2020年10月5日。
6. 著者との会話でのウォーカーのコメント、2012年6月30日。ヒッグスとのインタビュー、2021年6月25日。
7. ヒッグスとのインタビュー、2012年6月30日。

## 第15章　七月四日

1. ヒルズとのインタビュー、2020年12月17日。
2. マッケンジーとのインタビュー、2020年12月18日。
3. ヒルズとのインタビュー、2020年12月17日。
4. エリスとのインタビュー、2020年9月21日。
5. ルーウェリン・スミスとのインタビュー、2020年4月1日。
6. エリスとのインタビュー、2020年9月21日。エリスの知る限り、くだんの空き瓶はロンドン科学博物館にある（エリスからのメール、2021年9月16日）。
7. 著者との会話でのヒッグスの発言、2012年10月11日。

8. ギリーズとのインタビュー、2020年10月5日。
9. 著者との会話でのヒッグスの発言、2012年10月11日。
10. 記者会見でのヒッグスの発言、2012年7月4日。
11. ギリーズとのインタビュー、2020年10月5日。
12. ウォマズリーとのインタビュー、2020年12月8日。
13. ウォマズリーとのインタビュー、2020年12月8日。
14. マッケンジーとのインタビュー、2020年12月18日。
15. ヒルズとのインタビュー、2020年12月17日。
16. ヒルズとのインタビュー、2020年12月17日。

**第16章　逃避計画を考える頃合い**

1. ヒッグスとのインタビュー、2019年11月16日。
2. この講演は「QEDからヒッグスボゾンとその先へ」と題していた。エディンバラ大学物理学・天文学部のサイトを参照：www.ph.ed.ac.uk/events/2016/the-infinity-puzzle-from-qed-to-the-higgs-boson-and-beyond-65427。
3. 著者との会話でのヒッグスの発言、2012年10月11日。
4. ヒッグスとのインタビュー、2020年1月9日。
5. ヒッグスとのインタビュー、2019年11月16日と2020年2月15日。
6. ケンウェイとのインタビュー、2020年9月22日。
7. ケンウェイとのインタビュー、2020年9月22日。
8. ヒッグスとのインタビュー、2020年2月15日。
9. ノーベル賞が死後に授与されることはないので、2011年に他界したロバート・ブラウトは3人目の受賞者とはならなかった。
10. 2015年、新スペイン王の即位に伴いアストゥリアス女公となったレオノールにちなんで、アストゥリアス王女賞と改称されている。

**第17章　輝かしい賞**

1.《ガーディアン》紙、2013年12月6日付に引用。
2. ヒッグスとのインタビュー、2021年7月19日。
3. ヒッグスとのインタビュー、2020年1月9日。

**第18章　ジグザグ**

1. ヒッグスとのインタビュー、2020年6月12日。

2. ヒッグスとのインタビュー、2020年1月9日。
3. ヒッグスとのインタビュー、2019年11月16日。
4. S. Weinberg, “Physical Processes in a Convergent Theory of Weak and Electromagnetic Interactions,” *Physical Review Letters*, vol. 27, p. 1688 (1971).
5. *The Guardian*, 13 April 2010.
6. ヒッグスとのインタビュー、2021年6月17日。
7. ヒッグスとのインタビュー、2021年6月26日。

**エピローグ　平原を見晴らす眺め**

1. ヒッグス、オークニーでのフェスティバル、2015年9月8日。
2. ウォマズリーとのインタビュー、2020年12月8日。
3. 1970年代、ヒッグスはSUSY理論の研究に取り組んだ。重力の場の量子論を構築するのに役立つかもしれないと期待してのことだったが、うまくいかず、論文の発表には至らなかった。
4. F. Wilczek, *Lightness of Being* (Basic Books, 2008), p. 164（『物質のすべては光』のハヤカワ文庫NF版の303ページ）、およびウィルチェックからのメール、2020年12月28日。
5. 2021年4月、フェルミラボでミューオンの磁気モーメントが小数点以下10桁の精度で測定された。このレベルの精度における理論とデータの相違は約4σで、これは一般に発見とされる5σをわずかに下回る程度だ。このことは、真空をかき乱している質量を持つ仮想粒子が、または現状のエネルギーレベルではきわめて弱い別の力が、あるいはその両方が、ミューオンの磁性に影響を及ぼしていることの兆候かもしれない。

宇宙《うちゆう》に質量《しつりよう》を与《あた》えた男《おとこ》
ピーター・ヒッグス
2023年10月10日　初版印刷
2023年10月15日　初版発行
＊
著　者　フランク・クローズ
訳　者　松《まつ》井《い》信《のぶ》彦《ひこ》
発行者　早川　浩
＊
印刷所　株式会社精興社
製本所　大口製本印刷株式会社
＊
発行所　株式会社　早川書房
東京都千代田区神田多町2－2
電話　03-3252-3111
振替　00160-3-47799
https://www.hayakawa-online.co.jp
定価はカバーに表示してあります
ISBN978-4-15-210274-4　C0042
Printed and bound in Japan
乱丁・落丁本は小社制作部宛お送り下さい。
送料小社負担にてお取りかえいたします。